大学计算机基础实践教程(第三版)

主　编　吴　勇　周　虹

副主编　唐　沉　徐　彬　高洁羽

　　　　丁　峥　周蓓蓓　黄研秋

　　　　金兰芳

苏州大学出版社

图书在版编目(CIP)数据

大学计算机基础实践教程/吴勇,周虹主编. —3
版. —苏州:苏州大学出版社,2017.7(2024.7重印)
ISBN 978-7-5672-2149-9

Ⅰ. ①大… Ⅱ. ①吴… ②周… Ⅲ. ①电子计算机—
高等学校—教材 Ⅳ. ①TP3

中国版本图书馆 CIP 数据核字(2017)第 146099 号

大学计算机基础实践教程(第三版)
吴 勇 周 虹 主编
责任编辑 周建兰

苏州大学出版社出版发行
(地址:苏州市十梓街 1 号 邮编:215006)
广东虎彩云印刷有限公司印装
(地址:东莞市虎门镇黄村社区厚虎路20号C幢一楼 邮编:523898)

开本 787 mm×1 092 mm 1/16 印张15.25 字数372 千
2017 年 7 月第 3 版 2024 年 7 月第 4 次印刷
ISBN 978-7-5672-2149-9 定价:32.00 元

前言

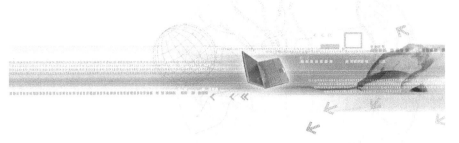

随着计算机技术的飞速发展,计算机在经济与社会发展中的地位日益重要。掌握计算机技术的基本知识和技能,已成为人们胜任本职工作及适应社会发展的必备条件之一。

《大学计算机基础实践教程》是高等学校非计算机专业学生学习"大学计算机基础"课程配套的实践类教材。本书以培养实际操作技能为主线,将计算机基础知识的学习融入操作过程之中,以达到面向应用、提高操作能力的目标。

全书由实验篇和附录两部分组成。实验篇包含6章和两个综合实验,主要内容有Internet 与 Windows 的基本操作、中文 Word 2010、中文 Excel 2010、中文 PowerPoint 2010、中文 Access 2010、多媒体制作,共 16 个实验。其中每个实验以案例的方式,给出了实验内容、要求和实验步骤,案例设置由浅入深、循序渐进。考虑到读者群主要是高校非计算机专业的学生,后续有课程及等级考试备考等方面的需求,在附录部分给出了全国计算机等级考试二级公共基础知识(软件技术知识、数据库技术知识)及题目汇编(计算机基本理论题目及答案)两部分内容。

本书可以作为学习"大学计算机基础"课程的配套实践类教材,也可以作为学生自学计算机课程时使用的自学用书。由于本书各篇每个章节的独立性,在讲授或学习的过程中,读者可根据自己的需求选择全部或部分内容学习。

本书由吴勇、周虹任主编,唐沉、徐彬、高洁羽、丁峥、周蓓蓓、黄研秋、金兰芳任副主编,参加编写的人员还有:李学哲、孙丽萍、赵美虹、杨利娟、张昭玉、唐佳佳、陈国新、高恩婷、陈多观、俞晓江、刘卓、刘敏、邱劲、陶欢华、刘怡、沈春辉、殷明、张若愚、殷基桢、沈晶等。

由于作者水平有限,书中不足和疏漏之处在所难免,恳请读者批评指正。

读者若需要大学计算机基础实验素材库的有关电子文档,请与作者或出版社联系。联系方式:E-mail: zhouhong@ mail. usts. edu. cn 或 bigwu@ 126. com。

编　者

2017 年 4 月

目录

第 1 章
Internet 服务与 Windows 基本操作

 实验 1.1　Internet 服务

一、实验准备

请在本地盘如 E 盘建立以自己学号 + 姓名命名的文件夹(如 130000001 李冬)。将自己的作业保存在该文件夹中,以下称作业文件夹。

二、实验基本要求

1. 熟练掌握 Internet Explorer(以下简称 IE)浏览器的使用方法。
● 熟练掌握 IE 浏览器的启动、地址栏的使用、"收藏夹"和"主页"的使用方法。
● 熟练掌握对网页文字内容和图片信息以及整个网页的保存方法。
2. 熟练掌握搜索引擎的使用方法。
3. 掌握 IE 浏览器的使用方法和使用 Outlook Express 软件收发电子邮件的方法。
● 学会上网申请邮箱。
● 掌握 Outlook Express 客户端的设置方法。
● 学会用客户端收发邮件,并带附件。
4. 掌握图书馆镜像期刊检索的方法。
5. 会查看本机 IP 地址。
6. 会设置和接入家庭无线路由器。

三、实验内容和操作步骤

题目 1:访问苏州科技大学校园网,网址为 http://web. usts. edu. cn,保存信息文件。

(1)将苏州科技大学校园网主页设置为 IE 的主页,并加入收藏夹。

(2)浏览教务处网站,保存如下内容至本地硬盘作业文件夹:教务处主页、窗口上方图片和最新一则公告,文件名分别为"教务在线. mht"、"logo. png"、"公告. mht"。

(3)浏览图书馆网站,在"馆藏书目检索"中查找和"大学生　就业"相关的书目,得到的前三本书目完成如下格式内容,保存文件名为"lib. txt"。

书名 1: XXXXX　　　　　　　　　出版社: XXXXXXXX
书名 2: XXXXX　　　　　　　　　出版社: XXXXXXXX
书名 3: XXXXX　　　　　　　　　出版社: XXXXXXXX

【操作方式】

（1）使用"工具"菜单的设置方法，设置主页并收藏。

◆ 单击"开始"按钮，启动 Internet Explorer 浏览器（以下简称 IE），也可双击桌面上的 IE 快捷方式图标。在浏览器窗口"地址"栏内输入网址 http：//web. usts. edu. cn，回车后就可进入苏州科技大学校园网主页。

◆ 单击"工具"菜单中的"Internet 选项"，弹出"Internet 选项"对话框，单击"常规"选项卡中"主页"区域的 使用当前页(C) 按钮，单击 确定 按钮，设置当前打开网页为 IE 浏览器的主页。以后每次打开 IE 浏览器时，自动打开当前网页。

◆ 单击右上角的"收藏"按钮，在下拉菜单中单击"添加到收藏夹"，弹出"添加到收藏夹"对话框，单击"添加"按钮，即可收藏当前打开的网页网址。

（2）浏览教务处网站，用"另存为"的方法分别保存网页及图片等信息。

◆ 单击院系部门，打开教务处网页，单击"页面"菜单中的"另存为"命令，弹出"保存网页"对话框（图 1-1-1）。在左侧列表框中选择 D 盘，在右侧列表区双击"实验准备"中新建好的作业文件夹（如 130000001 李冬），保存类型默认为"网页，全部（＊. htm；＊. html）"，会保存网页的所有素材信息，本实验要求保存类型为"mht"格式单个网页，单击 保存(S) 按钮，保存当前网页为"教务在线. mht"。

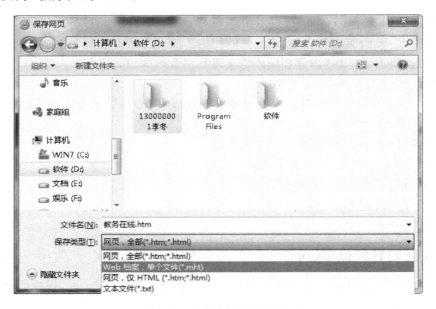

图 1-1-1　"保存网页"对话框

◆ 将鼠标移至网页图片处，单击鼠标右键，选择"背景另存为"命令，调出"保存图片"对话框，选择作业文件夹，单击 保存(S) 按钮，保存当前图片为"logo. png"。

◆ 单击网页中公告区域的最新一则公告，进入有关公告页面，重复上面的步骤保存该网页为"公告. mht"。

（3）浏览图书馆网站，检索书目信息。

◆ 返回校园网主页，单击"图书馆"，打开图书馆网页。单击"馆藏书目检索"，在"馆藏书目简单检索"文本框中输入搜索关键词"大学生　就业",单击"检索"按钮,即可搜索出多条相关记录。

◆ 单击"开始"→"所有程序"→"附件"→"记事本",然后按搜索得到的前三本书目完成填写内容;单击"文件"选项卡中的"保存"按钮,调出"另存为"对话框,在"保存位置"中选择作业文件夹,在"文件名"中键入"lib",单击"保存"按钮保存文件。

题目 2: 访问百度搜索引擎(图 1-1-2),搜索苏州拙政园的相关信息并翻译。

(1)查询并保存苏州园林拙政园官网的景点概况,文件名为"拙政园. txt"。

(2)利用百度旅游查找苏州旅游攻略,使用迅雷下载工具下载。

(3)利用百度地图查找苏州火车站到拙政园的公交换乘路线。

(4)利用百度翻译,翻译拙政园英文名称。

图 1-1-2　百度搜索引擎主页

【操作方式】

(1)使用百度搜索引擎检索网页的方法完成"拙政园. txt"文档。

◆ 启动 IE 浏览器,在"地址"栏中输入网址 http:∥www. baidu. com,按回车键后进入百度搜索网站。

◆ 百度主页第一行为搜索类别,有"新闻"、"网页"、"贴吧"、"知道"、"音乐"、"图片"、"视频"、"地图"等;第二行为关键词输入框,输入搜索关键词"拙政园",并单击"百度一下"按钮,搜索出很多条相关记录,但并不知道哪条是官网链接;然后在关键词后再添加条件"＋苏州",再次单击"百度一下"按钮,搜索出网址为 www. szzzy. cn(苏州拙政园首字母缩写)的链接就是拙政园官方网站(图 1-1-3),单击该链接进入拙政园官网。

◆ 浏览拙政园官网,查找"景点概况"并保存,文件名为"拙政园. txt"。

(2)使用百度旅游查找苏州旅游攻略并下载。

◆ 回到百度网页,在页面第一行搜索类别中选择"更多"（图1-1-4）,进入百度产品大全页面,在"社区服务"区域单击"百度旅游",进入百度旅游网站,该网站为方便旅游出行包含各个旅游胜地的旅游指南、攻略、游记和画册。

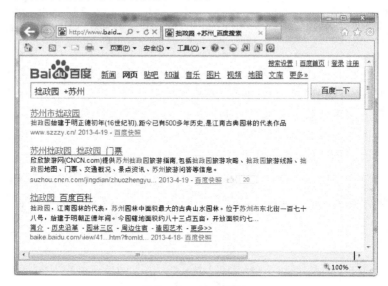

图1-1-3 搜索结果

图1-1-4 百度更多

◆ 单击"目的地指南",在地图中选择江苏省苏州市,浏览苏州旅游指南,保存一条你喜欢的旅游路线和美食在"拙政园.txt"文件中。

◆ 下载"苏州攻略"并保存在作业文件夹中,重命名为"苏州旅游攻略大全"。

方法一：使用IE浏览器下载。

◇ 右击"下载PDF"按钮,在快捷菜单中选择"目标另存为"命令,调出"保存"对话框,选择作业文件夹,单击"保存"按钮。

◇ 打开作业文件夹,右击该文件,在快捷菜单中选择"重命名"命令,修改".PDF"（扩展名不可修改）之前的内容为"苏州旅游攻略大全"。

方法二：利用下载工具下载,常用的下载工具有迅雷、网际快车等。

◇ 搜索下载工具。回到百度网页,输入关键词"迅雷+官方下载"百度一下（如不想出现迅雷看看播放器的链接,关键词可修改为"迅雷+官方下载 –看看播放器",注意" –"号之前加空格）,查找迅雷7的官方正式免费版的相关链接并单击。

◇ 下载"下载工具"。本实验以"迅雷7官方下载正式版|免费迅雷7官方下载安装_太

平洋下载中心"为例,单击进入太平洋下载中心迅雷软件下载页面(图 1-1-5)。单击"下载地址"或者"PConline 本地下载"按钮均可,进入下载地址选择页面,根据推荐选择一个下载地址右击,在快捷菜单中选择"目标另存为"命令,弹出"保存"对话框,在作业文件夹中保存。

图 1-1-5　迅雷下载

◇ 安装下载工具。下载完成后打开作业文件夹,双击刚下载的 Thunder 7.2.13.3882.exe 文件安装迅雷软件。第一步选择"接受"按钮,接受软件许可协议;第二步选择安装目录,然后单击"下一步"按钮(一般不推荐 C 盘安装和开机启动,如图 1-1-6 所示)开始安装;最后勾选"启动迅雷",单击"完成"按钮完成安装。

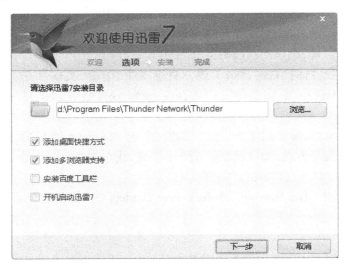

图 1-1-6　迅雷安装

◇ 使用工具下载。右击"下载 PDF"按钮,在快捷菜单中选择"使用迅雷下载",调出迅雷新任务窗口,单击存储路径下拉列表框旁的文件夹浏览按钮(图 1-1-7),选择作业文件夹,然后单击"立即下载"按钮完成保存。

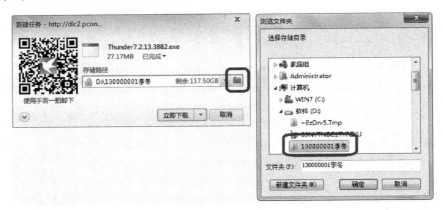

图 1-1-7　迅雷新任务窗口

◇ 打开作业文件夹,右击该文件,选择"重命名"命令,修改". PDF"(扩展名不可修改)之前的内容为"苏州旅游攻略大全"。

(3)查询火车站到拙政园的公交换乘路线。

◆ 回到百度网页(关键词为"拙政园 + 苏州"的百度网页),在页面第一行搜索类别中选择"地图",进入百度地图页面,百度地图已找到拙政园的地理位置(若未找到,可在网页上方键入关键词"拙政园 + 苏州",再单击"百度一下"按钮),在网页上方搜索标签中选择"公交",设置起始地点为"苏州火车站",终点为"拙政园",然后单击"百度一下"按钮,进一步确认起点为"苏州火车站",得到换乘路线图。

◆ 在左侧文字说明区域会显示精确计算出的公交方案,包括公交和地铁,最多显示 10 条方案,单击方案将展开,可查看详细描述。

◆ 上方有"较快捷""少换乘"和"少步行"三种策略以供选择,网页右侧地图标明方案具体的路线。选择一条方案,复制其详细描述,并保存在"拙政园. txt"文件中。

(4)利用百度翻译,翻译拙政园的英文名称。

◆ 单击网页左上角的"百度首页",返回百度首页,单击"更多",进入百度产品大全网页,在"搜索服务"中选择"百度翻译",进入百度翻译网站(或者直接在"地址"栏中键入网址 http://fanyi. baidu. com/)。

◆ 在输入框中输入需要翻译的词组"拙政园"(还可以输入网址翻译网页),或单击下拉菜单选择特定的翻译方向,如"中译英",按回车键,或单击"百度翻译"按钮,即可获得与原文(或者原网页)相对应的翻译结果(图 1-1-8)。

◆ 复制翻译结果"The Humble Administrators Garden"为"拙政园. txt"文件内容的标题,最后保存文件。

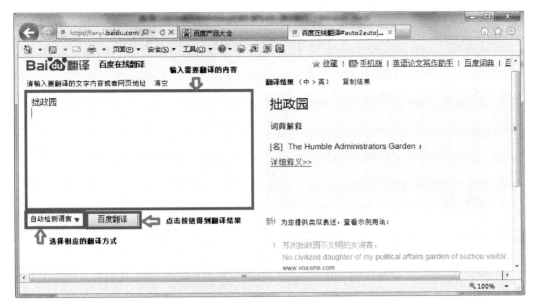

图 1-1-8　百度翻译

题目 3：注册网络邮箱，收发邮件。

（1）进入网易 126 免费邮 http：∥mail.126.com 网站，申请免费电子邮箱。

用户名：username（可自行设定自己的用户名）。

密码：＊＊＊＊＊＊（可自由设定，切记不能忘记）。

（2）使用已注册的邮箱向专用邮箱发送一封 E-mail，具体如下：

收件人：infor@post.usts.edu.cn

主题：学号 + 姓名。

函件内容：谈谈你对计算机的了解，中学计算机知识的学习情况。

附件：lib.txt、教务在线.mht。

【操作方式】

（1）在网易 126 免费邮网站注册邮箱。

◆ 启动 IE 浏览器，在"地址"栏中输入网址 http：∥mail.126.com，按回车键进入网易 126 免费邮（图 1-1-9）。在 126 免费邮首页单击"注册"按钮，进入通行证注册页面。

◆ 按页面提示填写"邮件地址"（填写自定义的用户名，由字母、数字、下划线组成，如 username333）、"密码"（设定邮箱密码）、手机号码（用于修复密码）等注册信息，单击"立即注册"按钮即可（图 1-1-10）。

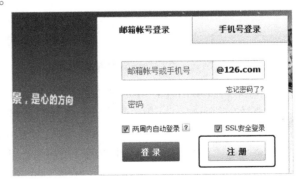

图 1-1-9　网易 126 免费邮首页

图 1-1-10　网易 126 免费邮注册页

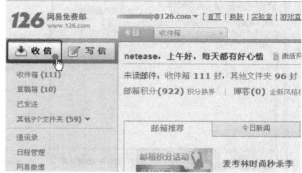

图 1-1-11　网易 126 免费邮邮箱界面

（2）使用已注册的邮箱向专用邮箱发送一封 E-mail。

◆ 返回 126 免费邮 http：//mail.126.com，输入注册成功的用户名和密码，单击"登录"按钮，进入 126 邮箱收发邮件。

◆ 单击左边主菜单上方的"收信"按钮，进入收件箱，查看收到的邮件（图 1-1-11）。

◆ 单击页面左上角的"写信"按钮，进入新邮件撰写页面。在"收件人"一栏中填入收信人的 E-mail 地址：infor@post.usts.edu.cn（如果有多个地址，在地址间用","隔开；或单击右边"通讯录"中一位或多位联系人，选中的联系人地址会自动填写在"收件人"一栏中，单击联系组，该组内的所有联系人地址会自动填写在"收件人"栏），如图 1-1-12 所示。

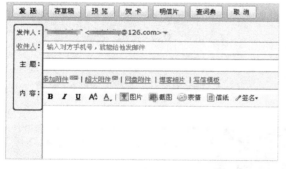

图 1-1-12　网易 126 免费邮邮箱写信界面

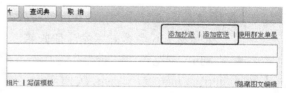

图 1-1-13　抄送密送添加图

◆ 如需抄送信件，单击"添加抄送"，会出现抄送地址栏（图 1-1-13）。

◆ 如需密送信件，单击"添加密送"，会出现密送地址栏，再填写密送人的 E-mail 地址。

◆ 在"主题"一栏中填入本实验要求的邮件主题"学号姓名"。

◆ 单击"添加附件"，使用"浏览"按钮在作业文件夹中选择 lib.txt 文件为附件；再次单击"添加附件"，添加另一个附件"教务在线.mht"文件。如果选错附件可单击"删除"按钮删除。如果有较大文件需要发送，可使用"超大附件"，最多可以发送 2GB 的文件（图 1-1-14）。

◆ 在正文框中填写信件正文，谈谈你对计算机的了解以及中学计算机知识的学习情况。

◆ 单击页面上方或下方任意一个"发送"按钮,发送邮件。

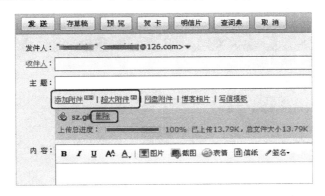

图 1-1-14   附件添加或删除

题目 4:配置 Microsoft Outlook 邮件客户端。

【操作方式】

(1)打开 Outlook Express,单击菜单栏中的"工具",选择"帐户"命令(图 1-1-15)。

(2)单击"邮件"选项卡右侧"添加"按钮,在弹出的菜单中选择"邮件"(图 1-1-16)。

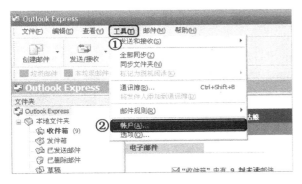

图 1-1-15   Outlook Express 设置流程图 1

图 1-1-16   Outlook Express 设置流程图 2

(3)在弹出的对话框中,根据提示,输入"显示名",然后单击"下一步"按钮(图 1-1-17)。

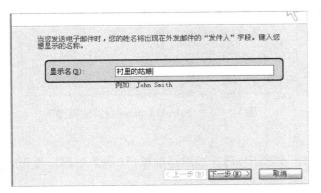

图 1-1-17   Outlook Express 设置流程图 3

图 1-1-18   Outlook Express 设置流程图 4

（4）输入已经申请的电子邮件地址，然后单击"下一步"按钮（图 1-1-18）。

（5）邮件接收服务器可以选择 POP3 或 IMAP 服务器（图 1-1-19）。

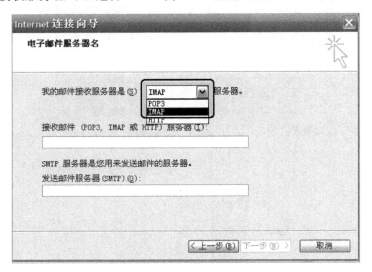

图 1-1-19　Outlook Express **设置流程图** 5

◆ 若选择 POP3 服务器，输入邮箱的 POP3 和 SMTP 服务器地址后，单击"下一步"按钮〔POP3 服务器：pop. 126. com，SMTP 服务器：smtp. 126. com（端口号使用默认值）〕，如图 1-1-20所示。

◆ 选择 IMAP 服务器：输入邮箱的 IMAP 和 SMTP 服务器地址后，单击"下一步"按钮〔IMAP 服务器：imap. 126. com，SMTP 服务器：smtp. 126. com（端口号使用默认值）〕。

（6）输入上题注册成功的邮箱帐户名及密码（帐户只输入@前的部分），单击"下一步"按钮（图 1-1-21）。

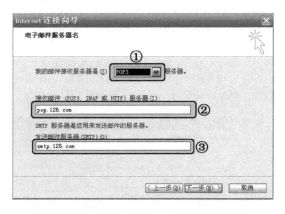

图 1-1-20　Outlook Express **设置流程图** 6

图 1-1-21　Outlook Express **设置流程图** 7

（7）单击"完成"按钮保存设置。

（8）设置 SMTP 服务器身份验证："邮件"标签中，选择刚添加的帐户（图 1-1-22），单击"属性"按钮，弹出属性框。

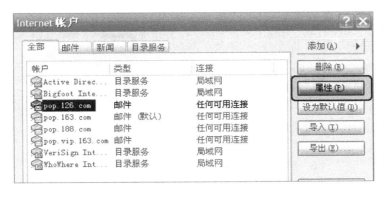

图 1-1-22　Outlook Express 帐户属性设置 1

（9）单击"服务器"选项卡，在"发送邮件服务器"处选中"我的服务器要求身份验证"复选框，单击"设置"按钮（图 1-1-23），选中"使用与接收邮件服务器相同的设置"。

（10）如需在邮箱中保留邮件备份，单击"高级"选项卡，勾选"在服务器上保留邮件副本"［注：如选用了 IMAP 服务器，可勾选"此服务器要求安全连接（SSL）"，所有通过 IMAP 传输的数据都会被加密，从而保证通信的安全性］，如图 1-1-24 所示。

（11）单击"确定"按钮，然后"关闭"帐户框，设置成功。单击主窗口中的"发送/接收"按钮即可进行邮件收发。

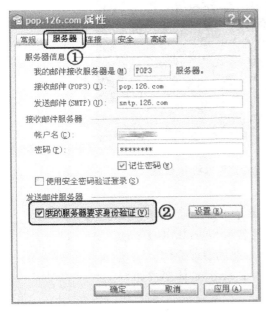

图 1-1-23　Outlook Express 帐户属性设置 2

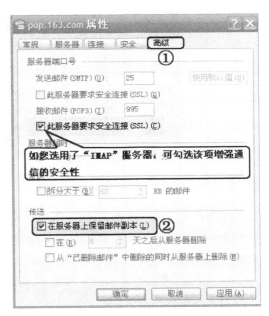

图 1-1-24　Outlook Express 帐户属性设置 3

题目 5：查看本机的 IP 地址、子网掩码、本网网关 IP 地址、DNS 服务器地址，并记录在文本文档（记事本程序创建的文档）中保存，文件名为"IP 地址.txt"。

【操作方式】

（1）单击"开始"菜单，在最下方搜索文本框中输入"cmd"查找命令文件（图1-1-25）。

（2）单击上方出现的"cmd. exe"文件调出命令窗口，输入"ipconfig"命令查看本机IP地址等信息（图1-1-26），记录在文本文件"IP地址. txt"中。记录内容如下：

IP地址：

子网掩码：

网关IP地址：

首选DNS服务器：

备用DNS服务器：

图1-1-25　查找命令文件

图1-1-26　使用ipconfig命令查看本机IP配置

题目6： 使用已注册的邮箱用Outlook Express客户端向专用邮箱发送一封E-mail。

（1）访问校园网，保存学校LOGO图片，文件名为SchoolLOGO. png。

（2）浏览自己所在学院主页，查找自己所学专业的专业介绍。

（3）使用已注册的邮箱向专用邮箱发送一封E-mail，具体要求如下：

收件人：infor@ post. usts. edu. cn。

主题：学号＋姓名＋专业。

函件内容：自己所学专业的专业介绍。

附件：SchoolLOGO. png。

【操作方式】

（1）打开校园网，保存主页的学校LOGO图片，以"SchoolLOGO. png"为文件名保存在作业文件夹中。

（2）浏览自己所在院系主页,查找自己所学专业的专业介绍。

（3）使用已注册的邮箱向专用邮箱发送一封 E-mail。

◆ 打开 Outlook Express,单击"新建"按钮。

◆ 在"收件人"处输入:infor@ post. usts. edu. cn 邮箱地址。

◆ 在"主题"处输入函件要求内容。

◆ 将网页中查找到的专业介绍复制、粘贴为函件内容。

◆ 单击"附件"按钮,在作业文件夹中选择"SchoolLOGO. png"文件,单击"确定"按钮。

◆ 单击"发送"按钮。

题目 7: 使用已注册的邮箱用 Outlook Express 客户端向客户张虹发送一封 E-mail。

（1）在教务处网页中,搜索与"公选课"有关的文章,分别按照标题和内容检索,并将搜索结果网页分别保存到作业文件夹,名为"s1. mht"、"s2. mht"（文件类型为". mht"时不会产生子文件夹）。

（2）访问新浪网站 www. sina. com. cn,浏览该网站,搜索关于"健康"方面的网页,并将搜索结果以"健康网页. mht"为文件名保存在作业文件夹中。

（3）使用已注册的邮箱向专用邮箱发送一封 E-mail,具体要求如下:

收件人:zhanghong@ sina. com。

主题:有关货物发送情况。

函件内容:相关货物已于 2013 年 1 月 20 日 16:00 发送过去,大约 1 月 26 日 14:00 到达,望查收。

附件:s1. mht,s2. mht。

【操作方式】

略。

题目 8: 图书馆镜像期刊检索。利用学校图书馆电子资源,检索与"电子商务"有关的期刊论文。

【操作方式】

（1）打开浏览器访问学校图书馆网站,在"电子资源"中单击"中文数据库",选择"清华同方 CNKI 数据库",根据自己所处地理位置选择"本地镜像:Http:∥210.29.8.27/KNS55/"或"校外镜像:Http:∥www. cnki. net"登录中国知网。

（2）在第 1 行文章类型中选择"期刊",在第 2 行下拉列表框中选择"主题",键入关键词"电子商务",然后单击"检索"按钮（图 1-1-27）。

（3）按"发表时间"排序,选择最近发表的论文,单击"下载"按钮,界面下方出现保存界面,单击"保存"按钮旁下拉菜单,选择"另存为"命令,调出"保存"对话框,将论文保存到作业文件夹（图 1-1-28）。

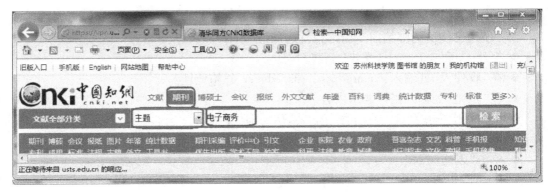

图 1-1-27　中国知网检索界面

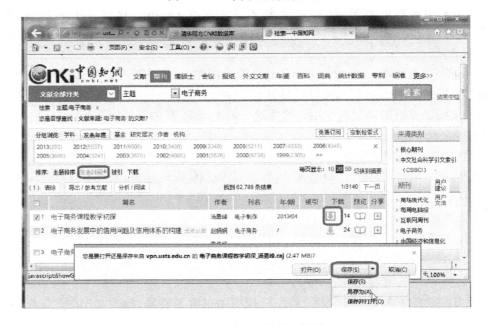

图 1-1-28　中国知网检索界面

 实验 1.2　Windows 基本操作

一、实验准备

将"大学计算机基础实验素材\实验 1.2"文件夹复制到本地盘中（如 D 盘）。

二、实验基本要求

1. 熟悉桌面及主题的显示与设置。
2. 掌握画图、截图、问题步骤记录器、计算器、便签等软件的使用方法。
3. 了解卸载或更改程序、配置 IIS 的方法。

4. 掌握汉字输入法的切换方法。

5. 掌握文本与文件夹的管理、快捷键的操作技术。

6. 了解"库"的使用方法。

三、实验内容和操作步骤

题目 1：桌面显示设置。

（1）设置屏幕分辨率的大小为 800×600 像素，修改屏幕方向为"纵向"查看效果。

（2）设置"Aero 主题"风景主题，设置桌面背景更换时间为 10 秒。

（3）设置桌面右下角时间栏显示日期和星期几。

（4）调出时钟小工具，并将之粘贴在屏幕右上角。

【操作方式】

（1）修改屏幕分辨率。

◆ 右击桌面空白处，选择"屏幕分辨率"，弹出"屏幕分辨率"对话框（或单击"开始"按钮，单击"控制面板"，在"控制面板"窗口中单击"显示"图标，单击"调整分辨率"，也可弹出"屏幕分辨率"对话框），如图 1-2-1 所示。

图 1-2-1　"屏幕分辨率"对话框

◆ 在"屏幕分辨率"对话框中，单击"分辨率"下拉列表框，设置分辨率为 800×600 像素，单击"应用"按钮。

◆ 在"方向"栏下拉列表框中选择"纵向"，单击"确定"按钮查看效果，然后单击"还原"（如需保留，单击"保留更改"）。

（2）右击桌面空白处，选择"个性化"，单击"Aero 主题"区域中的"风景"按钮，单击最下方"桌面背景"，在"更改图片时间间隔"处，将时间设置为 10 秒，单击"保存修改"按钮（图 1-2-2）。

（3）单击桌面右下角时间栏，弹出时间设置对话框，单击"更改日期和时间设置"，弹出"日期和时间"对话框，单击"更改日期和时间"按钮，弹出"日期和时间设置"对话框，在其中可更改日期和时间。再单击"更改日历设置"，弹出"自定义格式"对话框，在"长日期"和"短日期"后面加"dddd"（注意 dddd 前有个空格），同时按下【Alt】+【Print Screen】键截取当前窗口，然后单击"确定"按钮（图 1-2-3）。

（4）右击桌面空白处，选择"小工具"，拖出时钟放置在屏幕右上角。

图 1-2-2　"个性化"对话框

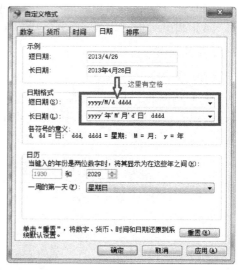

图 1-2-3　"自定义格式"对话框

题目 2：使用画图与 Windows 7 截图工具软件查看截屏效果。

（1）使用画图软件画出图像，保存在"实验 1.2"文件夹中，文件名为"我的图画"。

（2）使用画图软件保存桌面截屏，存放在"实验 1.2"文件夹中，文件名为"我的桌面"。

（3）使用截图工具截取桌面时钟，存放在"实验 1.2"文件夹中，文件名为"我的时钟"。

【操作方式】

（1）使用画图软件画出图像。

◆ 单击"开始"→"所有程序"→"附件"→"画图"，打开画图软件窗口。

◆ 按下【Ctrl】+【V】组合键粘贴题目 1 中按【Alt】+【Print Screen】组合键截取的窗口。

◆ 在图中适当位置添加"矩形框"、"箭头"和"文本注释"对象，如图 1-2-3 所示。

◆ 单击快速访问工具栏中的"保存"按钮，在打开的"另存为"对话框中，选择"实验1.2"文件夹，文件名为"我的图画"，选择文件类型为"PNG（＊.png）"，单击"保存"按钮。

（2）使用画图软件保存桌面截屏。单击"文件"菜单，选择"新建"命令，按下【Print Screen】键截屏，按下【Ctrl】+【V】粘贴截屏，保存在"实验 1.2"文件夹中，文件名为"我的桌面"（图 1-2-4）。注意：做完题目 1 后，截屏中应出现时钟，时间栏应有星期。

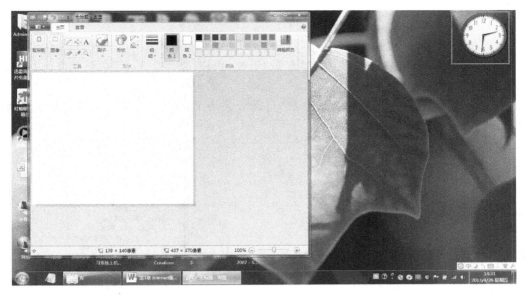

图 1-2-4　我的桌面

（3）使用截图工具中的"任意格式截图"截取桌面时钟。

◆ 单击"开始"→"所有程序"→"附件"→"截图工具"（或者单击"开始"，在搜索处输入"snippingtool"或"截图工具"），打开截图工具软件。

◆ 单击新建右边的小三角，选择"任意格式截图"菜单项，使用铅笔圈出桌角时钟。

◆ 单击"保存"，保存在"实验 1.2"文件夹中，文件名为"我的时钟"。

题目 3：使用问题步骤记录器制作"计算器和便签使用教程"。

（1）使用问题步骤记录器开始记录以下操作。

（2）使用计算器计算 30°角的弧度值。

（3）使用便签记录今天上机的时间地点和机器号。

（4）将记录文件保存在"实验 1.2"文件夹中，文件名为"教程"。

【操作方式】

（1）打开问题步骤记录器。

◆ 单击"开始"菜单，在搜索处输入"PSR"。

◆ 在弹出的对话框中单击 PSR 程序，弹出"问题步骤记录器"应用程序，单击"开始记录"。

（2）单击"开始"→"所有程序"→"附件"→"计算器"，单击"查看"菜单，单击"单位转换"，选择从角度到弧度，输入角度值 30，得到相应弧度值，关闭"计算器"窗口。

（3）单击"开始"→"所有程序"→"附件"→"便签"，在桌面的小便签里记录今天上机的时间地点和机器号。

（4）单击"停止记录"，选择"实验 1.2"文件夹，输入文件名"教程"，单击"保存"按钮。

题目 4：卸载程序，安装配置 IIS（本题选作）。

【操作方式】

（1）单击"开始"→"控制面板"→"程序和功能"，进入卸载或更改程序界面。

（2）选择要卸载的软件，然后单击"卸载/更改"按钮（图1-2-5），卸载该软件（也可直接双击，卸载该软件）。

（3）在如图1-2-5所示的界面中单击"打开或关闭Windows功能"，按照图1-2-6所示配置IIS。

图1-2-5 卸载或更改程序界面

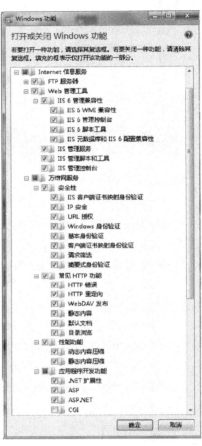

图1-2-6 IIS配置

题目5：汉字输入法的选择和使用。

【操作方式】

（1）汉字输入法的选择（如选择全拼输入法）。

按【Ctrl】+【Space】键，切换为中文输入法（若再次按下【Ctrl】+【Space】，则恢复为原西文输入法）。

（2）输入法的切换（切换到"智能ABC输入法"）。

同时按下【Ctrl】+【Shift】键，选择另一种输入法，每按一次，就换一种输入法，直到出现所需的输入法。

（3）中文标点和符号的输入。

单击"输入法状态" 全拼 中的中文标点按钮 ，中文标点按钮内的标点显示由小变大，此时，可输入中文标点(如"、"、"。"等)；再单击"输入法状态"中的中文标点按钮，中文标点按钮内的标点显示由大变小 ，此时，输入的标点为西文标点。部分中西文标点和符号的对照表见表 1-2-1。

表 1-2-1　中西文标点和符号对照表

西文标点	中文标点	西文标点	中文标点	西文标点	中文标点
\	、	@	·	$	￥
^	……	&	—	_	——
.	。	<	《	>	》

（4）软键盘的使用。

用鼠标右键单击"输入法状态"中的软键盘按钮 ，可弹出所有的软键盘菜单，选择一种键盘后，相应的软键盘会显示在屏幕上。选择了一种软键盘后，下次使用或关闭软键盘时，可直接用鼠标左键单击"输入法状态"中的软键盘按钮。

题目 6：文件和文件夹的管理。

（1）打开资源管理器，将"实验 1.2"文件夹"钉住"到任务栏。

（2）选择"大学计算机基础实验素材\实验 1.2"文件夹，在该文件夹下新建文件夹"My"。

（3）将文件夹"大学计算机基础实验素材\实验 1.2"中的文件"电子商业.rtf"复制到"My"文件夹中。

（4）将文件夹"大学计算机基础实验素材\实验 1.2"中的文件"全球儿童问题.rtf"移动到"My"文件夹中。

（5）将文件夹"大学计算机基础实验素材\实验 1.2"中的文件"电子商业.rtf"删除。

（6）将"My"文件夹改名为"MyTest"文件夹。

（7）将"MyTest"文件夹的属性修改为"只读"+"隐藏"。

（8）清空回收站。

（9）将"实验 1.2"文件夹改名为"我的实验 1.2"，并将该文件夹的属性设置为"只读"。

【操作方式】

（1）将"实验 1.2"文件夹"钉住"到任务栏。

◆ 打开"资源管理器"窗口。

双击计算机图标，打开"资源管理器"窗口，或按【Windows】键 +【E】快捷键打开，或单击任务栏上的 图标，或从"开始"菜单中单击右边的"计算机"，均可打开"资源管理器"窗口。

注："资源管理器"窗口分为左右两部分：左侧窗格显示文件夹树，右侧窗格显示活动文件夹中的文件夹(图 1-2-7)。

◆ 在"资源管理器"窗口中选择"大学计算机基础实验素材\实验 1.2"文件夹，单击右键，将其拖动到任务栏上，Windows 7 就会自动将其设定到资源管理器的跳转列表（Jump

List）里。

◆ 右击资源管理器图标，选择并打开该文件夹（图1-2-8）。

图1-2-7 "资源管理器"窗口   图1-2-8 "钉住"到任务栏

（2）打开"文件"菜单，指向"新建"命令；或在"资源管理器"窗口的右边空白区域单击鼠标右键，在弹出的快捷菜单中选择"新建"命令。在"新建"子菜单中单击"文件夹"命令，此时在右侧窗口中出现一个名为"新建文件夹"的新文件夹。输入一个新文件夹的名称"My"，按回车键或单击该方框外的任一位置。

（3）复制文件。

◆ 打开文件夹"大学计算机基础实验素材\实验1.2"，选中文件"电子商业.rtf"，将该文件复制到Windows的剪贴板上。

方法一：单击鼠标右键，在弹出的快捷菜单中单击"复制"命令。

方法二：单击"编辑"菜单，在其下拉菜单中单击"复制"命令。

方法三：按【Ctrl】+【C】组合键。

◆ 选中新的存放位置，即"My"文件夹。在"My"文件夹中，选择菜单命令"粘贴"或按【Ctrl】+【V】键，则文件"大学计算机基础实验素材\实验1.2\电子商业.rtf"被复制到"My"文件夹中。

注：复制文件也可通过鼠标的拖动进行，方法是：先选中需复制的文件，按住【Ctrl】键，同时按住鼠标左键并拖动至目标文件夹后释放鼠标，则该文件被复制到目标文件夹中。不同的盘间复制时，可不按【Ctrl】键。文件、文件夹和快捷方式的复制方法相同。

（4）打开文件夹"大学计算机基础实验素材\实验1.2"，选中文件"全球儿童问题.rtf"，将该文件剪切到Windows的剪贴板上。选中新的存放位置，即"My"文件夹。在"My"文件夹中，选择菜单命令"粘贴"或按【Ctrl】+【V】键，则文件"大学计算机基础实验素材\实验1.2\全球儿童问题.rtf"被移到"My"文件夹中。

注：移动文件也可通过鼠标的拖动进行，方法是：先选中需移动的文件，按住【Shift】键，同时按住鼠标左键并拖动至目标文件夹后释放鼠标，则该文件被移动到目标文件夹中，但同一磁盘间移动时，可不按【Shift】键。文件、文件夹和快捷方式的移动方法相同。

（5）选择要删除的文件"大学计算机基础实验素材\实验 1.2\电子商业.rtf"，单击鼠标右键，在弹出的快捷菜单中单击"删除"命令；或单击"文件"菜单，在其下拉菜单中单击"删除"命令；或按【Delete】键，出现"确认文件删除"对话框。单击"是"按钮或按回车键，表示执行删除，并将"电子商业.rtf"文件放入"回收站"；单击"否"按钮或按【Esc】键，表示取消删除。

（6）选择要改名的对象（文件或文件夹或它们的快捷方式）"My"文件夹。单击鼠标右键，在弹出的快捷菜单中单击"重命名"命令；或单击"文件"菜单，在其下拉菜单中单击"重命名"命令，此时，被选择的对象的名字（本题中为"My"）被加上了方框，进入等待编辑状态。键入新名字"MyTest"，按回车键或单击该名字方框外任意位置，新名称生效。下次显示该对象（文件或文件夹）时，它将以"MyTest"为名字出现。

（7）选择要修改属性的对象（文件或文件夹或它们的快捷方式），本题中为"MyTest"文件夹。单击鼠标右键，在弹出的快捷菜单中单击"属性"命令；或单击"文件"菜单，在其下拉菜单中单击"属性"命令，此时，出现该对象的"属性"对话框。用鼠标单击"只读"和"隐藏"属性前的方格，使其中出现"√"。按回车键或单击"确定"按钮，新属性生效。

（8）、（9）操作略。

题目 7："库"的使用。

【操作方式】

（1）打开"资源管理器"窗口。

（2）右击界面左侧的"库"，选择"新建"→"库"，命名为"win7resource"。

（3）单击"win7resource"，单击屏幕右侧的"包括一个文件夹"按钮。

（4）选择到 D 盘下的"实验 1.2"，单击"包括文件夹"，可以看到在 win7resource 库中已经涵盖了此文件夹。

（5）右击"win7resource"，选择"属性"。

（6）单击"包括文件夹"，浏览到 C 盘下的"Program Files"文件夹，单击"包括文件夹"，单击"应用"、"确定"按钮。

注：库可以提供包含多个文件夹的统一视图，无论这些文件夹存储在何处。用户可以采用在文件夹中浏览文件的方式来浏览文件，也可以查看按属性（如日期、类型和作者）排列的文件。

题目 8：快捷键的操作。

【操作方式】

（1）打开"资源管理器"窗口。

（2）在展开的界面中，通过使用【Windows】+【←】、【Windows】+【→】、【Windows】+【↑】、【Windows】+【↓】查看所带来的体验。

（3）打开"实验1.2"文件夹，按住【Ctrl】+【Shift】+【N】新建一个文件夹，名为"test"。

（4）打开文件"电子商业. rtf"和文件"全球儿童问题. rtf"。

（5）使用【Windows】+【D】，【Windows】+【1】、【2】、【3】组合键查看所带来的体验。

（6）使用【Windows】+【M】组合键，查看效果［桌面右下角的小矩形框"Aero Peek Aero"（桌面透视）功能，同样有还原桌面的效果］。

（7）使用【Windows】+【D】组合键，查看效果；然后再尝试使用【Windows】+【D】组合键，再次查看效果。

（8）选择"电子商业. rtf"文件窗口，使用【Windows】+【Home】组合键最小化所有非活动窗口。

（9）单击该Word文档的蓝色标题栏，将其拖动到屏幕最右侧。

（10）选择"全球儿童问题. rtf"文件窗口，单击该Word文档的蓝色标题栏，将其拖动到屏幕最左侧。

（11）在整个桌面上并排显示出2份文档，用户可以同时浏览两份资料来进行对比分析或翻译工作以及校对等操作。

（12）使用【Windows】+【+】组合键，查看放大镜工具所带来的体验。

（13）使用【Shift】+【←】组合键，单击某程序图标，如IE图标，查看效果。

（14）使用【Shift】+【→】组合键，单击某程序图标，如IE图标，查看效果。

（15）使用【Windows】+【Space】组合键，查看效果，在松开按键之后，再查看效果。

第 2 章
中文 Word 2010

 实 验 2.1 文档的基本编辑和排版

一、实验准备

将"大学计算机基础实验素材\实验 2.1"文件夹复制到本地盘中(如 E 盘)。

二、实验基本要求

1. 掌握文本的输入与基本编辑技术。
2. 掌握文档格式的基本设置技术。
3. 掌握文档页面的基本设置技术。
4. 掌握文档的图文混排技术。

三、实验内容和操作步骤

题目 1:专业介绍设计。

打开"理科专业介绍"文件,按照以下要求进行操作,完成后的样张如图 2-1-1 所示。

(1)在"理科专业介绍"标题下的空行处输入如下文字:

专业概述:本专业学生主要学习数学和应用数学的基础理论、基本方法,受到数学模型、计算机和数学软件方面的基本训练,具有较好的科学素养,初步具备科学研究、教学、解决实际问题及开发软件等方面的基本能力。

(2)将文件另存为"理科专业介绍 1. docx"。

(3)对文档进行下列编辑操作:

① 将"九、商务人员"的段落与"十、教师"的段落对换。

② 将文档中所有的"数学"替换成红色。

(4)对文档进行下列排版操作:

① 将标题"理科专业介绍"文字设置为红色、三号、加粗、楷体,并加双下划线及着重号。

② 对正文中第二段"专业概述:本专业学生……"设置字符缩放与字符间距,文字缩放 120%,第二段文字的间距设置为 1 磅。

③ 将第二段设置为首行缩进 2 字符,第二段设置为段前 0.5 行、段后 0.5 行、行距 1.5 倍行距,第二段的首字在距正文 0.5 厘米处下沉 2 行,并将其字体修饰为红色、楷体、加粗、斜体。

④ 参考样张,在"三、知识技能"的所在段插入文本框,并输入文字"知识技能",设置其环绕方式为"四周型"、文字方向为"竖排"、文字颜色为"红色"。

⑤ 为倒数第三段"google 公司"的文字插入脚注"是一家美国的上市公司"。

（5）保存并关闭文档。

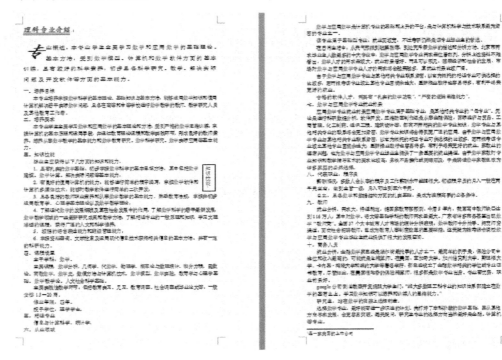

图 2-1-1　样张

【操作方式】

（1）在"理科专业介绍"标题下的空行处输入如下文字。

专业概述:本专业学生主要学习数学和应用数学的基础理论、基本方法,受到数学模型、计算机和数学软件方面的基本训练,具有较好的科学素养,初步具备科学研究、教学、解决实际问题及开发软件等方面的基本能力。

（2）将文件用"另存为"方式保存。

单击"文件"选项卡中的"另存为"按钮,在"文件名"中键入"理科专业介绍1"。

（3）对文档进行下列编辑操作。

① 段落对换。

◆ 选定"九、商务人员"和"就业分析:金融数学家……"两段。

◆ 单击"开始"选项卡的"剪贴板"组中的"剪切"按钮。

◆ 将插入点移到"google 公司……"段的起始处。

◆ 单击"开始"选项卡的"剪贴板"组中的"粘贴"按钮。

◆ 将"九、商务人员"中的"九"改成"十","十、教师"中的"十"改成"九"。

② 将文中所有的"数学"替换成红色。

◆ 单击"开始"选项卡的"编辑"组中的"替换"按钮（图 2-1-2）,打开"查找和替换"对话框,选择"替换"选项卡(图 2-1-3)。

图 2-1-2 "开始"选项卡的"编辑"组   图 2-1-3 "查找和替换"对话框中的"替换"选项卡

◆ 在"查找内容"组合框中输入要查找的字符串"数学"。

◆ 在"替换为"组合框中输入要替换成的字符串"数学"。

◆ 单击"更多"按钮。

◆ 选中"替换为"组合框中的字符串"数学"。

◆ 单击"格式"→"字体",打开"查找字体"对话框,在"字体颜色"下选择红色。

◆ 单击"全部替换"按钮,则所有的"数学"被替换为红色。

(4) 排版操作。

① 对标题"理科专业介绍"进行修饰。

◆ 选定文档的标题"理科专业介绍"。

◆ 单击"开始"选项卡的"字体"组(图 2-1-4)右下角的 按钮,打开"字体"对话框,选择"字体"选项卡(图 2-1-5)。

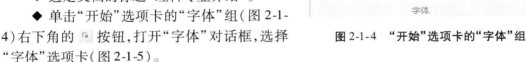

图 2-1-4 "开始"选项卡的"字体"组

◆ 在"颜色""字号""字形""中文字体""下划线线型"和"着重号"选择框中进行设置。

② 对正文第二段"专业概述:本专业学生……"设置字符缩放与字符间距。

◆ 选定正文的第二段。将鼠标移至本段左方,当鼠标指针指向右上方时,双击鼠标左键。

◆ 单击"开始"选项卡的"字体"组中的"字体"按钮,弹出"字体"对话框,选择"高级"选项卡(图 2-1-6)。

图 2-1-5 "字体"对话框中的"字体"选项卡   图 2-1-6 "字体"对话框中的"高级"选项卡

◆ 在"缩放"和"间距"选择框中进行设置。

③ 对第二段设置格式。

◆ 段落的缩进。选中第二段,单击"开始"选项卡的"段落"组(图 2-1-7)中右下角的 按钮,弹出"段落"对话框,选择"缩进和间距"选项卡(图 2-1-8),在"缩进和间距"选项卡中进行"特殊格式"的设置。

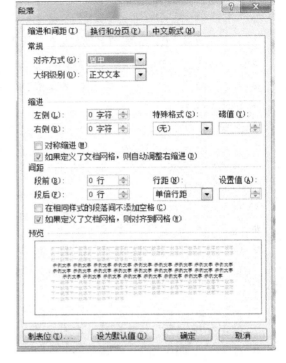

图 2-1-7 "开始"选项卡的"段落"组   图 2-1-8 "段落"对话框

◆ 设置段间距与行距。将插入点置于第二段的任意位置,在"段落"对话框中选择"缩进和间距"选项卡(图 2-1-8),在"段前"、"段后"和"行距"框中进行设置。

◆ 首字下沉。将插入点置于第二段中的任意位置,单击"插入"选项卡的"文本"组(图 2-1-9)中的"首字下沉"按钮,在"首字下沉"下拉列表(图 2-1-10)中选择"首字下沉选项",弹出"首字下沉"对话框(图 2-1-11),在其中按要求设置。最后在"开始"选项卡的"字体"组中设置颜色和字形。

④ 插入文本框。

将插入点放在"三、知识技能"所在段中,单击"插入"选项卡的"文本"组中的"文本框"按钮,利用"文本框"子菜单中的"绘制文本框"命令绘制文本框,输入文字并设置文本框环绕方式、文字方向和文字颜色。

⑤ 插入脚注。

选中文字"google 公司",单击"引用"选项卡的"脚注"组中的"插入脚注"按钮,输入脚注内容。

图 2-1-9　"插入"选项卡的"文本"组

图 2-1-10　"首字下沉"下拉式菜单

图 2-1-11　"首字下沉"对话框

（5）保存并关闭文档。

单击"文件"选项卡中的"保存"按钮，保存文档并退出 Word 系统。

题目 2：自荐书的设计。

要求：打开"理科专业自荐书"文件，按照以下要求进行操作，完成后的样张如图 2-1-12 所示。

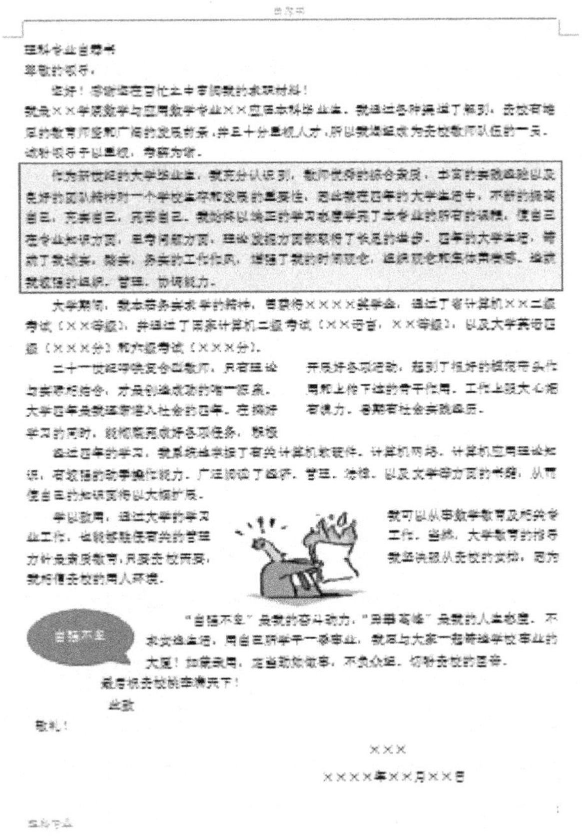

图 2-1-12　样张

（1）将文件另存为"理科专业自荐书1.docx"。

（2）对文档进行下列页面设置。

① 将页面设置为A4纸，上、下、左、右页边距均为2.5厘米，每页38行，每行40字。

② 将第四段（作为新世纪的大学毕业生……）加红色1.5磅的边框，并设置10%的底纹。

③ 将第六段（二十一世纪呼唤复合型教师……）分为两栏，栏间加分隔线。

（3）对文档进行下列图文混排设置。

① 设置文档的页眉、页脚及插入页码。给文档加页眉"自荐书"、页脚"理科专业"及在页面底端右侧加页码，并将页眉"自荐书"设置为红色。

② 在文档中插入图片。在第八段（学以致用……）中部以"四周型"环绕方式插入一幅图片，图片为"pict1.jpg"文件，图片的高度为3厘米，宽度为4厘米。

③ 参考样张，在第九段（"自强不息"是我的奋斗动力……）中插入自选图形，并输入文字"自强不息"，设置其环绕方式为"四周型"、左对齐，线条颜色为红色，填充色为蓝色。

（4）保存并关闭文档。

【操作方式】

（1）将文件用"另存为"方式保存。

单击"文件"选项卡中的"另存为"按钮，在"文件名"中键入"理科专业自荐书1"。

（2）对文档进行页面设置。

◆ 单击"页面布局"选项卡的"页面设置"组（图2-1-13）右下角的 按钮，打开"页面设置"对话框（图2-1-14），在其中进行设置。

图 2-1-13 "页面布局"选项卡的"页面设置"组

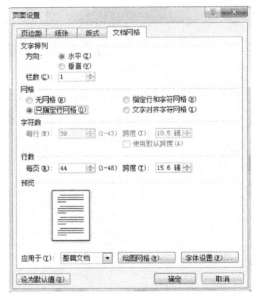

图 2-1-14 "页面设置"对话框

◆ 先选定第四段全部文本，单击"页面布局"选项卡的"页面背景"组中的"页面边框"按钮，弹出"边框和底纹"对话框，分别在"边框"和"底纹"选项卡（图2-1-15）下进行设置。

图 2-1-15　"边框和底纹"对话框

◆ 选中第六段,单击"页面布局"选项卡的"页面设置"组中的"分栏"按钮,打开"分栏"下拉式菜单,选择"更多分栏"选项(图 2-1-16),打开"分栏"对话框(图 2-1-17),选择"两栏",并选中"分隔线"复选框。

图 2-1-16　"分栏"命令的下拉式菜单

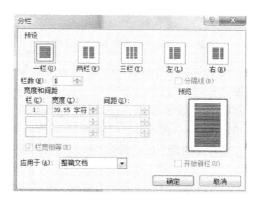

图 2-1-17　"分栏"对话框

(3)对文档进行图文混排设置。

① 设置文档的页眉、页脚及插入页码。

◆ 单击"插入"选项卡的"页眉和页脚"组中的"页眉"按钮,打开"页眉"下拉式菜单(图 2-1-18)。

◆ 在"页眉"下拉式菜单中选择"编辑页眉",并在"编辑页眉"状态中输入页眉内容"自荐书"。

◆ 单击"插入"选项卡的"页眉和页脚"组中的"转至页脚"按钮或单击"插入"选项卡的"页眉和页脚"组中的"编辑页脚"按钮。

◆ 输入页脚内容"理科专业"。

◆ 单击"插入"选项卡的"页眉和页脚"组中的"页码"按钮,在"页码"下拉式菜单"页面底端"中选择"普通数字 3"。

◆ 单击"插入"选项卡的"页眉和页脚"组中的"页码"按钮,在"页码"下拉式菜单中选择"设置页码格式"，打开"页码格式"对话框（图2-1-19），在其中进行设置。

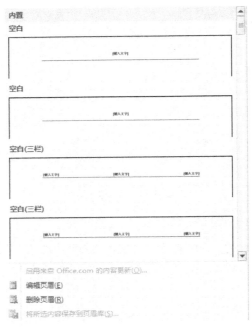

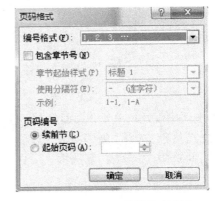

图 2-1-18　"页眉"下拉式菜单　　　　图 2-1-19　"页码格式"对话框

◆ 选择页眉内容"自荐书"，在"开始"选项卡的"字体"组中设置颜色。

② 插入图片。

◆ 将插入点置于要插入图片的位置。

◆ 单击"插入"选项卡的"插图"组中的"图片"按钮，打开"插入图片"对话框。

◆ 在"插入图片"对话框的"查找范围"框中选定"大学计算机基础实验素材\实验2.1"文件夹。

◆ 在"文件类型"中选定"所有图片"，在"文件名"框中输入"pict1.jpg"，或在文件列表框中选择"pict1.jpg"文件。

◆ 单击"插入"按钮。此时，图片出现在文档中。

◆ 选中图片并右击，选择"大小与位置"命令，弹出"布局"对话框（图2-1-20），在其中进行设置。

③ 插入自选图形。

将插入点放在第九段中，单击"插入"选项卡的"插图"组中的"形状"按钮，在"形状"下拉式菜单中选择"标注"，参考样张，在"标注"中对自选图形和格式进行设置。

（4）保存并关闭文档。

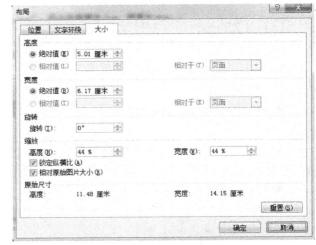

图 2-1-20　"布局"对话框

题目 3：科技文章的设计。

打开“苏州的能源结构”文件，按照以下要求进行操作，完成后的样张如图 2-1-21 所示。

（1）将文件另存为“苏州的能源结构 1. docx”。

（2）对文档进行下列编辑和排版操作。

① 在标题位置插入艺术字“苏州市能源结构变化情况”，要求采用第 2 行、第 5 列的艺术字式样，将字体设为黑体、字号 32，环绕方式为“四周型”，居中对齐。

② 将页面设置为 A4 纸，上、下、左、右页边距均为 2.5 厘米，每页 38 行，每行 40 字。

③ 将正文中所有的“能源消费结构”设置为红色、加着重号。

④ 设置第一段（苏州市去年实现国内生产总值……）首字下沉 3 行，字体为黑体。

⑤ 设置其余段落首行缩进两个字符，段前、段后间距 0.5 行。

⑥ 参考样张，在第二段（能源结构调整的重点……）中部插入图片“picture. jpg”，环绕方式设置为“四周型”，大小缩放为 50%。

⑦ 设置页眉为“苏州市能源消费结构变化”，并设置其为小四、加粗、居中对齐。

⑧ 将正文第八段（要大力开发新能源和可替代能源……）加上 1.5 磅带阴影的蓝色边框、15% 的底纹。

⑨ 将正文最后一段分成两栏。

（3）保存并关闭文档。

苏州市能源消费结构变化
苏州市能源结构变化情况
苏州市能源消费结构变化

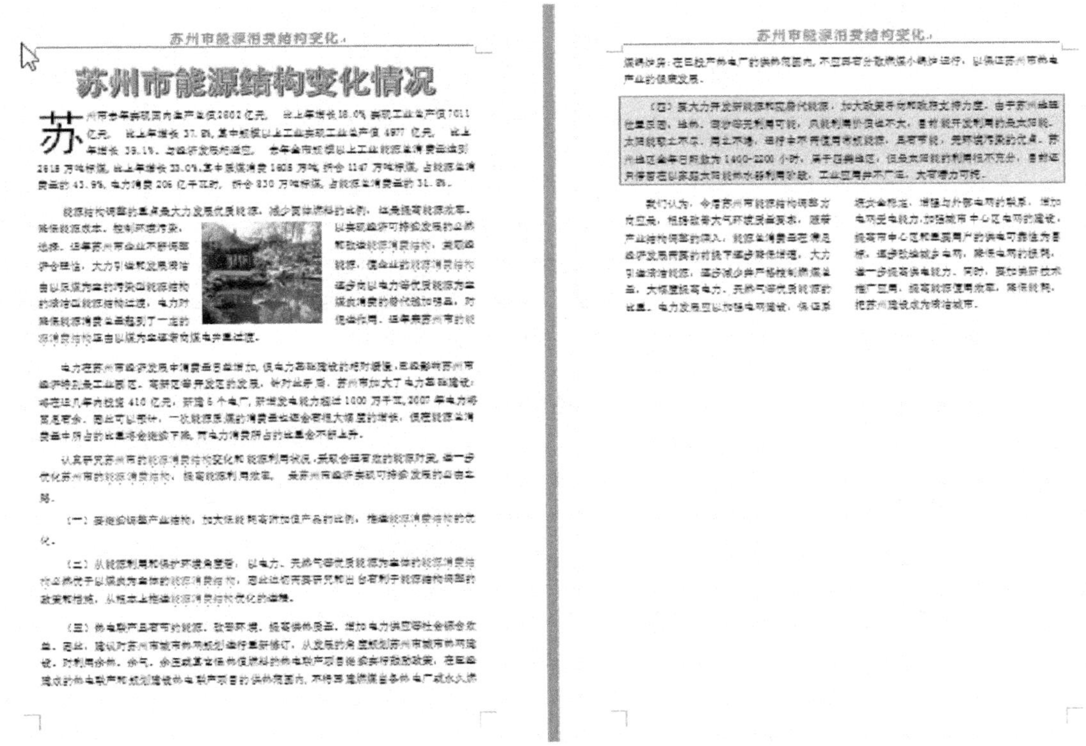

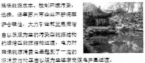

图 2-1-21　样张

【操作方式】

略。

实验 2.2　文档中表格的基本编辑和排版

一、实验准备

将"大学计算机基础实验素材\实验2.2"文件夹复制到本地盘中（如 E 盘）。

二、实验基本要求

1. 掌握文档中表格的基本操作技术。
2. 掌握文档中特殊表格的基本操作技术。

三、实验内容和操作步骤

题目 1：表格的建立。

打开"计算机考试通过率表"文件，按照以下要求进行操作，完成后的样张如表 2-2-1 所示。

表 2-2-1　计算机考试通过率表

科目	考试人数	通过人数	通过率
大学计算机基础	4734	4414	93.24%
VFP	1267	983	77.58%
VB	1364	1093	80.13%
VC	689	383	55.59%
合计	8054	5873	72.92%

（1）在"计算机考试通过率表"文件中建立"表 2-2-2"。

表 2-2-2　计算机考试通过率表

科目	考试人数	通过人数	通过率
大学计算机基础	4734	4414	
VFP	1267	983	
VB	1364	1093	
VC	689	383	
合计			

（2）对表格进行下列编辑操作。

① 将表中第 1 行文字字体设为楷体和粗体，所有文字水平、垂直居中。

② 对第 6 行"合计"和第 4 列"通过率"利用公式进行计算。

（3）对表格进行下列排版操作。

① 设置表格外框为 1.5 磅红色双实线、内框为 0.5 磅蓝色单实线。

② 给表格的第 1 行加 50% 的底纹,背景色为"蓝色"。

③ 将表格中除第 1 行外所有内容设置为五号、宋体、水平居中;设置表格列宽为 3.5cm、表格水平居中。

(4) 保存并关闭文档。

【操作方式】

(1) 建立"表 2-2-2"。

◆ 将插入点置于文档中要插入表格的位置(第 2 行)。

◆ 单击"插入"选项卡的"表格"组中的"表格"按钮,打开"表格"下拉式菜单(图 2-2-1),在"表格"下拉式菜单中选择"插入表格"命令,弹出"插入表格"对话框(图 2-2-2)。

图 2-2-1　"表格"下拉式菜单　　　图 2-2-2　"插入表格"对话框

◆ 在"列数"框中输入"4",在"行数"框中输入"6"。

◆ 单击"确定"按钮,在插入点即插入了一个 6 行 4 列的空表格。

◆ 输入表中文字。

◆ 将该表格用原文件名"计算机考试通过率表"保存。

(2) 对表格进行编辑操作。

① 表中第 1 行文本的字体修饰。

◆ 选中表格的第 1 行,在"开始"选项卡的"字体"组中设置"楷体"和"粗体"。

◆ 单击"表格工具—布局"选项卡的"对齐方式"组(图 2-2-3)中的"水平居中"按钮。

图 2-2-3　"表格工具—布局"选项卡的"对齐方式"组　　图 2-2-4　"表格工具—布局"选项卡的"数据"组

② 表格中数据的计算。

◆ 将插入点置于第 2 列、第 6 行空白处（"考试人数"合计单元）。

◆ 单击"表格工具—布局"选项卡的"数据"组（图 2-2-4）中的"公式"按钮。

◆ 在"公式"对话框（图 2-2-5）的"公式"框中输入" = SUM(B2：B5)"，单击"确定"按钮。

◆ 将插入点置于第 3 列、第 6 行空白处（"通过人数"合计单元）。

◆ 单击"表格工具—布局"选项卡的"数据"组中的"公式"按钮。

◆ 在"公式"对话框中的"公式"框中输入" = SUM(C2：C5)"，单击"确定"按钮。

图 2-2-5 "公式"对话框

◆ 将插入点置于第 4 列、第 2 行空白处（大学计算机基础通过率）。

◆ 单击"表格工具—布局"选项卡的"数据"组中的"公式"按钮。

◆ 在"公式"对话框中的"公式"框中输入" = C2/B2 * 100"，在"编号格式"中选择"0.00%"，单击"确定"按钮。

◆ 表格中其他语种的"通过率"和"合计通过率"的计算请参照以上步骤进行。

（3）对表格进行排版操作。

① 设置表格的边框。

◆ 选中整个表格。

◆ 在"表格工具—设计"选项卡的"绘图边框"组中设置外框线的线型、颜色和宽度，并在"表格工具—设计"选项卡的"表格样式"组中的"边框"按钮中设置表格的外框线；用同样的方法设置表格的内框线。

② 设置表格的底纹。

◆ 选中表格的第 1 行。

◆ 在"表格工具—设计"选项卡的"表格样式"组中的"边框"按钮下的"边框与底纹"中进行设置。

③ 表格中其他行文字的修饰。

◆ 选中表格的第 2 行至第 6 列，在"开始"选项卡的"字体"组中设置为五号、宋体。

◆ 选中整张表格，在"表格工具—布局"选项卡的"单元格大小"组下设置列宽，在"表格工具—布局"选项卡的"对齐方式"组下设置表格的"水平居中"。

（4）保存并关闭文档。

题目 2：特殊表格 1 的建立。

打开"特殊表格"文件，按照以下要求进行操作，完成后的样张如表 2-2-3 所示。

表 2-2-3　样张

	时间		
区			
【苏州】			

（1）将文件另存为"特殊表格 1. docx"。

（2）根据题目要求建立一张 5 行 4 列的空白表格。

（3）对表格进行下列编辑和排版操作。

① 改变列宽和行高。

② 合并单元格。

③ 改变单元格中文字的方向。

④ 在单元格中加斜线。

（4）保存并关闭文档。

【操作方式】

（1）将文件另存为"特殊表格 1. docx"。

（2）创建一张空白表格。

◆ 将插入点置于文档中要插入表格的位置(第 2 行)。

◆ 在"插入"选项卡的"表格"组中建立一张 5 行 4 列的空白表格。

（3）对表格进行编辑和排版操作。

① 改变列宽和行高。

◆ 选择整张表格,利用"表格工具—布局"选项卡的"单元格大小"组中的"宽度"按钮设置表格宽度为 2.5 厘米。

◆ 选择表格第 1 行,利用"表格工具—布局"选项卡的"单元格大小"组中的"高度"按钮设置表格第 1 行的高度为 1.5 厘米。

② 合并单元格。

选择第 1 列的下面 4 个单元格,利用"表格工具—布局"选项卡的"合并"组里的"合并单元格"按钮进行单元格合并。

③ 改变单元格中文字的方向。

◆ 将插入点置于表格第 1 列中下面的大单元格中。

◆ 单击"插入"选项卡的"符号"组中的"符号"按钮,输入符号"【】",并在该符号之中输入文字"苏州"。

◆ 选中该单元格,利用"表格工具—布局"选项卡的"对齐方式"组中的"文字方向"按钮设置竖排文本。

◆ 选中该单元格,利用"表格工具—布局"选项卡的"对齐方式"组中的"文字方向"按钮设置"中部居中"。

④ 在单元格中加斜线。

◆ 选中表格第 1 行的第 2 单元格,输入"时间",单击"右对齐"按钮后按回车键。

◆ 输入"区",单击"左对齐"按钮。

◆ 选择"表格工具—设计"选项卡的"表格样式"组中的"边框"按钮,在"边框"下拉式菜单列表中选择"斜下框线"。

（4）保存并关闭文档。

题目 3：学生成绩统计表格的建立。

打开"学生成绩表"文件,按照以下要求进行操作,完成后的样张如表 2-2-4 所示。

表 2-2-4　学生成绩表

姓名	数学	物理	化学	英语	计算机	总分
张力	65	76	71	68	75	355
李国庆	77	78	72	70	80	377
王芳	61	66	58	45	52	282
赵新	80	73	81	71	76	381
平均分	70.75	73.25	70.5	63.5	70.75	348.75

（1）将文件中的"学生成绩表"转换为 Word 的表格形式。

（2）对表格进行下列编辑和排版操作。

① 利用公式计算每位学生的总分和每门课程的平均分。

② 将表格中的所有内容设置为五号宋体、水平居中;设置表格列宽为 2 厘米、表格水平居中;设置外框线为 1.5 磅蓝色双窄线、内框线为 0.75 磅蓝色单实线、表格第 1 行为红色底纹。

（3）保存并关闭文档。

【操作方式】

略。

题目 4：特殊表格 2 的建立。

打开"特殊表格"文件,按照以下要求进行操作,完成后的样张如表 2-2-5 所示。

（1）将文件另存为"特殊表格 2.docx"。

（2）创建一空白表格。根据题目要求建立一张 3 行 4 列的空白表格。

（3）对表格进行下列编辑和排版操作。

① 改变列宽（3 厘米）和行高（1 厘米）。

② 根据表 2-2-5 合并单元格。

③ 根据表 2-2-5 在单元格中加斜线。

（4）保存并关闭文档。

表 2-2-5　样张

【操作方式】

略。

 实验 2.3　长文档的编辑和排版

一、实验准备

将"大学计算机基础实验素材\实验 2.3"文件夹复制到本地盘中（如 E 盘）。

二、实验基本要求

1. 掌握文档的高级编排技术。
2. 掌握长文档的编排技术。

三、实验内容和操作步骤

题目 1：长文档的专业介绍设计 1。

打开"理科专业介绍"文件，按照以下要求进行操作，完成后的样张如图 2-3-1 所示。

（1）将文件另存为"理科专业介绍 2. docx"。

（2）对文档进行下列编辑和排版操作。

① 将页面设置成 A4，上、下、左、右页边距均为 2 厘米，每页 50 行，每行 50 字。

② 设置奇数页页眉为"理科"，偶数页页眉为"专业介绍"，文字为隶书、四号、倾斜并居中。

③ 在段"七、数学与应用数学专业就业前景"前插入"分页符"。

④ 在正文的第四段（本专业学生主要学习数学……）插入以下艺术字：

苏州科技大学

⑤ 利用公式编辑器在文件尾部插入如下两个数学公式：

$$\mathrm{card}(a) \;=\; \int_{-\infty}^{\infty} m(x)\,\mathrm{d}x$$

$$\mathrm{dis}(q,b) \;=\; \sqrt{\sum_{j,k} \mid q_j - b_j \mid \cos(a_j, a_k) \mid q_k - b_k \mid}$$

⑥ 样式设计。参照样张，对"理科专业介绍 2"文件进行样式设计，要求将第 1 行"理科专业介绍"设置为标题，"一、培养目标""二、培养要求"……"六、从业领域"设置为标题 1，标题 1 的格式为五号字、加粗、段前段后 0 行、单倍行距。

⑦ 插入页码。

⑧ 为"理科专业介绍 2"文件建立目录（图 2-3-5）。

（3）保存并关闭文档。

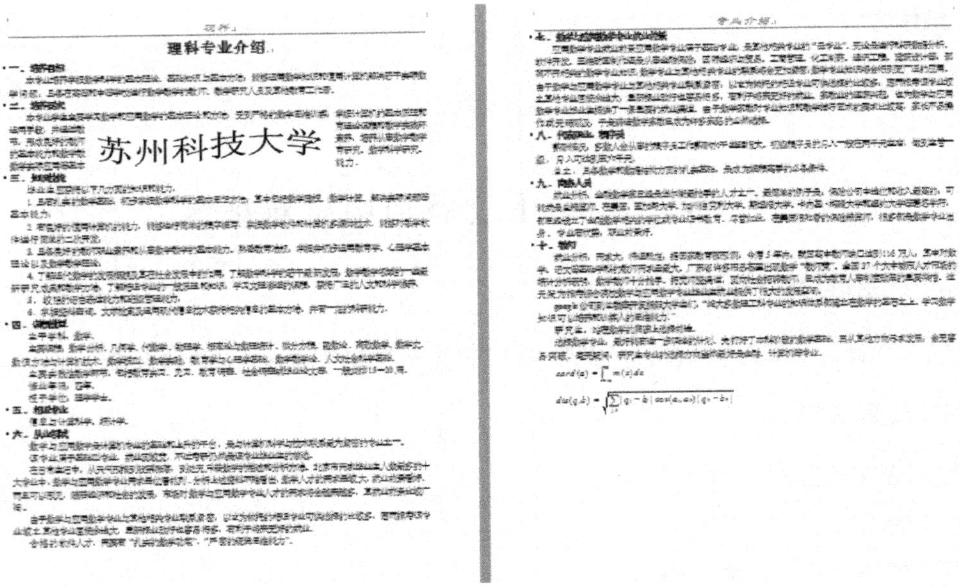

图 2-3-1　样张

【操作方式】

（1）将文件另存为"理科专业介绍 2"。

（2）对文档进行编辑和排版操作。

① 页面设置。

在"页面布局"选项卡的"页面设置"组中进行。

② 设置奇偶页页眉。

在"插入"选项卡的"页眉和页脚"组中进行设置。

③ 插入"分页符"。

将光标移到段"七、数学与应用数学专业就业前景"前，在"页面布局"选项卡的"页面设置"组中的"分隔符"中进行设置。

④ 插入艺术字。

◆ 单击"插入"选项卡的"文本"组中的"艺术字"按钮，在下拉列表中选择第 4 行第 3 个 A。

◆ 在其中输入文字"苏州科技大学"并确定。

◆ 选中艺术字"苏州科技大学"，在"绘图工具—格式"选项卡的"艺术字样式"组中单击"文本效果"→"转换"→"波纹 2"（图 2-3-2）。

◆ 利用"绘图工具—格式"选项卡的"形状样式"组中的"形状填充""形状轮廓"和"形状效果"进行设置。

◆ 将艺术字拖放到适当的位置。

⑤ 插入数学公式。

图 2-3-2　"艺术字库"对话框

◆ 将光标移至要插入的文件尾部位置。

◆ 利用"插入"选项卡的"符号"组中的"公式"按钮进行编辑。

⑥ 样式设计。

◆ 选中第 1 行"理科专业介绍",在"开始"选项卡的"样式"组中选择"标题"按钮(图 2-3-3)。

图 2-3-3　"样式"对话框

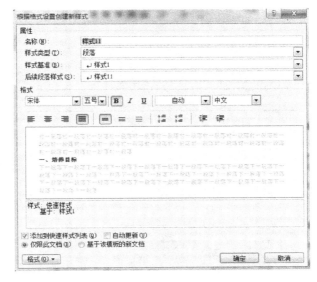

图 2-3-4　"根据格式设置创建新样式"对话框

◆ 选中"一、培养目标",在"开始"选项卡的"样式"组中单击"标题 1"按钮,打开"样式"对话框,在左下角单击"新建样式"按钮,弹出"根据格式设置创建新样式"对话框(图 2-3-4),单击对话框左下角的"格式"按钮,在下拉菜单中设置字号和段落格式。

◆ 选中"二、培养要求",单击"开始"选项卡的"样式"组中的"样式 1"按钮。对"三、知识技能"等进行同样的设置。

⑦ 插入页码。

◆ 略。

⑧ 建立目录(图 2-3-5)。

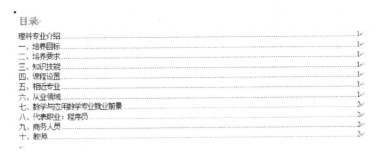

图 2-3-5　目录

将光标移到标题"理科专业介绍"前,在"引用"选项卡的"目录"组中的"目录"按钮中进行设置。

（3）保存并关闭文档。

题目2：长文档的专业介绍设计2。

打开"文科专业介绍"文件，按照以下要求进行操作，完成后的样张如图2-3-6所示。

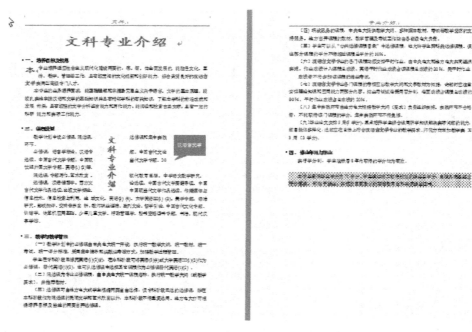

图2-3-6　样张

（1）将文件另存为"文科专业介绍2.docx"。

（2）对文档进行下列编辑和排版操作。

① 将第1行文字"文科专业介绍"设置成文章的标题，并设置为楷体、加粗、字号28、红色，字符缩放为120%，居中对齐，段后间距为1行。

② 将正文最后一段设置成2.25磅蓝色的方框，并设置其底纹（式样）为20%，背景色（填充）为茶色，均应用于段落。

③ 将正文中所有"汉语言文学"格式设置成粗体、红色。

④ 设置正文第二段"本专业培养适应……"首字下沉2行，字体为隶书、蓝色。

⑤ 将除了第二段"本专业培养适应……"外所有的段落设置成首行缩进的特殊格式，度量值为2字符。

⑥ 参考样张，在第五段（教学计划中设必修课……）插入自选图形，并输入文字"汉语言文学"，设置其环绕方式为"四周型"、右对齐，线条颜色为绿色。

⑦ 将页面设置成A4，上、下页边距均为2厘米，左、右页边距均为3厘米，每页40行，每行40字。

⑧ 设置奇数页页眉为"文科"，偶数页页眉为"专业介绍"，文字设置为隶书、四号、倾斜并居中。

⑨ 参考样张，在第五、六、七段位置插入艺术字"文科专业介绍"，要求采用第三行第一

列的艺术字式样，设置其为楷体、加粗、颜色为红色、字号为 20 号、竖排，环绕方式为“四周型”，并适当调整其大小。

⑩ 在段落“（四）统设服务的课程”前插入“分页符”。

⑪ 样式设计。参照样张，对“一、培养目标及规格”“二、课程设置”“三、教学与教学管理”“四、修业年限与毕业”设置为标题 1，标题 1 的格式为 5 号字、加粗、段前段后 0 行、单倍行距。

⑫ 插入页码。

⑬ 为“文科专业介绍”文件建立目录（图 2-3-7）。

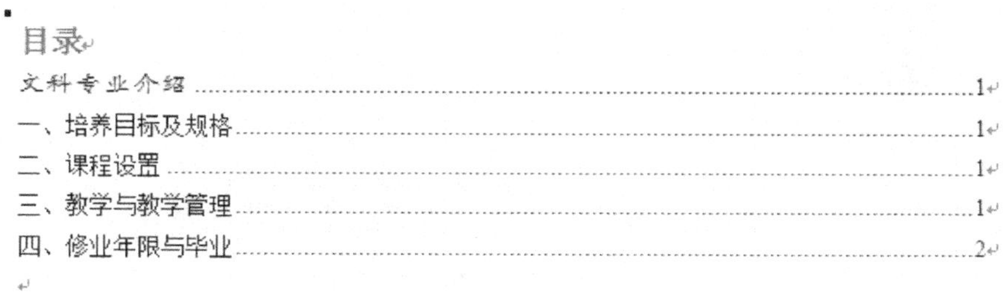

目录

文科专业介绍 1

一、培养目标及规格 1

二、课程设置 1

三、教学与教学管理 1

四、修业年限与毕业 2

图 2-3-7　目录

（3）保存并关闭文档。

【操作方式】

略。

题目 3：制作一份邀请函。

为了使我校大学生更好地就业，提高就业能力，我校就业处将于今年 12 月 23 日在校体育馆举行综合人才招聘会，特别邀请各用人单位、企业、机构等前来参加。

请根据上述活动的描述，利用 Word 制作一份邀请函（邀请函的参考样式如图 2-3-8 所示）。

请按如下要求，完成邀请函的制作，并以文件名“邀请函.docx”保存文档（所有素材均在“实验 2.3\题目 3”中）：

（1）调整文档版面，要求页面高度为 23 厘米，宽度为 27 厘米，上、下页边距为 3 厘米，左、右页边距为 3 厘米。

（2）根据图 2-3-8 样张，调整邀请函内容文字的字号、字体和颜色。

（3）将图片“Word-邀请函图片.jpg”设置为邀请函背景。

（4）调整邀请函中内容文字段落的缩进、行距、段前和段后间距等。保存“邀请函.docx”文档。

（5）利用邮件合并的方式，在“尊敬的”之后，插入拟邀请的用人单位，拟邀请的用人单位在文件夹下的“通讯录.xlsx”文件中。并填上日期。每页邀请函中只能包含一个用人单位，所有的邀请函页面另外保存在一个名为“总邀请函.docx”的文件中。

（6）邀请函文档制作完成后，保存“邀请函.docx”文件。

图 2-3-8　样张

【操作方式】

（1）新建 Word 文档，将图 2-3-8 样张中的文字输入到文档中，单击"页面布局"选项卡，打开"页面设置"对话框，按照题目要求调整文档版面。

（2）邀请函内容文字的字号、字体和颜色根据实际情况进行调整。

（3）单击"页面布局"选项卡，在"页面背景"组中单击"页面颜色"按钮，在下拉菜单中选择"填空效果"，打开"填充效果"对话框，选择"图片"选项卡，单击"选择图片"按钮，打开"选择图片"对话框，在其中选择"Word-邀请函图片.jps"，单击"插入"按钮即可。

（4）邀请函中内容文字段落的缩进、行距、段前、段后间距等根据实际情况进行调整。保存"邀请函.docx"文档。

（5）单击"邮件"选项卡下的"开始邮件合并"组中的"开始邮件合并"按钮，在展开的列表中选择"普通 Word 文档"；单击"开始邮件合并"组中的"选择收件人"按钮，在展开的列表中选择"使用现有列表"，打开"选取数据源"对话框，选中"通讯录"文件，然后单击"打开"按钮；在对话框中选择要使用的 Excel 工作表中的 Sheet1 表，单击"确定"按钮；将输入符放置在文档"尊敬的"文字后面，单击"插入合并域"按钮，在展开的列表中选择要插入的域"公司"，并填上日期；单击"完成"组中的"完成并合并"按钮，在展开的列表中选择"编辑单个文档"，系统将产生的邮件放置到一个新文档中。将该文档另存为"总邀请函.docx"。

（6）保存"邀请函.docx"文件。

题目 4： 制作另一份邀请函。

某高校学生会计划举办一场"大学生网络创业交流会"活动，拟邀请部分专家和老师给在校学生进行演讲。因此，校学生会外联部需制作一批邀请函，并分别递送给相关的专家和老师。

请按如下要求，完成邀请函的制作，并以文件名"邀请函.docx"保存文档（所有素材均在"实验 2.3\题目 4"中）。

（1）调整文档版面，要求页面高度为 18 厘米，宽度为 30 厘米，上、下页边距为 2 厘米，左、右页边距为 3 厘米。

（2）将文件夹下的图片"背景图片.jpg"设置为邀请函背景。

（3）根据"Word-邀请函参考样式.docx"文件，调整邀请函中内容文字的字体、字号和颜色。

（4）调整邀请函中内容文字段落的对齐方式。

（5）根据页面布局需要，调整邀请函中"大学生网络创业交流会"和"邀请函"两个段落的间距。保存"邀请函.docx"文档。

（6）在"尊敬的"和"（老师）"文字之间，插入拟邀请的专家和老师姓名，拟邀请的专家和老师姓名在"通讯录.xlsx"文件中。每页邀请函中只能包含 1 位专家或老师的姓名，所有的邀请函页面请另外保存在一个名为"Word-邀请函.docx"的文件中。

【操作方式】

略。

题目 5：文档的高级编排 1。

打开"乒乓球的起源.docx"文件，按照以下要求进行操作，完成后的样张如图 2-3-9 所示。

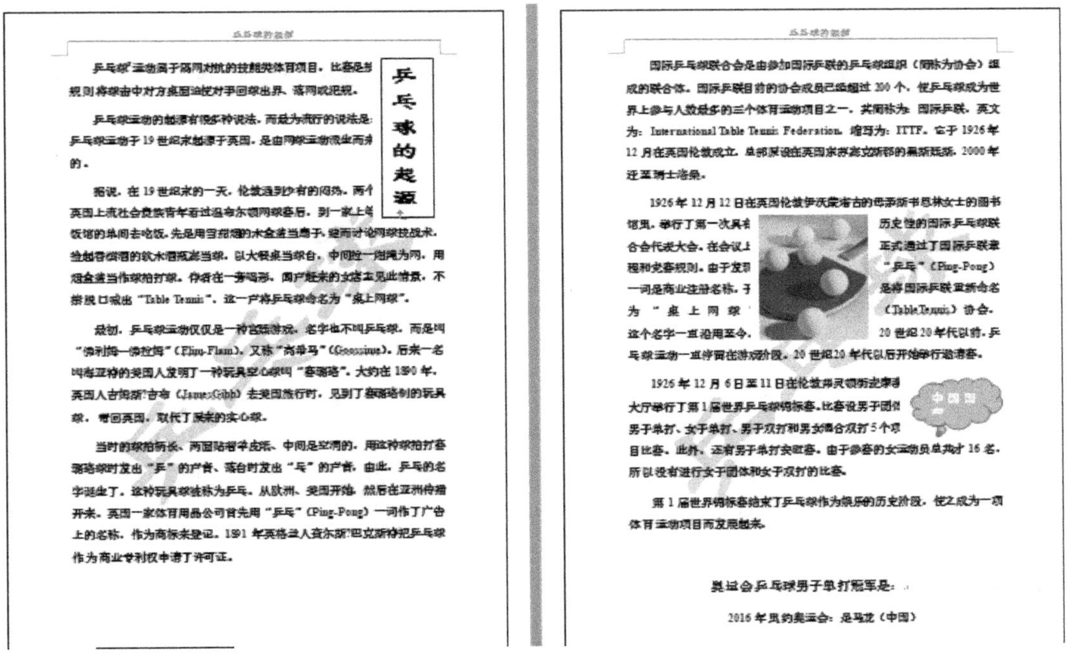

图 2-3-9　　样张

（1）将文件另存为"乒乓球的起源 1.docx"。

（2）对文档进行下列编辑和排版操作：

① 将页面纸张类型设置为自定义大小，宽度为 20 厘米，高度为 28 厘米。

② 为正文第一段中的文字"乒乓球"插入脚注"红双喜"。

③ 将正文首行缩进 2 个字符，段前和段后间距均为 0.5 行。

④ 修改文档中样式为"正文文字"的文本的格式，设置其格式为小四、加粗。

⑤ 参考样张，在文档右上角适当位置插入一个竖排文本框"乒乓球的起源"，设置其文字格式为隶书、一号，环绕方式为紧密型。

⑥ 设置页眉为"乒乓球的起源"，所有页页脚显示" – 页码 – "，均居中显示。

⑦ 为页面设置 1 磅、蓝色、实线边框，并对页面添加水印，水印文字为"乒乓球"，字体为隶书、半透明、斜式、颜色为红色。

⑧ 参考样张，在正文倒数第三段（1926 年 12 月 12 日在英国伦敦伊沃蒙塔古……）中部插入图片 ball.jpg，设置图片高度为 5 厘米，宽度为 4 厘米，环绕方式为四周型。

⑨ 参考样张，在正文倒数第二段（1926 年 12 月 6 日至 11 日在伦敦……）右上角插入自选图形"云形标注"，并添加文字"中国国球"，设置图形填充色为浅绿色，线条为蓝色，环绕方式为紧密型。

⑩ 对文档内容进行分节，在正文第六段（国际乒乓球联合会是由……）前进行分节。

（3）打开"历届奥运会乒乓球男子单打冠军.docx"文件，按照以下要求进行操作，完成后的样张如图 2-3-10 所示。

第几届奥运会	男子单打冠军
1988 年汉城奥运会	刘南奎（韩国）
1992 年巴塞罗那奥运会	瓦尔德内尔（瑞典）
1996 年亚特兰大奥运会	刘国梁（中国）
2000 年悉尼奥运会	孔令辉（中国）
2004 年雅典奥运会	柳承敏（韩国）
2008 年北京奥运会	马琳（中国）
2012 年伦敦奥运会	张继科（中国）
2016 年里约奥运会	马龙（中国）

图 2-3-10　样张

① 将文件另存为"历届奥运会乒乓球男子单打冠军 1.docx"。

② 将文中的 Word 文字转化为一张 9 行 2 列的 Word 表格。

③ 将表格中的所有内容设置为五号、宋体、水平居中，设置表格列宽为 5 厘米、表格居中，表格的最后一行为红色底纹。

（4）根据图 2-3-9 所示样张，在"乒乓球的起源 1.docx"中建立一展示历届奥运会乒乓球男子单打冠军是谁。

① 在"乒乓球的起源 1.docx"文尾输入"奥运会乒乓球男子单打冠军是："，并在下一行中间输入"是"。

② 在"是"文字之前，插入"第几届奥运会"，在"是"文字之后，插入"男子单打冠军"，"第几届奥运会"和"男子单打冠军"在"历届奥运会乒乓球男子单打冠军 1.docx"文件中。每页只能包含一届奥运会男子单打冠军的情况，所有的奥运会男子单打冠军的情况请另外保存在一个名为"乒乓球的起源 2.docx"文件中。

（5）保存并关闭文档。

【操作方式】

（1）将文件另存为"乒乓球的起源 1.docx"。

（2）文档的编辑和排版。

◆ ①～③略。

◆ 在"开始"选项卡的"样式"组中，单击右下角的对话框启动器按钮，打开"样式"对话框，将鼠标指向"正文"样式，单击右侧的下拉式按钮，在弹出的快捷菜单中选择"修改"命令，随后在弹出的"修改样式"对话框中进行设置。

◆ ⑤～⑨略。

◆ ⑩在"页面布局"选项卡的"页面设置"组中的"分隔符"下进行设置。

（3）将文字转换为表格。

略。

（4）插入每页奥运会的单打冠军。

略。

（5）保存文档。

略。

题目6：文档的高级编排2。

打开"学校简介.docx"文件，按照以下要求进行操作，完成后的样张如图 2-3-11 所示。

图 2-3-11 样张

（1）将文件另存为"学校简介1.docx"。

（2）对文档进行下列编辑和排版操作。

① 将页面设置为 A4 纸，上、下页边距均为 2 厘米，左、右页边距均为 3 厘米，每页 45 行，每行 40 字。

② 将标题"学校简介"设置为华文新魏、二号、加粗，颜色为红色，居中对齐，字符缩放为 120%。

③ 将正文首行缩进 2 个字符，段前和段后间距均为 0.5 行。

④ 将正文第二段"学校现有 16 个教学单位……"分为等宽两栏，栏间加分隔线。

⑤ 为页面设置 0.75 磅蓝色实线边框，并对页面添加水印，水印文字为"苏州科技大学"，设置其字体为隶书、半透明、斜式，颜色为红色。

⑥ 在正文第三段"学校师资结构合理，……"中间插入文本框"苏科大"，将文字设置为

华文新魏、红色、一号，并设置文本框环绕方式为"紧密型"、居中，填充色为蓝色。

⑦ 设置奇数页页眉为"苏州科技大学"，偶数页页眉为"学校简介"，均居中显示。

⑧ 为正文第一段中的文字"石湖"插入尾注"石湖周边有上方山森林公园和上方山野生动物园等景区"。

⑨ 修改"标题1"样式，将其自动编号的样式修改为"第一、第二、第三……"。

（3）打开"苏州科技大学院系专业.docx"文件，按照以下要求进行操作，完成后的样张如图2-3-12所示。

学院	专业
建筑与城市规划学院	建筑学、城乡规划、风景园林、环境设计、建筑学（建筑幕墙设计）
环境科学与工程学院	环境科学与工程类、给排水科学与工程、地理信息科学、人文地理与城乡规划、测绘工程和建筑环境、能源应用工程
土木工程学院	土木工程、工程管理、工程力学、交通工程、无机非金属材料工程
电子与信息工程学院	电子与信息工程、通信工程、计算机科学与技术、电气工程及其自动化、建筑电气与智能化
商学院	工商管理、旅游管理、市场营销、物流管理、金融工程
人文学院	汉语言文学、历史学、广播电视学、社会学、汉语国际教育
教育与公共管理学院	人力资源管理、应用心理学、劳动与社会保障、思想政治教育、学前教育
数理学院	数学与应用数学、信息与计算科学、物理学、应用物理学
化学生物与材料工程学院	化学、应用化学、材料化学、功能材料、生物技术、生物工程
传媒与视觉艺术学院	美术学、视觉传达设计、数字媒体艺术、动画
外国语学院	英语、日语
音乐学院	音乐学
机械工程学院	机械设计制造及其自动化、机械电子工程
国际教育学院	管理科学与工程类（工程管理）、物流管理与工程类(物流管理)(采购与供应链管理)、机械类（机械设计制造及其自动化）、土木类（土木工程）

图2-3-12　样张

① 将文件另存为"苏州科技大学院系专业1.docx"。

② 将文中的Word文字转化为一张15行2列的Word表格，设置"学院"栏的宽度为4.5厘米，"专业"栏的宽度为11厘米。

③ 将表格第1行中文字设置为小二号、楷体、红色、水平居中，并加蓝色底纹。

（4）根据图2-3-11所示样张，在"学校简介1.docx"文中展示各院系的专业情况。

在最后一行"的专业有"文字之前，插入"学院"，在"的专业有"文字之后，插入"专业"，"学院"和"专业"在"苏州科技大学院系专业1.docx"文件中。每页只能包含一个学院的专业情况，所有的院系专业情况请另外保存在一个名为"学校简介2.docx"的文件中。

（5）保存并关闭文档。

【操作方式】

略。

第 3 章
中文 Excel 2010

 实 验 3.1　基 本 操 作 和 图 表 的 创 建

一、实验准备

将"大学计算机基础实验素材\实验 3.1"文件夹复制到本地硬盘(如 E 盘)中。

二、实验基本要求

1. 掌握文字、日期、数值的输入和编辑。
2. 掌握自动填充方式的输入。
3. 掌握工作表的格式设置方法。
4. 掌握公式、函数的计算方法。
5. 掌握图表的创建和格式化方法。
6. 掌握数据的转换和导入方法。

三、实验内容和操作步骤

题目 1: 创建学生成绩表。

要求: 打开 xscj.xlsx 文件,按照以下要求进行操作。

(1) 对 Sheet1 工作表进行下列编辑操作:

① 在 A 列输入如图 3-1-1 中所示的数据。

② 在 D 列"出生日期"前面插入一列"班级",输入如图 3-1-1 中所示的数据。

③ 设置 E 列(出生日期)为日期"2001 年 3 月 14 日"类型;将 F、G、H 列设置为数值格式,保留 1 位小数。

(2) 复制 Sheet1 工作表,将新工作表命名为"学生成绩表",并进行如下操作,完成后的样张见图 3-1-1。

① 插入一行并输入标题"学生成绩表",设置 A1:H1 范围内合并后居中,并将标题文字设置为: 楷体、24 磅、粗体,底纹为蓝色,图案样式为 12.5% 灰色。

② 为表格 F、G、H 列中小于 80 的数据设置条件格式为绿填充色深绿色文本。

③ 为表格中的单元格选择自动调整列宽、行高,内容居中。

④ 将 A2:H17 单元格区域范围外框线设置为蓝色粗实线,内框线为绿色细实线。

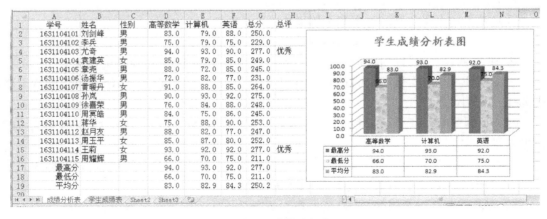

	A	B	C	D	E	F	G	H
1				学生成绩表				
2	学号	姓名	性别	班级	出生日期	高等数学	计算机	英语
3	1631104101	刘剑峰	男	土木(建工)1611	1997年1月2日	83.0	79.0	88.0
4	1631104102	李兵	男	土木(建工)1611	1997年5月14日	75.0	79.0	75.0
5	1631104103	尤奇	男	土木(建工)1611	1997年2月1日	94.0	93.0	90.0
6	1631104104	袁建英	女	土木(建工)1611	1996年12月8日	85.0	79.0	85.0
7	1631104105	章尧	男	土木(建工)1611	1997年9月2日	88.0	72.0	85.0
8	1631104106	汤振华	男	土木(建工)1611	1996年8月14日	72.0	82.0	77.0
9	1631104107	黄暖丹	女	土木(建工)1611	1997年2月13日	91.0	88.0	85.0
10	1631104108	孙岚	男	土木(建工)1611	1995年12月20日	90.0	93.0	92.0
11	1631104109	徐喜荣	男	土木(建工)1611	1996年3月16日	76.0	84.0	88.0
12	1631104110	周冥皓	男	土木(建工)1611	1997年8月2日	84.0	75.0	86.0
13	1631104111	蒋华	女	土木(建工)1611	1998年2月1日	75.0	88.0	90.0
14	1631104112	赵月友	男	土木(建工)1611	1998年12月11日	88.0	82.0	77.0
15	1631104113	周玉平	男	土木(建工)1611	1996年1月2日	85.0	87.0	80.0
16	1631104114	王莉	女	土木(建工)1611	1997年5月14日	93.0	92.0	92.0
17	1631104115	周耀辉	男	土木(建工)1611	1998年2月21日	66.0	70.0	75.0
18								

成绩分析表　学生成绩表　Sheet2　Sheet3

图 3-1-1　学生成绩表

（3）将工作表 Sheet1 重命名为"成绩分析表"，并进行如下操作，完成后如图 3-1-2 所示。

① 删除 D、E 列数据，在 G1、H1、A17、A18 和 A19 中分别输入"总分""总评""最高分""最低分"和"平均分"。

② 计算每位学生的总分以及每门课程的最高分、最低分、平均分，保留 1 位小数。

③ 计算 H 列"总评"值，总成绩高于平均总成绩 10% 的"总评"为优秀。

（4）根据"成绩分析表"中每门课程的最高分、最低分及平均分生成一张"三维簇状柱形图"，嵌入到当前工作表中，并按如下要求对图表进行格式化，完成后如图 3-1-2 所示。

① 显示模拟运算表和图例项标示。

② 设置图表标题为"学生成绩分析表图"，楷体、加粗、18 磅、蓝色。

③ 显示数据标签，无图例。

④ 设置"最低分"数据系列格式为填充水滴纹理。

（5）将修改后的文件另存为"学生成绩分析表.xlsx"。

	A	B	C	D	E	F	G	H
1	学号	姓名	性别	高等数学	计算机	英语	总分	总评
2	1631104101	刘剑峰	男	83.0	79.0	88.0	250.0	
3	1631104102	李兵	男	75.0	79.0	75.0	229.0	
4	1631104103	尤奇	男	94.0	93.0	90.0	277.0	优秀
5	1631104104	袁建英	女	85.0	79.0	85.0	249.0	
6	1631104105	章尧	男	88.0	72.0	85.0	245.0	
7	1631104106	汤振华	男	72.0	82.0	77.0	231.0	
8	1631104107	黄暖丹	女	91.0	88.0	85.0	264.0	
9	1631104108	孙岚	男	90.0	93.0	92.0	275.0	
10	1631104109	徐喜荣	男	76.0	84.0	88.0	248.0	
11	1631104110	周冥皓	男	84.0	75.0	86.0	245.0	
12	1631104111	蒋华	女	75.0	88.0	90.0	253.0	
13	1631104112	赵月友	男	88.0	82.0	77.0	247.0	
14	1631104113	周玉平	男	85.0	87.0	80.0	252.0	
15	1631104114	王莉	女	93.0	92.0	92.0	277.0	优秀
16	1631104115	周耀辉	男	66.0	70.0	75.0	211.0	
17	最高分			94.0	93.0	92.0	277.0	
18	最低分			66.0	70.0	75.0	211.0	
19	平均分			83.0	82.9	84.3	250.2	
20								

成绩分析表　学生成绩表　Sheet2　Sheet3

图 3-1-2　成绩分析表

【操作方式】

（1）Sheet1 工作表的编辑。

① 输入"学号"列的数据。

◆ 双击 xscj.xlsx 文件，用 Excel 程序打开该文件。

◆ 分别在 A2 和 A3 单元格中输入"1631104101"和"1631104102"，然后用自动填充柄方式填充 A4：A16 单元格。

> **提示**：利用自动填充柄填充数据，方法为：将鼠标移至 A2 单元格，鼠标形状为空心 ✚，拖曳鼠标选中 A2 和 A3 单元格，移动鼠标至该选中区域的右下角，待鼠标形状由空心 ✚ 变为实心 ✚ 时，向下拖动鼠标至 A16 处放开。

② 插入"班级"列并输入数据。

◆ 将鼠标移至 D 列，在"开始"选项卡的"单元格"组中单击"插入"按钮，选择"插入工作表列"命令（图 3-1-3），将插入新的一列。

图 3-1-3 "插入"按钮下拉列表

图 3-1-4 "填充"按钮

◆ 在 D1 单元格中输入"班级"，在 D2 单元格中输入"土木（建工）1611"，选择 D2：D16 区域，单击"开始"选项卡的"编辑"组中的"填充"按钮，在下拉菜单中选择"向下"命令（图 3-1-4），即可填充如表 3-1-1 所示的 D 列数据。

③ 设置 E 列（"出生日期"列）的格式。

◆ 选中 E 列，在"开始"选项卡的"数字"组中单击右下角的对话框启动器按钮 ⬚，在弹出的"设置单元格格式"对话框中单击"数字"选项卡，选择"日期"类型中的"2001 年 3 月 14 日"（图 3-1-5），单击"确定"按钮。

◆ 选中 F、G、H 列并右击，在弹出的快捷菜单中选择"设置单元格格式"命令，打开"设置单元格格式"对话框，单击"数字"

图 3-1-5 在"设置单元格格式"对话框中选择日期类型

选项卡,选择"数值"类型,设置小数位数为"1"位(图3-1-6),单击"确定"按钮。

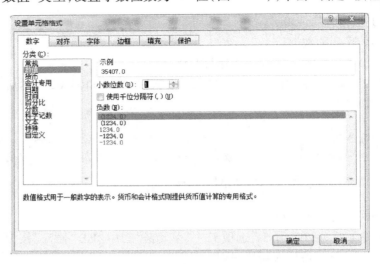

图3-1-6 在"设置单元格格式"对话框中选择数值类型

(2)复制Sheet1工作表并命名为"学生成绩表"。

◆ 在Sheet1工作表标签处单击鼠标右键,在弹出的快捷菜单中选择"移动或复制"命令,弹出"移动或复制工作表"对话框,在"下列选定工作表之前"选中"Sheet2",再勾选"建立副本"复选框,单击"确定"按钮(图3-1-7)。

图3-1-7 "移动或复制工作表"对话框

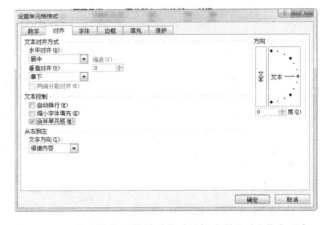

图3-1-8 "设置单元格格式"对话框中的"对齐"选项卡

① 插入一行并设置标题。

◆ 选中A1单元格,单击"开始"选项卡的"单元格"组中的"插入"按钮,在下拉列表中选择"插入工作表行"命令,插入一行。

◆ 在A1单元格中输入"学生成绩表"。选择A1:H1区域,单击"开始"选项卡的"单元格"组中的"格式"按钮,在下拉列表中选择"设置单元格格式"命令,打开"设置单元格格式"对话框。

◆ 选择"对齐"选项卡(图3-1-8),设置水平对齐为"居中"、垂直对齐为"居中",在"文本控制"区中选中"合并单元格"复选框。

◆ 选择"字体"选项卡,设置字体为"楷体",字号为"24",字形为"加粗"。

◆ 选择"填充"选项卡,设置底纹为蓝色,"图案样式"为"12.5%灰色",单击"确定"按钮。

② 将表格 F、G、H 列中小于 80 的数据设为绿填充色深绿色文本。

◆ 选中 F、G、H 列中的数据,单击"开始"选项卡的"样式"组中的"条件格式"按钮,在下拉菜单中单击"突出显示单元格规则(H)"右侧的"小于"命令,在弹出的"小于"对话框中输入 80(图 3-1-9),设置为"绿填充色深绿色文本"。

图 3-1-9 "小于"对话框

③ 调整单元格的列宽和行高并设置内容居中。

◆ 选中 A2:H17 单元格区域,在"开始"选项卡的"单元格"组中单击"格式"按钮,选择"自动调整行高"命令。

◆ 用相同的方法设置列宽。

◆ 在"开始"选项卡的"对齐方式"组中单击"居中"按钮，设置内容水平居中。

④ 设置表格内外部框线。

◆ 选中 A2:H17 单元格,单击鼠标右键,在弹出的快捷菜单中选择"设置单元格格式"命令,弹出"设置单元格格式"对话框,在"边框"选项卡(图 3-1-10)中,选择"颜色"为蓝色,"线条样式"为最粗的实线,单击"预置"中的"外边框"。

图 3-1-10 "设置单元格格式"对话框中的"边框"选项卡

◆ 再选择"颜色"为绿色,"线条样式"为最细的实线,单击"预置"中的"内边框",单击"确定"按钮。

（3）将工作表 Sheet1 重命名为"成绩分析表"并设置其格式。

右击 Sheet1 工作表的标签，在弹出的快捷菜单中单击"重命名"命令，在 Sheet1 标签处输入"成绩分析表"。

① 删除 D 列、E 列数据并在 G1、H1、A17、A18 和 A19 单元格中输入相应值。

◆ 选中 D 列和 E 列并右击，在弹出的快捷菜单中选择"删除"命令。

◆ 在 G1、H1、A17、A18 和 A19 中分别输入"总分""总评""最高分""最低分"和"平均分"。

② 计算每位学生的总分以及每门课程的最高分、最低分及平均分。

◆ 利用 SUM 函数计算总分：选择 G2 单元格，单击"公式"选项卡的"函数库"组中的"插入函数"按钮，或单击编辑栏左侧的"fx"按钮，弹出"插入函数"对话框（图 3-1-11），选择"常用函数"类别下的"SUM"函数（图 3-1-12），单击"确定"按钮。

◆ 弹出"函数参数"对话框，在 Number1 框中输入"D2：F2"，单击"确定"按钮。

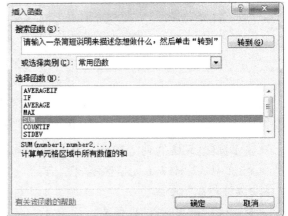

图 3-1-11 "插入函数"对话框

◆ 利用自动填充柄拖动复制单元格 G2 中的公式至 G16。

◆ 也可以直接在 G2 单元格中输入公式"＝SUM(D2：F2)"，再利用自动填充柄拖动复制单元格 G2 中的公式至 G16。

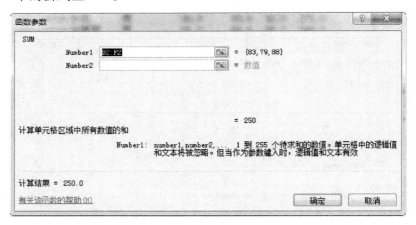

图 3-1-12 "函数参数"对话框

◆ 利用 MAX 函数计算最高分：用同样的方法在 D17 单元格中输入公式"＝MAX(D2：D16)"，利用自动填充柄拖动复制单元格 D17 中的公式至 G17。

◆ 利用 MIN 函数计算最低分：用同样的方法在 D18 单元格中输入公式"＝MIN(D2：D16)"，利用自动填充柄拖动复制单元格 D18 中的公式至 G18。

◆ 利用 AVERAGE 函数计算平均分：用同样的方法在 D19 单元格中输入公式

"＝AVERAGE(D2：D16)",利用自动填充柄拖动复制单元格 D19 中的公式至 G19。

③ 计算 H 列"总评"值,总成绩高于平均总成绩 10% 的"总评"为优秀。

◆ 选择 H2 单元格,单击编辑栏左侧的"fx"按钮,在弹出的"插入函数"对话框中选择"常用函数"类别中的 IF 函数。

◆ 在 IF 函数的"函数参数"对话框中(图 3-1-13),在 Logical_test 处输入条件"G2 >= G19 * 1.1"、"Value_if_true"处输入""优秀""、"Value_if_false"处输入"""。

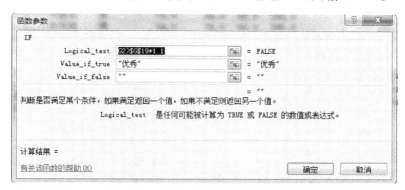

图 3-1-13　IF"函数参数"对话框

◆ 单击"确定"按钮,利用自动填充柄拖动复制单元格 H2 中的公式至 H16,完成其余学生总评的输入。

（4）创建嵌入式三维簇状柱形图。

◆ 选中"成绩分析表"工作表中 A17：A19,D17：F19 区域的内容,在"插入"选项卡的"图表"组中单击"柱形图"按钮,在弹出的"柱形图"面板中选择"三维簇状柱形图",即可创建一张图表。

◆ 右击图表,在弹出的快捷菜单中选择"选择数据"命令,弹出"选择数据源"对话框(图 3-1-14),在"水平(分类)轴标签"中单击"编辑"按钮,选择 D1：F1 单元格区域,单击"确定"按钮,可以设置好水平轴标签。

图 3-1-14　"选择数据源"对话框

◆ 在"图表工具—布局"选项卡的"标签"组中单击"模拟运算表"按钮,在下拉列表中选择"显示模拟运算表"命令,设置显示模拟运算表。

◆ 在"图表工具—布局"选项卡的"标签"组中单击"图例"按钮,在下拉列表中选择"无"命令,设置无图例。

◆ 在"图表工具—布局"选项卡的"标签"组中单击"数据标签"按钮,在下拉列表中选择"显示"命令,显示数据。

◆ 在"图表工具—布局"选项卡的"标签"组中单击"图表标题"按钮,在下拉列表中选择"图表上方"命令,输入图表标题"学生成绩分析表图",并设置字体为楷体、加粗、18 磅、蓝色。

◆ 在图表中选中"最低分"数据系列，单击鼠标右键，在弹出的快捷菜单中选择"设置数据系列格式"命令，弹出"设置数据系列格式"对话框（图 3-1-15），选中"填充"选项卡中的"图片或纹理填充"单选按钮，设置"纹理"为"水滴"。

（5）选择"文件"菜单中的"另存为"命令，弹出"另存为"对话框，选择保存位置，并在"文件名"输入栏中输入"学生成绩分析表"，在"保存类型"处选择"Excel 工作簿（＊.xlsx）"，单击"保存"按钮。

图 3-1-15　"设置数据系列格式"对话框

题目 2：创建教师工资表。

要求：打开 jsgz.xlsx 文件，按照以下要求进行操作。

（1）打开文档"教师工资表.docx"，将表格转换为工作簿 jsgz.xlsx 中的 Sheet1 工作表，自 A1 开始存放，清除原有格式。

（2）将 Sheet1 工作表重命名为"教师工资表"，将工作表中的单元格设置自动调整行高和列宽，文字居中。

（3）对"教师工资表"进行如下操作，完成后的样张见图 3-1-16。

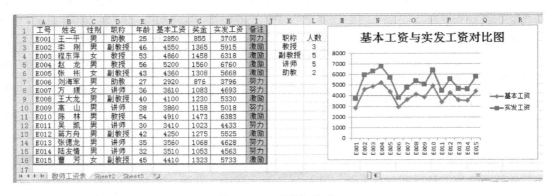

图 3-1-16　教师工资表

① 在"姓名"前面插入一列"工号"，根据图 3-1-16 中的数据填充工号序列。

② 在 G1：I1 单元格中分别输入"奖金""实发工资"和"备注"，并计算每人的奖金，其金额为基本工资的 30%。

③ 计算每人的实发工资（"实发工资"为"基本工资"+"资金"）。

④ 利用 IF 函数填充"备注"列，如果教师的奖金大于 1200 元的，在"备注"列中填入"激励"，否则填入"努力"；设置"备注"列的单元格样式为"40% – 强调文字颜色 2"。

⑤ 在 L3：L6 单元格区域计算各种职称教师的人数（利用 COUNTIF 函数）。

⑥ 在 A1：I16 区域设置蓝色最粗外框线和红色最细内框线。

（4）选择"工号""基本工资"和"实发工资"三列数据，建立"带数据标记的折线图"，图表标题为"基本工资与实发工资对比图"，位于图表上方，图例在右侧，图表嵌入工作表的 M1：R16 区域中。

（5）将修改后的文件另存为"教师工资表.xlsx"。

【操作方式】

（1）将 Word 文档中的表格数据转换为 Excel 工作表。

◆ 双击 jsgz.xlsx 文件，使用 Excel 程序将其打开。

◆ 双击"教师工资表.docx"文件，使用 Word 程序将其打开。

◆ 选中整个表格（不包括标题行）并右击，在弹出的快捷菜单中选择"复制"命令。

◆ 将光标定位在 Sheet1 工作表的 A1 单元格中，单击鼠标右键，选中"粘贴选项"中的"匹配目标格式"命令进行粘贴。

（2）重命名工作表和格式设置。

◆ 方法同题目 1。

（3）对"教师工资表"的编辑操作。

◆ 将光标停在 A 列，单击鼠标右键，在弹出的快捷菜单中单击"插入"命令，弹出"插入"对话框（图 3-1-17），选中"整列"，单击"确定"按钮，即插入一列。

◆ 在 A1：A3 中分别输入"工号""E001""E002"，选中 A2 和 A3 单元格，移动鼠标至该选中区域的右下角，待鼠标形状由空心✚变为实心✚时，向下拖动鼠标至 A16 处放开。

图 3-1-17　"插入"对话框

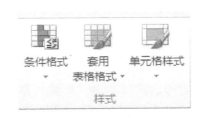

图 3-1-18　"开始"选项卡的"样式"按钮

◆ 在 G1、H1、I1 单元格中分别输入"奖金""实发工资""备注"。

◆ 计算奖金：在 G2 单元格中输入公式"$=F2*0.3$"，利用自动填充柄方式将 G2 中的公式复制到 G3：G16 单元格。

◆ 计算实发工资：在 H2 单元格中输入公式"$=F2+G2$"，利用自动填充柄方式将 H2 中的公式复制到 H3：H16 单元格。

◆ 填充"备注"列：在 I2 单元格中输入公式"$=IF(G2>1200,"激励","努力")$"，利用自动填充柄方式将 I2 中的公式复制到 I3：I16 单元格。

◆ 选中 I1：I16 单元格区域，在"开始"选项卡的"样式"组中单击"单元格样式"按钮（图 3-1-18），在"主题单元格样式"下选择"40% - 强调文字颜色 2"命令。

◆ 在 K2：K6 单元格中分别输入"职称""教授""副教授""讲师""助教"，在 L2 单元格中输入"人数"。

◆ 将光标移至 L3 单元格，单击编辑栏左侧的"fx"按钮，在弹出的"插入函数"对话框中选择"全部"类别中的 COUNTIF 函数。

> **要点**：COUNTIF 函数功能：计算某个区域中满足给定条件的单元格数目。
> **语法格式为**：COUNTIF(Range，Criteria)。其中 Range 为必须项，指定要对其进行计数的一个或多个单元格；Criteria 为必须项，用于确定计数的条件。

◆ 在 COUNTIF 函数的"函数参数"对话框中（图 3-1-19），在"Range"处输入条件"D2：D16"、在"Criteria"处输入""教授""。

◆ 在 L3 单元格中输入公式为" = COUNTIF (D2：D16，"教授")"。

◆ 类似地，在 L4：L6 单元格中输入的公式分别是

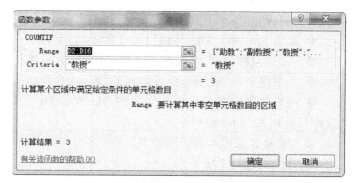

图 3-1-19   COUNTIF"函数参数"对话框

" = COUNTIF(D2：D16，"副教授")"" = COUNTIF(D2：D16，"讲师")"" = COUNTIF(D2：D16，"助教")"。

◆ 在 A1：I16 区域设置蓝色最粗外框线、红色最细内框线。

（4）创建图表。

◆ 按住【Ctrl】键，并同时选中"工号""基本工资"和"实发工资"三列数据。

◆ 在"插入"选项卡的"图表"组中单击"折线图"按钮，在弹出的"折线图"面板中选择"带数据标记的折线图"，即可创建一张图表。

◆ 在"图表工具—布局"选项卡的"标签"组中单击"图表标题"按钮，在下拉菜单中单击"图表上方"命令，设置标题为"基本工资与实发工资对比图"。

◆ 在"图表工具—布局"选项卡的"标签"组中单击"图例"按钮，在下拉菜单中单击"在右侧显示图例"命令。

◆ 按要求调整图表位置。

（5）将修改后的文件另存为"教师工资表. xlsx"。

题目 3：创建国土面积表。

要求：打开 gtmj. xlsx 文件，按照以下要求进行操作，样张见图 3-1-20。

（1）将"部分国土和人口数据. txt"中的数据（不包括标题行）转换到 gtmj. xlsx 的 Sheet1 工作表中，要求数据自 A12 单元格开始存放，并将工作表改名为"各国数据"。

（2）在"各国数据"工作表的 C4:C20 单元格中，基于"各国数据"和"世界统计数据"工作表中相关数据，利用公式分别计算各国国土面积占世界国土面积比重，结果设置为百分比格式，保留 3 位小数（占世界国土面积比重 = 国家国土面积／世界国土面积，要求用绝对地址）。

（3）设置 A1:C1 单元格区域跨列居中，并将标题设置为隶书、24 磅、加粗，背景色为浅

绿色,图案样式为 12.5% 灰色;设置各列为自动调整列宽。

（4）将 B3:C3 单元格区域填充"橄榄色,强调文字颜色 3,淡色 40%",A3:A20 区域填充"紫色,强调文字颜色 4,淡色 40%",C 列设置条件格式为渐变填充浅蓝色数据条,A3:C20 区域所有框线为黑色细实线。

（5）选择俄罗斯联邦、中国、美国、澳大利亚和新西兰这五个国家的"占世界国土面积比重"数据,创建"三维簇状条形图",图表标题为"占世界国土面积比重",位于图表上方,无图例,显示数据标签,嵌入工作表中。

（6）将修改后的文件另存为"国土面积表.xlsx"。

图 3-1-20　国土面积图

【操作方式】

（1）将文本文件（∗.txt）中的数据转换成 Excel 工作表。

◆ 打开 gtmj.xlsx 文件,选中 Sheet1 工作表的 A12 单元格。

◆ 单击"数据"选项卡的"获取外部数据"组中的"自文本"命令,弹出"导入文本文件"对话框,在该对话框中选择"实验 3.1"文件夹中的"部分国土和人口数据.txt"文件后,单击"导入"按钮。

◆ 打开"文本导入向导 – 第 1 步,共 3 步"对话框,在"请选择最合适的文件类型"下选择"分隔符号",导入起始行为"2",单击"下一步"按钮（图 3-1-21）。

◆ 在"文本导入向导 – 第 2 步,共 3 步"对话框中,按照系统设置的默认值,单击"下一步"按钮。

◆ 在"文本导入向导 – 第 3 步,共 3 步"对话框中,按照系统设置的默认值,直接单击"完成"按钮。

◆ 在弹出的"导入数据"对话框中,选择"数据的放置位置"为"现有工作表"中的 A12 单元格,单击"确定"按钮（图 3-1-22）。

◆ 将 Sheet 1 工作表重命名为"各国数据"。

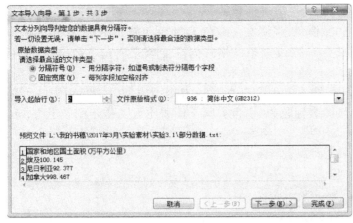

图 3-1-21 "文本导入向导 – 第 1 步,共 3 步"对话框　　　　图 3-1-22 "导入数据"对话框

（2）计算各国国土面积占世界国土面积比重。

◆ 在 C4 单元格中输入公式"＝B4/世界统计数据! $B $2",用自动填充柄方式将 C4 的公式复制到 C5:C32 单元格区域。

◆ 将结果设置为百分比格式,保留 3 位小数。

（3）按题目要求设置单元格格式。

略。

（4）设置单元格格式。

◆ 选中 B3:C3 单元格区域,单击"开始"选项卡的"字体"组中的"填充颜色"按钮旁的向下箭头,在下拉列表中选择"橄榄色,强调文字颜色 3,淡色 40%"命令。

◆ 选中 A3:A20 单元格区域,单击"开始"选项卡的"字体"组中的"填充颜色"按钮旁的向下箭头,在下拉列表中选择"紫色,强调文字颜色 4,淡色 40%"命令。

◆ 选中 C4:C20 单元格区域,单击"开始"选项卡的"样式"组中的"条件格式"按钮,在下拉菜单中单击"数据条"→"渐变填充"→"浅蓝色数据条"命令。

◆ 设置 A3:C20 区域所有框线为黑色细实线。

（5）创建图表。按住【Ctrl】键分别选择俄罗斯联邦、中国、美国、澳大利亚和新西兰这五个国家的"占世界国土面积比重"数据,创建"三维簇状条形图",图表标题为"占世界国土面积比重",位于图表上方,无图例,显示数据标签,嵌入工作表中。

（6）将修改后的文件另存为"国土面积表.xlsx"

题目 4：创建图书发行情况表。

要求：打开 tsfx.xlsx 文件,按照以下要求进行操作,完成后的样张如图 3-1-23 所示。

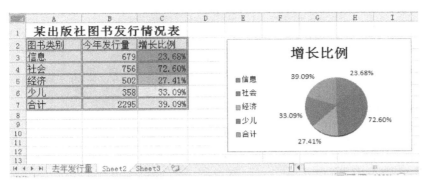

图 3-1-23　图书发行情况表

（1）将"某出版社图书发行情况表.htm"中的表格数据（包括标题行）转换到"tsfx.xlsx"的"去年发行量"工作表中，要求数据自 A1 单元格开始存放。

（2）在 Sheet2 工作表中计算"合计"值，在 C3∶C7 单元格中计算各类图书以及合计发行的增长比例［增长比例＝（今年发行量－去年发行量）/去年发行量］，百分比显示，保留 2 位小数。

（3）在 Sheet2 工作表中将 A1∶C1 单元格合并居中，设置标题格式为 16 磅、楷体、加粗；在 A2∶C7 范围内设置所有框线为 50% 橄榄色双线，填充 10% 茶色；C 列填充条件格式"绿－黄－红色阶"。

（4）选择"图书类别"和"增长比例"两列数据，建立"三维饼图"，图表标题为"增长比例"，位于图表上方，在左侧显示图例，在数据标签外显示数据，图表嵌入工作表的 E2∶I12 区域中。

（5）将修改后的文件另存为"图书发行情况表.xlsx"。

【操作方式】

略。

> **提示：**（1）将网页文件中的表格转换成 Excel 工作表，用复制、粘贴的方法即可。
>
> （2）这是数据在不同工作表中的计算，可以用鼠标单击的方法选择单元格中的数据。
>
> ◆ 在 Sheet2 工作表的 C3 单元格中输入"＝（B3－"。
>
> ◆ 单击"去年发行量"工作表中的 B3 单元格。
>
> ◆ 在编辑框中输入"）/"。
>
> ◆ 再次单击"去年发行量"工作表中的 B3 单元格，按回车键确定。
>
> ◆ 即在 C3 单元格中输入的公式为"＝（B3－去年发行量！B3）/去年发行量！B3"，用自动填充柄方式将 C3 的公式复制到 C4∶C7 单元格。

实验 3.2　数据统计和管理

一、实验准备

将"大学计算机基础实验素材\实验 3.2"文件夹复制到本地硬盘（如 E 盘）中。

二、实验基本要求

1. 掌握数据排序的方法。
2. 掌握数据筛选的方法。
3. 掌握数据分类汇总的方法。
4. 掌握数据透视表的使用方法。
5. 掌握条件格式的使用方法。

三、实验内容和操作步骤

题目1：学生成绩表的管理。

要求：打开 cjgl. xlsx 文件，按照以下要求进行操作。

（1）将 Sheet1 工作表的数据按主关键字"系名"升序排序和次要关键字"总成绩"降序排序。

（2）将 Sheet1 工作表中的数据复制到 Sheet2 工作表中，将 Sheet2 重命名为"按系名排序"，并按系名"建筑""生物""环保""数学"的次序排序。

（3）将 Sheet1 工作表中的数据复制到 Sheet3 工作表中，将 Sheet3 重命名为"分类汇总"，并进行如下操作，样张见图 3-2-1。

① 按系名汇总出各系的平均成绩。

② 按图 3-2-1 所示编辑汇总数据。

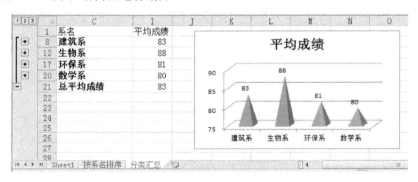

图 3-2-1　分类汇总与图表

③ 根据汇总出来的结果创建一张"簇状棱锥图"，无图例，图表标题为"平均成绩"，显示数据标签。

（4）将修改后的文件保存为"学生成绩管理. xlsx"。

【操作方式】

（1）对工作表进行排序。

◆ 将鼠标定位在 Sheet1 工作表的数据区域（非空白单元格）。

◆ 在"数据"选项卡的"排序和筛选"组中单击"排序"按钮，弹出"排序"对话框（图 3-2-2）。

◆ 在"排序"对话框的"主要关键字"中选择"系名"及"升序"。

◆ 单击"添加条件"按钮，添加"次要关键字"，在"次要关键字"中选择"总成绩"及"降序"后，单击"确定"按钮。

图 3-2-2 "排序"对话框

（2）复制工作表和自定义序列排序。

提示：要按自定义序列排序，在排序前，先按照"建筑""生物""环保""数学"的次序自定义一个新的序列，再进行排序。

◆ 选中 Sheet1 工作表的数据区域，用复制、粘贴的方法将数据复制到 Sheet2 工作表中，并将 Sheet2 工作表重命名为"按系名排序"。

◆ 单击"文件"选项卡的"选项"命令，弹出"Excel 选项"对话框（图 3-2-3）。

图 3-2-3 "Excel 选项"对话框

◆ 在"高级"选项卡中单击"编辑自定义列表"按钮,弹出"自定义序列"对话框(图3-2-4)。

◆ 在"自定义序列"对话框的"自定义序列"选项卡中选择"新序列",在"输入序列"框中,分行输入"建筑""生物""环保""数学",单击"添加"按钮,再单击"确定"按钮。

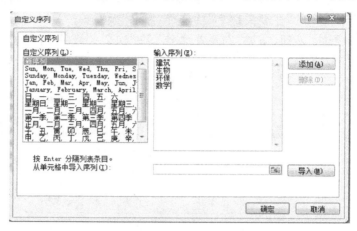

图3-2-4　"自定义序列"对话框

提示:如果是添加连续的数据序列,也可以用"导入"按钮添加一个新的序列。

◆ 将鼠标定位在"按系名排序"工作表的数据区域(非空白单元格)。

◆ 在"数据"选项卡的"排序和筛选"组中单击"排序"按钮,弹出"排序"对话框。

◆ 在"排序"对话框的"主要关键字"中选择"系名","次序"中选择自定义序列"建筑,生物,环保,数学",单击"确定"按钮。

(3)复制工作表和分类汇总。

◆ 选中Sheet1工作表的数据区域,用复制、粘贴的方法将数据复制到Sheet3工作表中,并将Sheet3工作表重命名为"分类汇总"。

提示:在做分类汇总前一定要先按分类字段排序。

◆ 将"分类汇总"工作表中的数据按主要关键字"系名"升序排序。

◆ 将鼠标定位在数据区域(非空白单元格)。

◆ 在"数据"选项卡的"分级显示"组中单击"分类汇总"按钮,弹出"分类汇总"对话框(图3-2-5)。

◆ 在"分类汇总"对话框中,"分类字段"选择"系名","汇总方式"选择"平均值","选定汇总项"选择"平均成绩",其余为默认值,单击"确定"按钮。此时表格将显示各系平均成绩(分类汇总方式)(图3-2-6)。

◆ 按图3-2-1所示修改数值。例如,将原文字"环保平均值"改为"环保系"等。

图3-2-5　"分类汇总"对话框

	A	B	C	D	E	F	G	H	I
1	学号	姓名	系名	性别	高等数学	计算机	英语	总成绩	平均成绩
2	1631104107	黄暖丹	环保	女	91	88	85	264	88
3	1631104109	徐喜荣	环保	男	76	84	88	248	83
4	1631104111	蒋华	环保	女	75	88	90	253	84
5	1631104115	周耀辉	环保	男	66	70	75	211	70
6			环保 平均值						81
7	1631104105	章尧	建筑	男	88	72	85	245	82
8	1631104106	汤振华	建筑	男	72	82	77	231	77
9	1631104108	孙岚	建筑	女	90	93	92	275	92
10	1631104110	周冥皓	建筑	男	84	75	86	245	82
11	1631104112	赵月友	建筑	男	88	82	77	247	82
12	1631104113	周玉平	建筑	女	85	87	80	252	84
13			建筑 平均值						83
14	1631104103	尤奇	生物	男	94	88	90	272	91
15	1631104104	袁建英	生物	女	85	79	85	249	83
16	1631104114	王莉	生物	女	93	85	92	270	90
17			生物 平均值						88
18	1631104101	刘剑锋	数学	男	83	79	88	250	83
19	1631104102	李兵	数学	男	75	79	75	229	76
20			数学 平均值						80
21			总计平均值						83

Sheet1 / 按系名排序 / 分类汇总

图 3-2-6 平均成绩（分类汇总方式）

◆ 单击"分类汇总"表的第 2 级处的"－"，将其变为"＋"，按住【Ctrl】键分别选中除 C 列（系名）、I 列（平均成绩）外的其他列，在"开始"选项卡的"单元格"组中单击"格式"按钮，在弹出的下拉菜单中选择"隐藏与取消隐藏"中的"隐藏列"命令，结果见图 3-2-1。

◆ 选中汇总结果中的"系名"和"平均成绩"两列数据，创建"簇状棱锥图"，无图例，图表标题为"平均成绩"，显示数据标签。

（4）将修改后的文件另存为"学生成绩管理.xlsx"。

题目 2：学生成绩表的数据筛选。

要求：打开 xscj.xlsx 文件，按照以下要求进行筛选，样张见图 3-2-7。

	A	B	C	D	E	F	G	H	I
1	学号	姓名	系名	性别	高等数学	计算机	英语	总成绩	平均成绩
2	1631104101	刘剑峰	数学	男	83	79	88	250	83
3	1631104102	李兵	数学	男	75	79	75	229	76
4	1631104103	尤奇	生物	男	94	88	90	272	91
5	1631104104	袁建英	生物	女	85	79	85	249	83
6	1631104105	章尧	建筑	男	88	72	85	245	82
7	1631104106	汤振华	建筑	男	72	82	77	231	77
8	1631104107	黄暖丹	环保	女	91	88	85	264	88
9	1631104108	孙岚	建筑	女	90	93	92	275	92
10	1631104109	徐喜荣	环保	男	76	84	88	248	83
11	1631104110	周冥皓	建筑	男	84	75	86	245	82
12	1631104111	蒋华	环保	女	75	88	90	253	84
13	1631104112	赵月友	建筑	男	88	82	77	247	82
14	1631104113	周玉平	建筑	女	85	87	80	252	84
15	1631104114	王莉	生物	女	93	85	92	270	90
16	1631104115	周耀辉	环保	男	66	70	75	211	70
17									
18								总成绩	平均成绩
19								>=255	>80

Sheet1 / Sheet2 / Sheet3

图 3-2-7 "数据筛选"结果

（1）对 Sheet1 工作表中的数据进行自动筛选并格式化，具体要求如下：

① 筛选出总成绩大于或等于 255 分的记录，将"姓名"和"总成绩"字段设置为红色。

② 筛选出计算机成绩大于 80 分的记录，将"学号"和"计算机"成绩字段设置为蓝色。

③ 筛选出"建筑"系的记录，将"系名"填充为浅绿色。

（2）用"高级筛选"功能筛选出总成绩大于等于 255 分且平均成绩大于 80 分的记录，将"总成绩"和"平均成绩"字段填充浅蓝色。

（3）对"英语"列的数据大于 80 分的设置条件格式为"绿填充色深绿色文本"。

（4）将修改后的文件保存为"学生成绩筛选.xlsx"。

【操作方式】

（1）筛选工作表。

① 筛选出总成绩大于或等于 255 分的记录。

◆ 将鼠标定位在 Sheet1 工作表的数据区域（非空白单元格）。

◆ 在"数据"选项卡的"排序和筛选"组中单击"筛选"按钮，此时工作表的各列标题处将出现一小箭头 ⏷。

◆ 单击"总成绩"列的小箭头，在下拉面板中选择"数字筛选"下的"大于或等于"命令，弹出"自定义自动筛选方式"对话框。选择"总成绩"的第一个下拉列表框为"大于或等于"，在第二个列表框中输入 255 后，单击"确定"按钮（图 3-2-8）。此时，只有满足条件的记录显示。

图 3-2-8 "自定义自动筛选方式"对话框

◆ 选中满足条件的"姓名"和"总成绩"字段数据（按住【Ctrl】键选中），在"开始"选项卡的"字体"组中设置其字体颜色为红色。

◆ 单击"总成绩"列的小箭头，在下拉面板中勾选"（全选）"复选框，单击"确定"按钮，将显示全部总成绩。

② 用同样的方法筛选出计算机成绩大于 80 分的记录，并按照要求设置其字体颜色。

③ 再筛选出"建筑"系的记录，将"系名"填充为浅绿色。

（2）用"高级筛选"功能筛选表格。

◆ 在工作表任意空白区域输入筛选条件，例如，在 H18：I18 中分别输入"总成绩"和"平均成绩"，在 H19 和 I19 中分别输入" > = 255"" > 80"（图 3-2-7）。

> **提示**：两个条件如果是且的关系，值输在同一行；如果是或的关系，值输在不同行上。

◆ 将光标定位在数据区内的任意单元格内，在"数据"选项卡的"排序和筛选"组中单击"高级"命令，弹出"高级筛选"对话框（图 3-2-9）。

◆ 在"高级筛选"对话框中，单击"列表区域"右侧的 图标，折叠对话框后，用鼠标选择列表区域"A1：I16"（一般情况下数据区域已自动输入），再单击 图标展开对话框。

图 3-2-9 "高级筛选"对话框

图 3-2-10 "大于"对话框

◆ 单击"条件区域"右侧的 图标,折叠对话框后,用鼠标选择条件区域"$H $18：$I $ 19",再单击 图标展开对话框后,单击"确定"按钮。

◆ 选中筛选出来的数据的"总成绩"和"计算机",填充浅蓝色。

◆ 在"数据"选项卡的"排序和筛选"组中单击"筛选"按钮,此时工作表的各列标题处将出现一小箭头 ⊡,并显示全部数据;再次单击"筛选"按钮,小箭头消失。

（3）对"英语"列大于 80 分的数据设置条件格式为"绿填充色深绿色文本"。

◆ 选中"英语"列中的数据区域（即 G2：G16）,单击"开始"选项卡的"样式"组中的"条件格式"按钮中的"突出显示单元格规则"下的"大于"命令,弹出"大于"对话框。

◆ 在"大于"对话框中输入"80",设置为"绿填充色深绿色文本"（图 3-2-10）。

（4）将修改后的文件另存为"学生成绩筛选.xlsx"。

题目 3：创建学生成绩数据透视表和数据透视图。

要求：打开 cjts. xls 文件,按下列要求进行操作。

（1）在 Sheet1 工作表中,建立数据透视表,显示各系男女生总成绩的最高分,样张见图 3-2-11。

	A	B	C	D	E	F	G	H	I	J	K	L	M	N
1	学号	姓名	系名	性别	高等数学	计算机	英语	总成绩	平均成绩					
2	1631104101	刘剑峰	数学	男	83	79	88	250	83					
3	1631104102	李兵	数学	男	75	79	75	229	76		最大值项:总成绩	列标签 ▾		
4	1631104103	尤奇	生物	男	94	88	90	272	91		行标签 ▾	男	女	总计
5	1631104104	袁建英	生物	女	85	79	85	249	83		建筑	247	275	275
6	1631104105	章亮	建筑	男	88	72	85	245	82		生物	272	270	272
7	1631104106	汤振华	建筑	男	72	82	77	231	77		环保	248	264	264
8	1631104107	黄暖丹	环保	女	91	88	85	264	88		数学	250		250
9	1631104108	孙岚	建筑	女	90	93	92	275	92		总计	272	275	275
10	1631104109	徐喜荣	环保	男	76	84	88	248	83					
11	1631104110	周冀皓	建筑	男	84	75	86	245	82					
12	1631104111	蒋华	环保	女	75	88	90	253	84					
13	1631104112	赵月友	建筑	男	88	82	77	247	82					
14	1631104113	周玉平	建筑	男	85	87	80	252	84					
15	1631104114	王莉	生物	女	93	85	92	270	90					
16	1631104115	周耀辉	环保	男	66	70	75	211	70					
17														

图 3-2-11 学生成绩透视表

（2）根据 Sheet1 工作表中的数据,在新工作表中建立数据透视图,显示各系三门课的平均成绩,保留 1 位小数,显示数据标签,在底部显示图例,将新工作表命名为"数据透视图",完成后见图3-2-12。

（3）将修改后的文件保存为"学生成绩数据透视表.xlsx"。

【操作方式】

（1）创建数据透视表。

◆ 选中 Sheet1 工作表,将鼠标定位在数据区域（非空白单元格）。

◆ 单击"插入"选项卡的"表格"组中的"数据透视表"按钮下的"数据透视表"命令,弹出"创建数据透视表"对话框（图3-2-13）。

◆ 在弹出的"创建数据透视表"对话框中,选择数据区域（一般情况下数据区域已自动输入）,在"选择放置数据透视表的位置"中选择"现有工作表",单击"K3"单元格,单击"确定"按钮,在 K3 开始的区域中出现一个空的数据透视表（图3-2-14）。

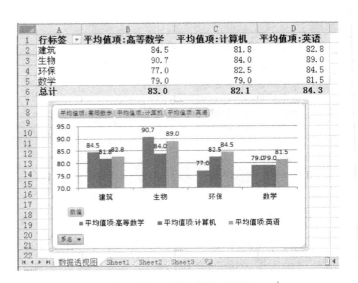

图 3-2-12　学生成绩透视图

图 3-2-13　"创建数据透视表"对话框

图 3-2-14　空的数据透视表

◆ 在"数据透视表字段列表"任务窗格中选择要添加到报表的字段,选中"系名"字段并右击,选择"添加到行标签"命令,选中"性别"字段并右击,选择"添加到列标签"命令,选中"总成绩"字段并右击,选择"添加到值"命令,构成所需结构（图3-2-15）。

提示:也可以采用鼠标拖放的方式将相应的字段拖动到布局中的相应区域（如将"系名"拖动到"行标签"处,"性别"拖动到"列标签"处,"总成绩"拖动到"数值"处）,构成所需布局（图3-2-15）。

◆ 在"数据透视表字段列表"任务窗格中单击"数值"项中的"求和项：总成绩"，在弹出的快捷菜单中选择"值字段设置"命令，弹出"值字段设置"对话框（图 3-2-16），在"值汇总方式"中选择"计算类型"为"最大值"，单击"确定"按钮。

图 3-2-15 数据透视表结构

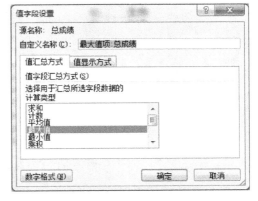

图 3-2-16 "值字段设置"对话框

（2）制作数据透视图。

◆ 选中 Sheet1 工作表，将鼠标定位在数据区域（非空白单元格）。

◆ 单击"插入"选项卡的"表格"组中的"数据透视表"按钮下的"数据透视图"命令，弹出"创建数据透视表及数据透视图"对话框（图 3-2-17）。

◆ 在弹出的"创建数据透视表及数据透视图"对话框中，选择数据区域（一般情况下数据区域已自动输入），在"选择放置数据透视表及数据透视图的位置"中选择"新工作表"，在新工作表中即出现一个空的数据透视表及数据透视图（图 3-2-18）。

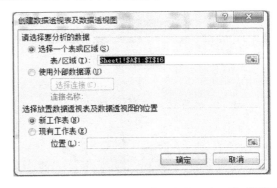

图 3-2-17 "创建数据透视表及数据透视图"对话框

◆ 在"数据透视表字段列表"任务窗格中选择要添加到报表的字段，选中"系名"字段并右击，选择"添加到轴字段（分类）"命令，选中"高等数学""计算机""英语"字段，添加到数值字段中，构成所需结构（图 3-2-19）。

◆ 分别单击"数值"字段中的每一项，在弹出的快捷菜单中选择"值字段设置"命令，弹出"值字段设置"对话框（图 3-2-16），在"值汇总方式"中选择"平均值"，单击"确定"按钮。

◆ 选中数据透视图，在"数据透视图工具—布局"选项卡的"标签"组中单击"数据标签"按钮下的"数据标签外"命令。

图 3-2-18　空的数据透视表及数据透视图

◆ 将数据透视表中的数据设置为 1 位小数,选中数据透视图,在"数据透视图工具—布局"选项卡的"标签"组中单击"图例"按钮下的"在底部显示图例"命令,结果见图 3-2-12。

◆ 将新工作表重命名为"数据透视图"。

（3）将修改后的文件另存为"学生成绩数据透视表.xlsx"。

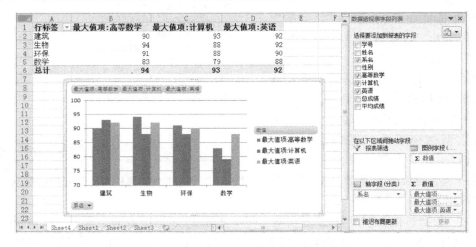

图 3-2-19　数据透视表及数据透视图结构

题目 4:教师工资表的统计与管理。

要求:打开 jsgz.xlsx 文件,按下列要求进行操作。

（1）对 Sheet1 工作表中的数据,按主要关键字职称"教授""副教授""讲师""助教"的次序及次要关键字"基本工资"降序排序。

（2）在 Sheet1 工作表中,按图 3-2-21 所示分别计算:各职称教师的人数(利用 COUN-TIF 函数)和平均年龄(利用 AVERAGEIF 函数)。

（3）筛选出"基本工资"大于或等于 3000 且职称是"副教授"的记录,将"职称"和"基本工资"字段填充浅绿色,样张见图 3-2-20。

工号	姓名	性别	职称	年龄	基本工资			人数	平均年龄
E010	陈 林	男	教授	60	3700		教授	3	59
E003	程东萍	女	教授	59	3660		副教授	5	46.4
E004	赵 龙	男	教授	58	3400		讲师	5	39
E012	蒋方舟	男	副教授	45	3900		助教	2	34.5
E002	李 刚	男	副教授	49	3050				
E008	王大龙	男	副教授	45	3000				
E005	张 彬	女	副教授	46	2860				
E015	曹 芳	女	副教授	47	2860				
E009	高 山	男	讲师	41	2610				
E013	张德龙	男	讲师	39	2540				
E007	方 媛	女	讲师	39	2510				
E011	吴 凯	男	讲师	38	2510				
E014	陆友情	男	讲师	38	2510				
E001	王一平	男	助教	35	2450				
E006	刘海军	男	助教	34	2420				

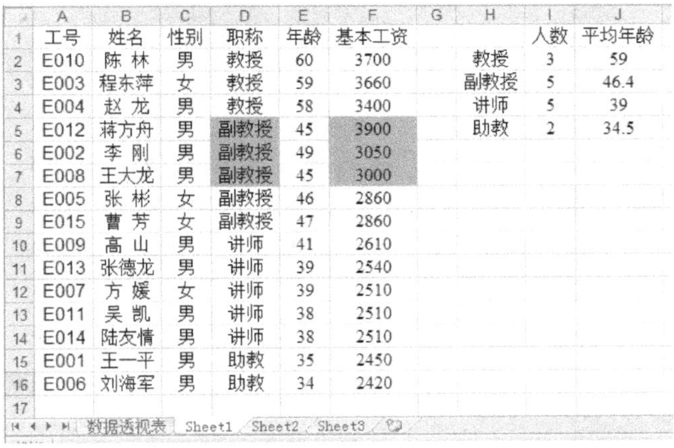

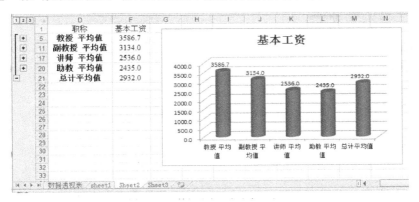

图 3-2-20 教师工资表的排序与计算

（4）将 Sheet1 工作表中的数据复制到 Sheet2 工作表中，分类汇总出各个职称“基本工资”的平均值，汇总结果显示在数据下方，保留 1 位小数；隐藏 A、B、C、E 列数据，并根据汇总结果创建一张“簇状圆柱图”，无图例，显示数据标签，样张见图 3-2-21。

职称	基本工资
教授 平均值	3586.7
副教授 平均值	3134.0
讲师 平均值	2536.0
助教 平均值	2435.0
总计平均值	2932.0

图 3-2-21 教师基本工资分类汇总

（5）根据 Sheet1 工作表中的数据，在新工作表中建立一张数据透视表，显示各职称男女教师的平均工资，保留 1 位小数，数据居中显示，将新工作表命名为“数据透视表”（图 3-3-22）。

（6）将修改后的文件保存为“教师工资统计表. xlsx”。

平均值项:基本工资	列标签		
行标签	男	女	总计
教授	3550.0	3660.0	3586.7
副教授	3316.7	2860.0	3134.0
讲师	2542.5	2510.0	2536.0
助教	2435.0		2435.0
总计	2917.3	2972.5	2932.0

图 3-2-22 教师基本工资数据透视表

【操作方式】

略。

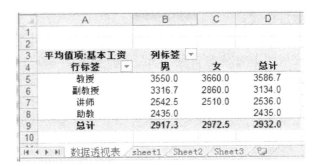

提示：AVERAGEIF 函数的功能：查找给定条件下指定的单元格的平均值。语法格式如下：

$$AVERAGEIF(Range,Criteria,[Average\_range])。$$

其中，参数 Range 为必须项，是要进行计算的单元格区域；Criteria 为必须项，定义了用于查找平均值的单元格范围；Average_range 为可选项，用于查找平均值的实际单元格。

例如，可在 J2 单元格中输入公式"= AVERAGEIF(D2：D16,"教授",E2：E16)"。

实验 3.3　Excel 的高级应用

一、实验准备

将"大学计算机基础实验素材\实验 3.3"文件夹复制到本地硬盘（如 E 盘）中。

二、实验基本要求

1. 掌握单元格、表格的格式化方法。
2. 掌握常用公式、函数的高级使用方法。
3. 掌握图表的创建和修饰的方法。
4. 掌握数据的排序、筛选、分类汇总和数据透视表的使用方法。

三、实验内容

题目 1： 销售数据表的统计和分析。

要求：打开销售数据报表 xssj. xlsx 文件，按照如下要求完成统计和分析工作。

（1）对"订单明细表"工作表进行格式调整，通过套用表格格式方法将所有的销售记录调整为一致的外观格式，并将"单价"列和"小计"列的单元格调整为"会计专用"（人民币）数字格式。

（2）根据图书编号，在"订单明细表"工作表的"图书名称"列中，使用 VLOOKUP 函数完成图书名称的自动填充。"图书名称"和"图书编号"的对应关系在"编号对照"工作表中。

（3）根据图书编号，在"订单明细表"工作表的"单价"列中，使用 VLOOKUP 函数完成图书单价的自动填充。"单价"和"图书编号"的对应关系在"编号对照"工作表中。

（4）在"订单明细表"工作表的"小计"列中，计算每笔订单的销售额，如图 3-3-1 所示。

（5）根据"订单明细表"工作表中的销售数据，统计所有订单的总销售额，并将其填写在"统计报告"工作表的 B3 单元格中。

（6）根据"订单明细表"工作表中的销售数据，统计《MS Office 高级应用》图书在 2012 年的总销售额，并将其填写在"统计报告"工作表的 B4 单元格中。

（7）根据"订单明细表"工作表中的销售数据，统计隆华书店在 2011 年第三季度的总销售额,并将其填写在"统计报告"工作表的 B5 单元格中。

(8)根据"订单明细表"工作表中的销售数据,统计隆华书店在 2011 年的每月平均销售额(保留 2 位小数),并将其填写在"统计报告"工作表的 B6 单元格中,如图 3-3-2 所示。

(9)将修改后的文件保存为"销售数据报表.xlsx"。

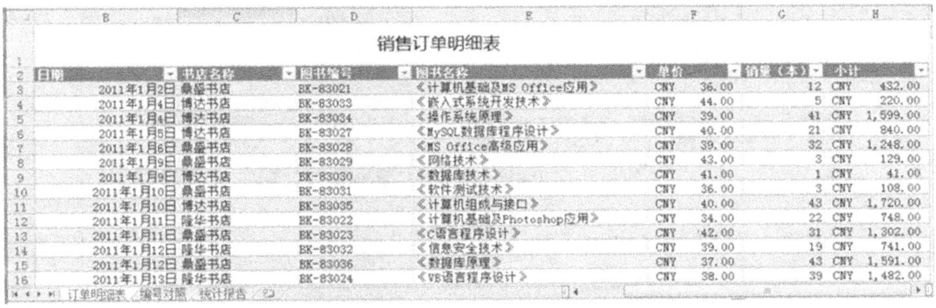

图 3-3-1　订单明细表

	A	B
1	统计报告	
2	**统计项目**	**销售额**
3	所有订单的总销售金额	¥　658,638.00
4	《MS Office高级应用》图书在2012年的总销售额	¥　15,210.00
5	隆华书店在2011年第3季度(7月1日~9月30日)的总销售额	¥　40,727.00
6	隆华书店在2011年的每月平均销售额(保留2位小数)	¥　9,845.25
7		

图 3-3-2　统计报告表

【操作方式】

(1)套用表格格式、设置数据格式。

◆ 在"订单明细表"工作表中选中 A2:H636 区域,单击"开始"选项卡的"样式"组中的"套用表格格式"按钮,在弹出的下拉列表中选择一种表样式即可。

> 提示:题目中并未指明具体的表格样式,在操作时按照个人喜好设置即可。

◆ 按住【Ctrl】键,同时选中"单价"列和"小计"列,单击鼠标右键,在弹出的下拉列表中选择"设置单元格格式"命令,弹出"设置单元格格式"对话框,在"数字"选项卡下的"分类"组中选择"会计专用",然后在"货币符号(国家/地区)"下拉列表框中选择"CNY",单击"确定"按钮。

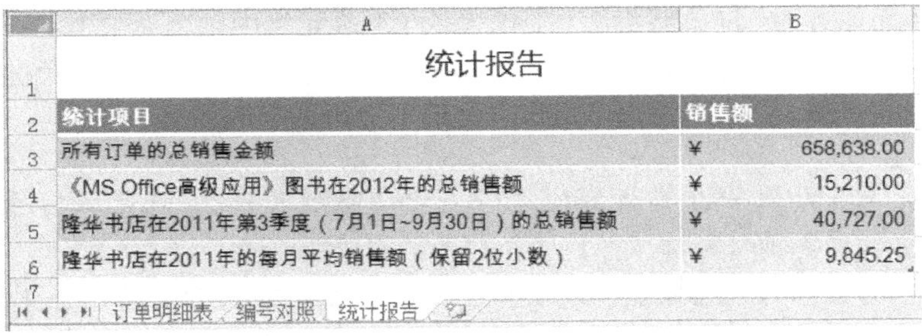

(2)完成图书名称的自动填充。

◆ 选择 E3 单元格,单击"公式"选项卡的"函数库"组中的"插入函数"按钮,弹出"插入函数"对话框,在"选择函数"下拉列表中找到 VLOOKUP 函数,单击"确定"按钮,弹出"函数参数"对话框。

◆ 在第 1 个参数框(Lookup_value)中用鼠标选择"D3";在第 2 个参数框(Table_array)中选择"编号对照"工作表中的 A2:C19 区域;在第 3 个参数框(Col_index_num)中输入"2";

在第 4 个参数框（Range_lookup）中输入"FALSE"或者"0"，如图 3-3-3 所示，单击"确定"按钮即可。

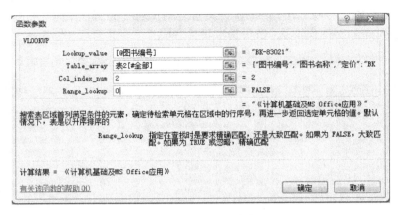

图 3-3-3　VLOOKUP 函数参数

◆ 本题也可直接在"订单明细表"工作表的 E3 单元格中输入公式"= VLOOKUP(D3，编号对照! $A $2: $C $19，2，FALSE)"，按【Enter】键，双击 E3 单元格右下角的填充柄，完成图书名称的自动填充。

> **要点**：VLOOKUP 是一个查找函数，给定一个查找的目标，它就能从指定的查找区域中查找并返回想要查找到的值。
>
> 本题中"= VLOOKUP(D3，编号对照! $A $2: $C $19，2，FALSE)"的含义如下：
>
> 参数 1（Lookup_value）：查找目标。将在参数 2 指定区域的第 1 列中查找与 D3 相同的单元格。
>
> 参数 2（Table_array）：查找范围。"编号对照! $A $2: $C $19"表示"编号对照"工作表中的 A2:C19 数据区域。注意：查找目标一定要在该区域的第 1 列。
>
> 参数 3（Col_index_num）：返回值的列数。"2"表示参数 2 中工作表的第 2 列。如果在参数 2 中找到与参数 1 相同的单元格，则返回第 2 列的内容。
>
> 参数 4（Range_lookup）：精确或模糊查找。决定查找精确匹配值还是近似匹配值。第 4 个参数如果值为 0 或 FALSE，则表示精确查找；如果找不到精确匹配值，则返回错误值#N/A；如果值为 1 或 TRUE，或者省略时，则表示模糊查找。

（3）完成图书单价的自动填充。

◆ 方法与上一小题类似，只是返回值由"编号对照"工作表的第 2 列（"图书名称"列）换成了第 3 列（"单价"列）。

◆ 也可直接在"订单明细表"工作表的 F3 单元格中输入公式"= VLOOKUP(D3，编号对照! $A $2: $C $19，3，FALSE)"，按【Enter】键，双击 F3 单元格右下角的填充柄，完成单价的自动填充。

（4）计算每笔订单的销售额。

◆ 选择 H3 单元格，输入"="，单击选择 F3 单元格，再输入"＊"（乘号），单击选择 G3 单元格，即可输入公式"=[@单价]＊[@销量(本)]"，按【Enter】键，完成小计的自动填充。

◆ 也可直接在"订单明细"工作表的 H3 单元格中输入公式" = F3 * G3",按【Enter】键,完成小计的自动填充。

（5）统计总销售额。

◆ 在"统计报告"工作表中的 B3 单元格中输入" = SUM(订单明细表!H3：H636)",按【Enter】键,完成销售额的自动填充。

◆ 单击 B4 单元格右侧的"自动更正选项"按钮 ，选择"撤销计算列"命令,取消 B4：B6 单元格中上一步操作的值。

（6）统计某图书 2012 年的总销售额。

◆ 在"订单明细表"工作表中,单击"日期"单元格的下拉按钮,选择"降序"后单击"确定"按钮。

◆ 切换至"统计报告"工作表,选择 B4 单元格,单击"公式"选项卡的"函数库"组中的"插入函数"按钮,弹出"插入函数"对话框,在"选择函数"下拉列表中找到 SUMIF 函数,单击"确定"按钮,弹出"函数参数"对话框（图 3-3-4）。

图 3-3-4　SUMIF 函数参数

◆ 在第 1 个参数框（Range）中选择"订单明细表"中的 E377：E636 区域；在第 2 个参数框（Criteria）中输入" =《MS Office 高级应用》"；在第 3 个参数框（Sum_range）中选择"订单明细表"中的 H377：H636 区域；单击"确定"按钮。

◆ 本题也可直接在"统计报告"工作表的 B4 单元格中输入公式" = SUMIF(订单明细表！E377：E636,″ =《MS Office 高级应用》″,订单明细表！H377：H636)",按【Enter】键确认。

说明：SUMIF 函数是指对指定单元格区域中符合一个条件的单元格求和。

本题中" = SUMIF(订单明细表！E377：E636,″ =《MS Office 高级应用》″,订单明细表！H377：H636)"是指在参数 1（Range）指定区域中查找图书《MS Office 高级应用》,并对这本书相应的小计求总和。具体参数含义如下：

参数 1（Range）：条件区域。用于条件判断的单元格区域。

参数 2（Criteria）：求和的条件。判断哪些单元格将被用于求和的条件。

参数 3（Sum_range）：实际求和区域。要求和的实际单元格、区域或引用。如果省略,Excel 会对在参数 1 中指定的单元格求和。

（7）统计隆华书店第三季度的总销售额。

◆ 方法与上一小题类似,只是条件区域变为"订单明细表!C178：C289",求和的条件变为"隆华书店",实际求和区域变为"订单明细表！H178：H289"。

◆ 也可直接在 B5 单元格中输入公式" = SUMIF(订单明细表!C178：C289,″ = 隆华书店″,订单明细表！H178：H289)",按【Enter】键确认。

（8）统计隆华书店每月平均销售额。

◆ 方法与上一小题类似，只是条件区域变为"订单明细表！C3：C376"，求和的条件变为" = 隆华书店"，实际求和区域变为"订单明细表！H3：H376"。

◆ 本题要求的不是数据的平均值，而是求月平均值。可以先使用 SUMIF 函数求和，再计算月平均值（除以 12）。

◆ 也可直接在 B6 单元格中输入" = SUMIF（订单明细表！C3：C376，"隆华书店"，订单明细表！H3：H376）/12"，按【Enter】键确认，然后设置该单元格格式保留 2 位小数。

（9）将修改后的文件另存为"销售数据报表.xlsx"。

题目 2：学生成绩表的统计与分析。

要求：按照如下要求完成统计和分析工作。

（1）打开工作簿 xscj. xlsx，在最左侧插入一张空白工作表，并重命名为"初三学生档案"，将该工作表标签颜色设为"紫色（标准色）"。

（2）将以制表符分隔的文本文件"学生档案. txt"自 A1 单元格开始导入"初三学生档案"工作表中，注意不得改变原始数据的排列顺序。将第 1 列数据从左到右依次分成"学号"和"姓名"两列显示。

（3）在"初三学生档案"工作表中，利用公式及函数依次输入每个学生的性别"男"或"女"、出生日期"××××年××月××日"和年龄。其中，身份证号的倒数第 2 位用于判断性别，奇数为男性，偶数为女性；身份证号的第 7 ~ 14 位代表出生年月日；年龄需要按周岁计算，满 1 年才计 1 岁。最后适当调整工作表的行高和列宽、对齐方式等，以方便阅读。

（4）参考"初三学生档案"工作表，在"语文"工作表中输入与学号对应的"姓名"；按照平时、期中、期末成绩各占 30%、30%、40% 的比例计算每个学生的"学期成绩"并填入相应单元格中；按成绩由高到低的顺序统计每个学生的"学期成绩"排名并按"第 n 名"的形式填入"班级名次"列中；按照下列条件填写"期末总评"（图 3-3-5）：

语文、数学的学期成绩	其他科目的学期成绩	期末总评
≥102	≥90	优秀
≥84	≥75	良好
≥72	≥60	及格
<72	<60	不合格

（5）将工作表"语文"的格式全部应用到其他科目工作表中，包括行高（各行行高均为 22 默认单位）和列宽（各列列宽均为 14 默认单位）。并按上述（4）中的要求依次输入或统计其他科目的"姓名""学期成绩""班级名次"和"期末总评"，如图 3-3-6 所示。

（6）分别将各科的"学期成绩"引入到"期末总成绩"工作表的相应列中，在"期末总成绩"工作表中依次引入姓名、计算各科的平均分、每个学生的总分，并按成绩由高到低的顺序统计每个学生的总分排名，并以 1、2、3……形式标识名次，最后将所有成绩的数字格式设为数值、保留 2 位小数。

（7）在工作表"期末总成绩"中分别用红色（标准色）和加粗格式标出各科第一名成绩。同时将前 10 名的总分成绩用浅蓝色填充，如图 3-3-7 所示。

（8）调整工作表"期末总成绩"的页面布局以便打印：纸张方向为横向，缩减打印输出使得所有列只占一个页面宽(但不得缩小列宽),水平居中打印在纸上。

(9)将修改后的文件保存为"学生成绩.xlsx"。

	A	B	C	D	E	F	G
1	学号 ▼	姓名 ▼	身份证号码 ▼	性别 ▼	出生日期 ▼	年龄 ▼	籍贯 ▼
2	C121417	马小军	110101200001051054	男	2000年01月05日	17	湖北
3	C121301	曾令铨	110102199812191513	男	1998年12月19日	18	北京
4	C121201	张国强	110102199903292713	男	1999年03月29日	18	北京
5	C121424	孙令煊	110102199904271532	男	1999年04月27日	18	北京
6	C121404	江晓勇	110102199905240451	男	1999年05月24日	18	山西
7	C121001	吴小飞	110102199905281913	男	1999年05月28日	18	北京
8	C121422	姚南	110103199903040920	女	1999年03月04日	18	北京
9	C121425	杜学江	110103199903270623	女	1999年03月27日	18	北京

初三学生档案 / 语文 / 数学 / 英语 / 物理 / 化学 / 品德 / 历史

图 3-3-5 "初三学生档案"工作表

	A	B	C	D	E	F	G	H
1	学号	姓名	平时成绩	期中成绩	期末成绩	学期成绩	班级名次	期末总评
2	C121401	宋子丹	97.00	96.00	102.00	98.70	第13名	良好
3	C121402	郑菁华	99.00	94.00	101.00	98.30	第14名	良好
4	C121403	张雄杰	98.00	82.00	91.00	90.40	第28名	良好
5	C121404	江晓勇	87.00	81.00	90.00	86.40	第33名	良好
6	C121405	齐小娟	103.00	98.00	96.00	98.70	第11名	良好
7	C121406	孙如红	96.00	86.00	91.00	91.00	第26名	良好
8	C121407	甄士隐	109.00	112.00	104.00	107.90	第1名	优秀

初三学生档案 / 语文 / 数学 / 英语 / 物理 / 化学 / 品德 / 历史

图 3-3-6 "语文"工作表

	B	C	D	E	F	G	H	I	J	K
1				初三(14)班第一学期期末成绩表						
2	姓名	语文	数学	英语	物理	化学	品德	历史	总分	总分排名
3	刘小红	99.30	108.90	91.40	97.60	91.00	91.90	85.30	665.40	1
4	陈万地	104.50	114.20	92.30	92.60	74.50	95.00	90.90	664.00	2
5	郑菁华	98.30	112.20	88.00	96.60	78.60	90.00	93.20	658.90	3
6	甄士隐	107.90	95.90	90.90	95.60	89.60	90.50	84.40	654.80	4
7	姚南	101.30	91.20	89.00	95.10	90.10	94.50	91.80	653.00	5
8	倪冬声	90.90	105.80	94.10	81.20	87.00	93.70	93.50	646.20	6
9	习志敬	92.50	101.80	98.20	92.80	73.00	93.60	94.60	643.90	7

初三学生档案 / 语文 / 数学 / 英语 / 物理 / 化学 / 品德 / 历史 / 期末总成绩

图 3-3-7 "期末总成绩"工作表

【操作方式】

(1)插入一工作表。

◆ 打开素材文件夹下的文件"xscj.xlsx",右击"语文"工作表标签,在弹出的快捷菜单中选择"插入"命令,在打开的"插入"对话框中选择"工作表"选项,单击"确定"按钮。

◆ 双击新插入的工作表标签,将其重命名为"初三学生档案"。右击该工作表标签,在弹出的快捷菜单中选择"工作表标签颜色",在弹出的级联菜单中选择标准色中的"紫色"。

(2)导入外部数据。

◆ 选中 A1 单元格,单击"数据"选项卡的"获取外部数据"组中的"自文本"按钮,弹出"导入文本文件"对话框,在该对话框中选择素材文件夹下的"学生档案.txt"选项,然后单击"导入"按钮。

◆ 在弹出的对话框中选择"分隔符号"单选按钮,将"文件原始格式"设置为"54936:简体中文(GB18030)",如图 3-3-8 所示。单击"下一步"按钮,只勾选"分隔符号"区域中的

"Tab 键"复选项。再单击"下一步"按钮，选择"身份证号码"列，选中"文本"单选按钮，单击"完成"按钮，如图 3-3-9 所示。在弹出的对话框中保持默认值，单击"确定"按钮。

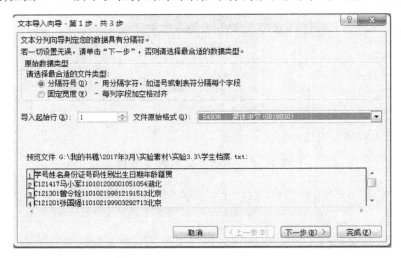

图 3-3-8 "文本导入向导-第 1 步，共 3 步"对话框

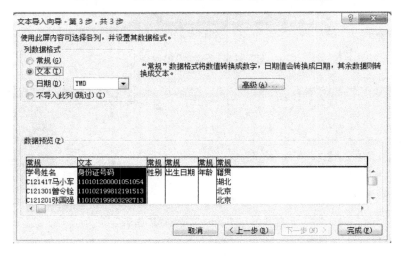

图 3-3-9 "文本导入向导-第 3 步，共 3 步"对话框

◆ 选中 B 列单元格，单击鼠标右键，在弹出的快捷菜单中选择"插入"选项，选择"整列"，单击"确定"按钮。然后选中 A1 单元格，将光标置于"学号"和"姓名"之间，按 3 次空格键，然后选中 A 列单元格，单击"数据工具"组中的"分列"按钮，在弹出的对话框中选择"固定宽度"单选按钮，单击"下一步"按钮，建立如图 3-3-10 所示的分列线。单击"下一步"按钮，保持默认设置，单击"完成"按钮。

◆ 选中 A1：G56 单元格，单击"开始"选项卡的"样式"组中的"套用表格格式"下拉按钮，在弹出的下拉列表中选择一种样式。

◆ 在弹出的对话框中勾选"表包含标题"复选框，单击"确定"按钮，然后再在弹出的对话框中选择"是"，在"设计"选项卡的"属性"组中将"表名称"设置为"档案"。

（3）输入每个学生的性别、出生日期和年龄。

◆ 在"初三学生档案"工作表中选中 D2 单元格,在该单元格内输入函数" = IF(MOD(MID(C2,17,1),2)=1,"男","女")",按【Enter】键完成操作,利用自动填充功能对其他单元格进行填充。

◆ 选中 E2 单元格,在该单元格中输入公式" = MID(C2,7,4)&"年"&MID(C2,11,2)& "月"&MID(C2,13,2)&"日"",按【Enter】键完成操作,利用自动填充功能对剩余的单元格进行填充,结果如图 3-3-11 所示。

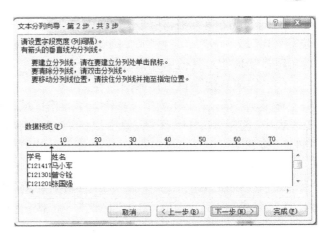

图 3-3-10　"文本分列向导-第 2 步,共 3 步"对话框

	A	B	C	D	E	F	G
1	学号	姓名	身份证号码	性别	出生日期	年龄	籍贯
2	C121417	马小军	110101200001051054	男	2000年01月05日	17	湖北
3	C121301	曾令铨	110102199812191513	男	1998年12月19日	18	北京
4	C121201	张国强	110102199903292713	男	1999年03月29日	18	北京
5	C121424	孙令煊	110102199904271532	男	1999年04月27日	17	北京
6	C121404	江晓勇	110102199905240451	男	1999年05月24日	17	山西
7	C121001	吴小飞	110102199905281913	男	1999年05月28日	17	北京
8	C121422	姚南	110103199903040920	女	1999年03月04日	18	北京
9	C121425	杜学江	110103199903270623	男	1999年03月27日	18	北京
10	C121401	宋子丹	110103199904290936	男	1999年04月29日	17	北京
11	C121439	吕文伟	110103199908171548	女	1999年08月17日	17	湖南
12	C120802	符坚	110104199810261737	男	1998年10月26日	18	山西

图 3-3-11　输入每个学生的信息

◆ 选中 F2 单元格,在该单元格中输入公式" = INT((TODAY() – E2)/365)",按【Enter】键完成操作,利用自动填充功能对剩余的单元格进行填充。

◆ 选中 A1：G56 区域,单击"开始"选项卡的"对齐方式"组中的"居中"按钮。适当调整表格的行高和列宽。

(4) 完成"语文"工作表内容。

◆ 进入到"语文"工作表中,选择 B2 单元格,在该单元格中输入函数" = VLOOKUP(A2,初三学生档案! $A $2：$B $56,2,0)",按【Enter】键完成操作,利用自动填充功能对其他单元格进行填充。

◆ 选择 F2 单元格,在该单元格中输入函数" = C2 * 30% + D2 * 30% + E2 * 40% ",按【Enter】键确认操作,然后利用自动填充功能对其他单元格进行填充。

◆ 选择 G2 单元格,在该单元格中输入函数" ="第"&RANK(F2,$F $2：$F $45)&"名"",然后利用自动填充功能对其他单元格进行填充。

说明：RANK 函数的功能是返回某数字在一列数字中相对于其他数值的大小排名。
语法：RANK(Number,Ref,[Order])
参数 1(Number)：要查找排名的数字,为必须项。
参数 2(Ref)：一组数或一个数据列表的引用,为必须项。
参数 3(Order)：在列表中排名的数字,若为 0 或忽略,降序排序;若为非零值,升序排序。

◆ 选择 H2 单元格,在该单元格中输入公式" = IF(F2 > = 102,"优秀",IF(F2 > = 84,"良好",IF(F2 > = 72,"及格",IF(F2 > 72,"及格","不及格"))))),按【Enter】键完成操作,然后利用自动填充对其他单元格进行填充。

（5）完成其他科目工作表的内容。

◆ 选择"语文"工作表中 A1：H45 单元格区域,按【Ctrl】+【C】键进行复制,进入"数学"工作表中,选择 A1：H45 区域,单击鼠标右键,在弹出的快捷菜单中选择"粘贴选项"下的"格式"按钮。

◆ 继续选择"数学"工作表中的 A1：H45 区域,单击"开始"选项卡的"单元格"组中的"格式"下拉按钮,在弹出的下拉列表中选择"行高"选项,在弹出的对话框中将"行高"设置为"22",单击"确定"按钮。单击"格式"下拉按钮,在弹出的下拉列表中选择"列宽"选项,在弹出的对话框中将"列宽"设置为"14",单击"确定"按钮。

◆ 使用同样的方法为其他科目的工作表设置相同的格式,包括行高和列宽。

◆ 将"语文"工作表中的公式粘贴到"数学"科目工作表中对应的单元格内,然后利用自动填充功能对单元格进行填充。

◆ 在"英语"工作表中的 H2 单元格中输入公式" = IF(F2 > = 90,"优秀",IF(F2 > = 75,"良好",IF(F2 > = 60,"及格",IF(F2 > 60,"及格","不及格")))),按【Enter】键完成操作,然后利用自动填充功能对其他单元格进行填充。

◆ 将"英语"工作表 H2 单元格中的公式粘贴到"物理""化学""品德""历史"工作表中的 H2 单元格中,然后利用自动填充功能对其他单元格进行填充。

（6）完成"期末总成绩"工作表内容。

◆ 进入到"期末总成绩"工作表中,选择 B3 单元格,在该单元格中输入公式" = VLOOKUP(A3,初三学生档案! $A $2：$B $56,2,0)",按【Enter】键完成操作,然后利用自动填充功能将其填充至 B46 单元格。

◆ 选择 C3 单元格,在该单元格中输入公式" = VLOOKUP(A3,语文! $A $2：$F $45,6,0)",按【Enter】键完成操作,然后利用自动填充功能将其填充至 C46 单元格。

◆ 选择 D3 单元格,在该单元格中输入公式" = VLOOKUP(A3,数学! $A $2：$F $45,6,0)",按【Enter】键完成操作,然后利用自动填充功能将其填充至 D46 单元格。

◆ 使用同样方法引入其他科目的"学期成绩"。

◆ 选择 J3 单元格,在该单元格中输入公式" = SUM(C3：I3)",按【Enter】键,然后利用自动填充功能将其填充至 J46 单元格。

◆ 选择 A2：K46 单元格,单击"开始"选项卡的"编辑"组中的"排序和筛选"下拉按钮,在弹出的下拉列表中选择"自定义排序"选项,弹出"排序"对话框,在该对话框中将"主要关键字"设置为"总分",将"排序依据"设置为"数值",将"次序"设置为"降序",单击"确定"按钮。

◆ 在 K3 单元格中输入数字 1,然后按住【Ctrl】键,利用等差序列自动填充功能将其填充至 K46 单元格。

◆ 选择 C47 单元格,在该单元格中输入公式" = AVERAGE(C3：C46)",按【Enter】键完成操作,利用自动填充功能将其填充至 J47 单元格。

◆ 选择 C3：J47 单元格,在选择的单元格内单击鼠标右键,在弹出的快捷菜单中选择"设置单元格格式"命令,在弹出的对话框中选择"数字"选项卡,将"分类"设置为"数值",

将"小数位数"设置为 2,单击"确定"按钮。

（7）设置条件格式。

◆ 选择 C3：C46 单元格,单击"开始"选项卡的"样式"组中的"条件格式"按钮,在弹出的下拉列表中选择"新建规则"选项,在弹出的对话框中将"选择规则类型"设置为"仅对排名靠前或靠后的数值设置格式",然后将"编辑规则说明"设置为"前""1",如图 3-3-12 所示。

◆ 单击"格式"按钮,在弹出的对话框中将"字形"设置为加粗,将"颜色"设置为标准色中的"红色",单击两次"确定"按钮。按同样的操作方式为其他六科分别用红色和加粗标出各科第一名成绩。

◆ 选择 J3：J12 单元格,单击鼠标右键,在弹出的快捷菜单中选择"设置单元格格式"命令,在弹出的对话框中切换至"填充"选项卡,然后单击"浅蓝"颜色块,单击"确定"按钮。

（8）工作表的打印设置。

◆ 单击"页面布局"选项卡的"页面设置"组右下角的对话框启动器按钮 ,在弹出的对话框中切换至"页边距"选项卡,勾选"居中方式"选项组中的"水平"复选框,如图 3-3-13 所示。

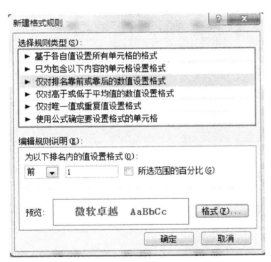

图 3-3-12 "新建格式规则"对话框

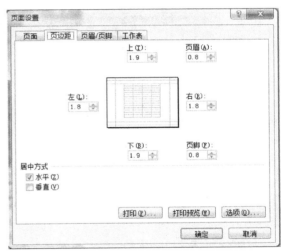

图 3-3-13 "页面设置"对话框

◆ 切换至"页面"选项卡,将"方向"设置为横向。选择"缩放"选项组下的"调整为"单选按钮,将其设置为 1 页宽 1 页高,单击"确定"按钮。

（9）将修改后的文件另存为"学生成绩.xlsx"。

题目 3：开支明细表的整理和分析。

要求：打开开支明细表(kzmx.xlsx 文件),按照如下要求进行整理和分析。

（1）在工作表"小赵的美好生活"的第 1 行中添加表标题"小赵 2013 年开支明细表",并设置 A1：M1 合并居中。

（2）将工作表应用"暗香扑面"主题,并增大字号为 12,适当加大行高、列宽,设置居中对齐方式,除表标题"小赵 2013 年开支明细表"外,为工作表分别增加恰当的边框和底纹,以使工作表更加美观。

（3）将每月各类支出及总支出对应的单元格数据类型都设为"货币"类型，无小数、有人民币货币符号。

（4）通过函数计算每个月的总支出、各个类别月均支出、每月平均总支出；并按每个月总支出升序对工作表进行排序。

（5）利用"条件格式"功能，将月单项开支金额中大于1000元的数据所在单元格以不同的字体颜色与填充颜色突出显示；将月总支出额中大于月均总支出110%的数据所在单元格以另一种颜色显示，所用颜色深浅以不遮挡数据为宜。

（6）在"年月"与"服装服饰"列之间插入新列"季度"，数据根据月份由函数生成。例如，1月至3月对应"1季度"、4月至6月对应"2季度"……如图3-3-14所示。

（7）复制"小赵的美好生活"工作表，将副本放置到原表右侧；改变该副本表标签的颜色，并重命名为"按季度汇总"；删除"月均开销"对应行。

（8）通过分类汇总功能，按季度升序求出每个季度各类开支的月均支出金额，保留1位小数。

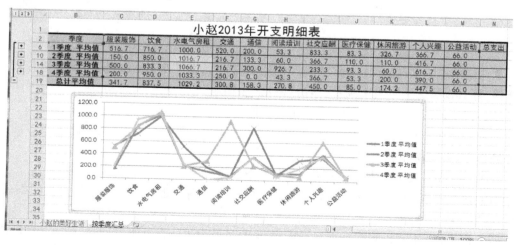

图3-3-14　"小赵的美好生活"工作表

（9）在该工作表中以分类汇总结果为基础，创建一个带数据标记的折线图，水平轴标签为各类开支，如图3-3-15所示。

图3-3-15　"按季度汇总"工作表

（10）将修改后的文件保存为"开支明细表. xlsx"。

【操作方式】

略。

第（6）题提示：选择 B3 单元格，输入"＝INT（1＋（MONTH（A3）－1）/3）&"季度""，按【Enter】键确认。拖动 B3 单元格的填充柄将其填充至 B14 单元格。

第 4 章
中文 PowerPoint 2010

 实验 4.1　演示文稿的制作和编辑

一、实验准备

将"大学计算机基础实验素材\实验 4.1"文件夹复制到本地盘中（如 E 盘）。

二、实验基本要求

1. 掌握演示文稿的创建、打开、关闭和保存的方法。
2. 掌握文本、图片、艺术字、形状、表格等插入和格式化的方法。
3. 掌握演示文稿主题选用与幻灯片背景的设置方法。
4. 掌握幻灯片版式、母板设置的方法。
5. 掌握在幻灯片中插入特定格式的日期和页码的方法。
6. 掌握幻灯片切换、动画效果以及放映方式的设置方法。

三、实验内容和操作步骤

题目 1：打开"实验 4.1"文件夹中的演示文稿"1. pptx"，按照下列要求完成对此文稿的修饰并保存。

（1）在第 1 张"标题幻灯片"中，主标题字体设置为"Arial"、24 磅；副标题字体设置为"Arial Black"、"加粗"、20 磅。

（2）将主标题文字颜色设置成蓝色（RGB 模式：红色 0，绿色 0，蓝色 230）。

（3）将副标题动画效果设置为"进入"→"旋转"，效果选项为文本"按字/词"。

（4）将第 1 张幻灯片的背景设置为"白色大理石"。

（5）将第 2 张幻灯片的版式改为"两栏内容"，原有信号灯图片移入左侧内容区，将第 4 张幻灯片的图片移动到第 2 张幻灯片右侧内容区。

（6）删除第 4 张幻灯片。

（7）设置第 3 张幻灯片标题字体为"Open-loop Control"，47 磅，然后移动它使之成为第 2 张幻灯片。

（8）使用"暗香扑面"主题修饰全文

（9）设置全部幻灯片切换方案为"百叶窗"，效果选项为"水平"。

（10）保存演示文稿。

【操作方式】

（1）设置字体。

◆ 选中第 1 张幻灯片的主标题，在"开始"选项卡的"字体"组中，单击右侧的对话框启动器按钮，弹出"字体"对话框（图 4-1-1），单击"字体"选项卡，在"西文字体"中选择"Arial"，设置"大小"为"24"。

◆ 选中第 1 张幻灯片的副标题，在"西文字体"中选择"Arial Black"，在"字体样式"中选择"加粗"，设置"大小"为"20"，单击"确定"按钮。

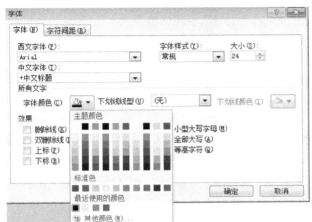

图 4-1-1 "字体"对话框

图 4-1-2 "颜色"对话框

（2）选中主标题文字，单击"开始"选项卡的"字体"组中的"字体颜色"按钮，在弹出的下拉列表中选择"其他颜色"命令，弹出"颜色"对话框，单击"自定义"选项卡，如图 4-1-2 所示，在"红色"中输入"0"，在"绿色"中输入"0"，在"蓝色"中输入"230"，单击"确定"按钮后返回"字体"对话框，再单击"确定"按钮。

（3）选中副标题文字，在"动画"选项卡的"动画"组中选择"进入"→"旋转"，再单击右侧的对话框启动器按钮，弹出"旋转"对话框，在"效果"选项卡下的"动画文本"中选择"按字/词"，如图 4-1-3 所示，单击"确定"按钮。

（4）选中第 1 张幻灯片，在"设计"选项卡的"背景"组中，单击"背景样式"按钮，在下拉列表中选择"设置背景格式"命令，弹出"设置背景格式"对话框，在"填充"选项卡下选中"图片或纹理填充"单选按钮，在"纹理"中选择"白色大理石"，单击"全部应用"按钮后再单击"关闭"按钮。

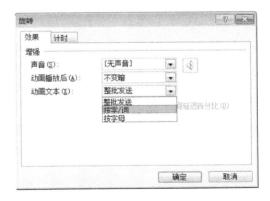

图 4-1-3 "旋转"对话框

（5）选中第 2 张幻灯片，在"开始"选项卡的"幻灯片"组中单击"版式"按钮，在下拉列表中选择"两栏内容"；或者选中幻灯片后右击，打开快捷菜单，在弹出的下拉列表中选择"版式"→"两栏内容"。选中信号灯图片并右击，在弹出的快捷菜单中选择"剪切"命令，把鼠标光标定位到左侧内容区,单击"开始"选项卡的"剪贴板"组中的"粘贴"按钮;按同样的方法将第 4 张幻灯片的图片移动到第 2 张幻灯片右侧内容区。

（6）在普通视图下选中第 4 张幻灯片并右击,在弹出的快捷菜单中选择"删除幻灯片"命令。

（7）在第 3 张幻灯片的标题中输入"Open-loop Control",选中标题文本,在"开始"选项卡的"字体"组中单击右侧的对话框启动器按钮,弹出"字体"对话框,单击"字体"选项卡,在"大小"中选择"47";在普通视图下,按住鼠标左键,拖曳第 3 张幻灯片到第 2 张幻灯片位置,即可使第 3 张幻灯片成为第 2 张幻灯片。

（8）单击"设计"选项卡的"主题"组中的"暗香扑面"主题修饰全文。

（9）为全部幻灯片设置切换方案。选中第 1 张幻灯片,在"切换"选项卡的"切换到此幻灯片"组中单击"其他"下三角按钮,在弹出的下拉列表中选择"华丽型"下的"百叶窗",单击"效果选项"按钮,在下拉菜单中选择"水平",再单击"计时"组中的"全部应用"按钮。

（10）保存演示文稿。

题目 2：打开"实验 4.1"文件夹中的演示文稿"2. pptx",按照下列要求完成对此文稿的修饰并保存。

（1）在最后一张幻灯片前插入一张版式为"仅标题"的新幻灯片,标题为"领先同行业的技术"。

（2）在新插入的幻灯片（第 4 张）的指定位置处（水平：3.6 厘米,自：左上角;垂直：10.7 厘米,自：左上角）插入样式为"填充－蓝色,强调文字颜色 2,暖色粗糙棱台"的艺术字"Maxtor Storage for the world",且文字均居中对齐。艺术字文字效果为"转换"→"跟随路径"→"上弯弧",艺术字宽度为 18 厘米。

（3）将该幻灯片向前移动,作为演示文稿的第 1 张幻灯片,并删除第 5 张幻灯片。

（4）将最后一张幻灯片的版式更换为"垂直排列标题与文本"。

（5）将第 2 张幻灯片的内容区文本动画设置为"进入"→"飞入",效果选项为"自右侧"。

（6）将第 1 张幻灯片的背景设置为"水滴"纹理,且隐藏背景图形。

（7）将全文幻灯片切换方案设置为"棋盘",效果选项为"自顶部"。

（8）设置放映方式为"观众自行浏览"。

（9）为除了标题幻灯片以外的所有其他幻灯片添加可更新的日期、幻灯片编号和页脚文字。日期格式为××××年××月××日星期×,页脚文字的内容是"Maxtor"。

（10）在所有"标题和内容"版式的幻灯片的右上角添加图片 ICON. JPG,并保存演示文稿。

【操作方式】

（1）在普通视图下选中第 3 张幻灯片,单击"开始"选项卡的"幻灯片"组中的"新建幻灯片"按钮,在弹出的下拉列表框中选择"仅标题",输入标题"领先同行业的技术"。

（2）插入艺术字并设置其格式。

◆ 单击"插入"选项卡的"文本"组中的"艺术字"按钮,在弹出的下拉列表框中选择样式为"填充－蓝色,强调文字颜色 2,暖色粗糙棱台",在文本框中输入"Maxtor Storage for the world"，并设置为"居中"对齐。

◆ 选中艺术字文本框并右击，在弹出的快捷菜单中选择"设置形状格式"命令，弹出"设置形状格式"对话框，选择"位置"选项并设置位置为"水平：3.6 厘米，自：左上角；垂直：10.7 厘米，自：左上角"，单击"关闭"按钮。

◆ 选中艺术字，单击"绘图工具—格式"选项卡的"艺术字样式"组中的"文本效果"按钮，在弹出的下拉列表中选择"转换"，再选择"跟随路径"下的"上弯弧"；在"大小"组中设置"宽度"为"18 厘米"。

（3）在普通视图下，按住鼠标左键，拖曳第 4 张幻灯片到第 1 张幻灯片即可。选中第 5 张幻灯片并右击，在弹出的快捷菜单中选择"删除幻灯片"命令。

（4）选中最后一张幻灯片，在"开始"选项卡的"幻灯片"组中选中"版式"按钮，选择"垂直排列标题与文本"。

（5）选中第 2 张幻灯片的内容区文本，在"动画"选项卡的"动画"组中选择"飞入"，单击"效果选项"按钮，在弹出的下拉列表中选择"自右侧"。

（6）选中第 1 张幻灯片并右击，在弹出的快捷菜单中选择"设置背景格式"命令，弹出"设置背景格式"对话框，在"填充"选项下选中"图片或纹理填充"单选按钮，单击"纹理"按钮，在弹出的下拉列表框中选择"水滴"，勾选"隐藏背景图形"复选框，单击"关闭"按钮。

（7）为全文幻灯片设置切换方案。在"切换"选项卡的"切换到此幻灯片"组中单击"其他"下三角按钮，在弹出的下拉列表中选择"华丽型"下的"棋盘"，单击"效果选项"按钮，选择"自顶部"。

（8）在"幻灯片放映"选项卡的"设置"组中单击"设置幻灯片放映"按钮，弹出"设置放映方式"对话框，在"放映类型"选项下选中"观众自行浏览（窗口）"单选按钮，再单击"确定"按钮。

（9）在"插入"选项卡的"文本"组中选择"页眉和页脚"，弹出"页眉和页脚"对话框，如图 4-1-4 所示，设置日期和时间为"自动更新"，日期格式为××××年××月××日星期×，页脚文字的内容是"Maxtor"；勾选"幻灯片编号"和"标题幻灯片中不显示"复选框，单击"全部应用"按钮。

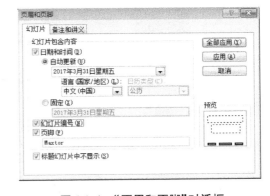

图 4-1-4　"页眉和页脚"对话框

（10）选中第 2 张幻灯片（速度和容量），单击"视图"选项卡的"母版视图"组中的"幻灯片母版"命令，单击"插入"选项卡的"图像"组中的"图片"命令，打开"插入图片"对话框，将图片拖至幻灯片的右上角，关闭母版视图后保存演示文稿。

题目 3：打开"实验 4.1"文件夹中的演示文稿"3.pptx"，按照下列要求完成对此文稿的修饰并保存。

（1）使用"都市"主题修饰全文。

（2）将第 2 张幻灯片版式改为"两栏内容"，标题为"项目计划过程"。

（3）将第4张幻灯片左侧图片移到第2张幻灯片右侧内容区，并插入备注内容"细节将另行介绍"。

（4）将第1张幻灯片版式改为"比较"，将第4张幻灯片左侧图片移到第1张幻灯片右侧内容区，图片动画设置为"进入"→"旋转"，文字动画设置为"进入"→"浮入"，且动画开始的选项为"上一动画之后"，并移动该幻灯片到最后。

（5）删除第2张幻灯片原来标题文字，并将版式改为"空白"，在"水平为6.67厘米，自左上角；垂直为8.24厘米，自左上角"的位置外插入样式为"渐变填充－橙色，强调文字颜色4，映像"的艺术字"个体软件过程"，文字效果为"转换－弯曲－波形1"。并移动该幻灯片使之成为第1张幻灯片。

（6）设置所有幻灯片的切换方式：切换效果为"淡出"，持续时间为0.7。设置自动换片时间为每隔10秒，或在10秒内用鼠标单击来换页，切换时伴随风铃的声音。

（7）设置放映类型为"循环放映，按ESC键终止"，放映范围是全部幻灯片。

（8）保存演示文稿。

【操作方式】

这里仅给出部分题目的操作步骤。

（6）用鼠标框选所有幻灯片，在"切换"选项卡的"切换到此幻灯片"组中选择"淡出"效果，设置效果为"淡出"，持续时间为0.7，换片方式为"单击鼠标时"，每隔10秒钟换片，声音为"风铃"，应用于所有幻灯片（图4-1-5）。单击"预览"按钮查看结果。

图4-1-5　设置幻灯片的切换方式

题目4：打开"实验4.1"文件夹中的演示文稿"4.pptx"，按照下列要求完成演示文稿的修饰并保存。

（1）使用"茅草"主题修饰全文。

（2）设置第5张幻灯片的标题为"软件项目管理"，设置其格式为华文隶书，边缘白色发光，11磅，30%透明度。

（3）在第1张幻灯片前插入版式为"比较"的新幻灯片，将第3张幻灯片的标题和图片分别移到第1张幻灯片左侧的小标题和内容区。同样，将第4张幻灯片的标题和图片分别移到第1张幻灯片右侧的小标题和内容区。

（4）两张图片的动画均设置为"进入"→"缩放"，效果选项为"幻灯片中心"。

（5）删除第3张和第4张幻灯片。

（6）在第2张幻灯片前插入版式为"标题和内容"的新幻灯片，标题为"项目管理的主要任务与测量的实践"。在内容区插入一张3行2列的表格，第1列第2、3行内容依次为"任务"和"测试"，第1行第2列内容为"内容"，将第3张幻灯片内容区的文本移到表格的第 2 行第 2 列,将第 4 张幻灯片内容区的文本移到表格的第 3 行第 2 列。删除第 3 张和第 4 张幻灯片,使第 3 张幻灯片成为第 1 张幻灯片。

(7)设置全部幻灯片切换方案为"切出",效果选项为"全黑",放映方式为"观众自行浏览(窗口)"。

(8)保存演示文稿。

【操作方式】

这里仅给出部分题目的操作步骤。

(2)部分操作步骤:选中文字并右击,在弹出的快捷菜单中选择"设置文字效果格式"命令,在弹出的对话框中设置文字"发光和柔化边缘"效果为发光,颜色为白色,11 磅,30% 透明度。

(6)部分操作步骤:在第 2 张幻灯片的"单击此处添加文本"中单击"插入表格"按钮,弹出"插入表格"对话框,在"列数"微调框中输入"2",在"行数"微调框中输入"3",单击"确定"按钮。按照题目要求,在第 1 列第 2、3 行依次输入"任务"和"测试",第 1 行第 2 列输入"内容",选中第 3 张幻灯片内容区的文本,单击"开始"选项卡的"剪贴板"组中的"剪切"按钮,将鼠标光标定位到第 2 张幻灯片表格的第 2 行第 2 列,单击"粘贴"按钮。按照此方法将第 4 张幻灯片内容区的文本移到表格的第 3 行第 2 列。

题目 5:打开"实验 4.1"文件夹中的演示文稿"5.pptx",按照下列要求完成对此文稿的修饰并保存。

(1)使用"穿越"主题修饰全文。

(2)在第 1 张幻灯片前插入版式为"标题和内容"的新幻灯片,标题为"公共交通工具逃生指南",在内容区插入一张 3 行 2 列的表格,第 1 列第 1、2、3 行内容依次为"交通工具""地铁"和"公交车",第 1 行第 2 列内容为"逃生方法",将第 4 张幻灯片内容区的文本移到表格第 3 行第 2 列,将第 5 张幻灯片内容区的文本移到表格第 2 行第 2 列。表格样式为"中度样式 4-强调 2"。

(3)在第 1 张幻灯片前插入版式为"标题幻灯片"的新幻灯片,主标题输入"公共交通工具逃生指南",并设置其格式为黑体、43 磅、红色(RGB 模式:红色 193、绿色 0、蓝色 0);副标题输入"专家建议",并设置其格式为楷体、27 磅、边缘黄色发光。

(4)将第 4 张幻灯片的版式改为"两栏内容",将第 3 张幻灯片的图片移入第 4 张幻灯片内容区,标题为"缺乏安全出行基本常识"。将图片动画设置为"强调"→"陀螺旋",效果选项的方向为"逆时针"、数量为"完全旋转"。

(5)将第 4 张幻灯片移到第 2 张幻灯片之前,将背景设置渐变预设填充颜色为"宝石蓝",类型为矩形。

(6)将素材文件"BackMusic.mid"作为该演示文稿的背景音乐,并要求在幻灯片放映时即开始播放,至演示结束后停止。

(7)为演示文稿最后一页幻灯片右下角的图形添加指向网址"www.microsoft.com"的超链接。

(8)为了实现幻灯片可以在展台自动放映,设置每张幻灯片的自动放映时间为 10 秒。

(9)保存演示文稿。

【操作方式】

这里仅给出部分题目的操作步骤。

（1）~（4）略。

（5）设置背景渐变预设填充。

单击"设计"选项卡的"背景"组中的"背景样式"按钮，在弹出的下拉列表中选择"设置背景格式"命令，弹出"设置背景格式"对话框，在"填充"下选中"渐变填充"单选按钮，单击"预设颜色"按钮，从弹出的下拉列表中选择"宝石蓝"，单击"类型"下拉按钮，从弹出的下拉列表中选择"矩形"，单击"关闭"按钮。

（6）插入音频。

◆ 选择第1张幻灯片，切换至"插入"选项卡，单击"媒体"选项组中的"音频"下拉按钮，在其下拉列表中选择"文件中的音频"选项，选择素材文件夹下的 BackMusic. MID 音频文件，单击"插入"按钮。

◆ 选中音频按钮，切换至"音频工具"→"播放"选项卡，在"音频选项"选项组中，将开始设置为"跨幻灯片播放"，勾选"循环播放直到停止""播完返回开头"和"放映时隐藏"复选框。最后适当调整位置。

（7）选择最后一张幻灯片的箭头图片，单击鼠标右键，在弹出的快捷菜单中选择"超链接"命令，弹出"插入超链接"对话框，选择"现有文件或网页"选项，在"地址"后的输入栏中输入"www. microsoft. com"并单击"确定"按钮。

（8）幻灯片的放映设置。

◆ 在"幻灯片放映"选项卡的"设置"组中单击"设置幻灯片放映"按钮，打开"设置放映方式"对话框，在"放映类型"中选择"在展台浏览（全屏幕）"，单击"确定"按钮。

◆ 切换至"切换"选项卡，选择"计时"选项组，勾选"设置自动换片时间"，并将自动换片时间设置为10秒，单击"全部应用"按钮。

（9）保存演示文稿。

题目6：打开"实验4.1"文件夹中的演示文稿"6. pptx"，按照下列要求完成对此文稿的修饰并保存。

（1）在第3张幻灯片前插入版式为"两栏内容"的新幻灯片，将素材文件夹下的图片文件 ppt1. jpeg 插入第3张幻灯片右侧内容区，将第2张幻灯片第二段文本移到第3张幻灯片左侧内容区，图片动画设置为"进入"→"飞入"，效果选项为"自右下部"，文本动画设置为"进入"→"飞入"，效果选项为"自左下部"，动画顺序为先文本后图片。

（2）将第4张幻灯片的版式改为"标题幻灯片"，主标题为"中国互联网络热点调查报告"，副标题为"中国互联网络信息中心（CNNIC）"，将第4张幻灯片前移，使之成为第1张幻灯片。

（3）删除第3张幻灯片的全部内容，将该版式设置为"标题和内容"，标题为"用户对宽带服务的建议"，在内容区插入一张7行2列的表格，第1行第1、2列内容分别为"建议"和"百分比"。

（4）按第2张幻灯片提供的建议顺序填写表格其余的单元格，表格样式改为"主题样式1－强调2"，并插入备注"用户对宽带服务的建议百分比"。

（5）将第 4 张幻灯片移到第 3 张幻灯片前,删除第 2 张幻灯片。

（6）保存演示文稿。

【操作方式】

略。

 实 验 4.2　演 示 文 稿 的 修 饰

一、实验准备

将"大学计算机基础实验素材\实验 4.2"文件夹复制到本地盘中(如 E 盘)。

二、实验基本要求

1. 掌握幻灯片的主题设置、背景设置的方法。

2. 掌握幻灯片中文本、图形、SmartArt、图像(片)、图表、音频、视频、艺术字等对象的编辑和应用。

3. 掌握幻灯片中对象动画、切换效果、链接操作等交互设置的方法。

4. 能分析图文素材,并根据需求提取相关信息应用到 PowerPoint 文档中。

三、实验内容和操作步骤

题目 1：打开"实验 4.2"文件夹中的"PPT-素材. docx",按照下列要求新建幻灯片,完善此文稿并保存。

（1）使文稿包含 7 张幻灯片,设计第 1 张为"标题幻灯片"版式,第 2 张为"仅标题"版式,第 3~6 张为"两栏内容"版式,第 7 张为"空白"版式。所有幻灯片统一设置背景样式,要求有预设颜色。

（2）设置第 1 张幻灯片标题为"计算机发展简史",副标题为"计算机发展的四个阶段";第 2 张幻灯片标题为"计算机发展的四个阶段",在标题下面空白处插入 SmartArt 图形,要求含有四个文本框,在每个文本框中依次输入"第一代计算机"……"第四代计算机",更改图形颜色,适当调整其字体和字号。

（3）设置第 3 张至第 6 张幻灯片的标题内容分别为素材中各段的标题,左侧内容为各段的文字介绍,加项目符号,右侧内容为素材文件夹下存放的相对应的图片;在第 6 张幻灯片中插入 2 张图片("第四代计算机-1. JPG"在上,"第四代计算机-2. JPG"在下);在第 7 张幻灯片中插入艺术字,内容为"谢谢!"。

（4）为第 1 张幻灯片的副标题、第 3~6 张幻灯片的图片设置动画效果,第 2 张幻灯片的四个文本框超链接到相应内容幻灯片;为所有幻灯片设置切换效果。

【操作方式】

（1）设置幻灯片版式和背景样式。

◆ 打开"实验 4.2"文件夹下的演示文稿 yswg. pptx。选中第 1 张幻灯片,在"开始"选项卡的"幻灯片"组中单击"版式"按钮，在弹出的下拉列表中选择"标题幻灯片"。

◆ 单击"开始"选项卡的"幻灯片"组中的"新建幻灯片"下拉按钮，在弹出的下拉列表中选择"仅标题"。采用同样的方法新建第3~6张幻灯片为"两栏内容"版式，第7张为"空白"版式。

◆ 在"设计"选项卡的"背景"组中单击"背景样式"下拉按钮，在弹出的下拉列表中选择"设置背景格式"命令，弹出"设置背景格式"对话框，此处我们可在"填充"选项卡下单击"渐变填充"单选按钮，单击"预设颜色"按钮，在弹出的下拉列表框中选择一种，再单击"全部应用"按钮，如图4-2-1 所示，最后单击"关闭"按钮完成设置。

（2）设置第1张和第2张幻灯片。

◆ 选中第1张幻灯片，在标题占位符中输入"计算机发展简史"字样，在副标题占位符中输入"计算机发展的四个阶段"字样。

◆ 选中第2张幻灯片，在标题占位符中输入"计算机发展的四个阶段"字样。

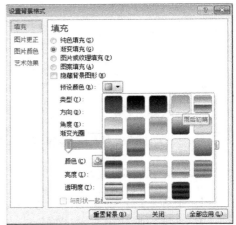

图4-2-1　"设置背景格式"对话框

◆ 选中第2张幻灯片，在"插入"选项卡的"插图"组中单击"SmartArt"按钮，弹出"选择SmartArt 图形"对话框，选择一种含有三个文本框的图形，如图4-2-2 所示，单击"确定"按钮。选中第三个文本框，在"SmartArt 工具—设计"选项卡的"创建图形"组中单击"添加形状"下拉按钮，从弹出的下拉列表中选择"在后面添加形状"，如图4-2-3 所示。

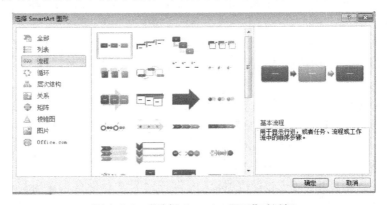

图4-2-2　"选择SmartArt 图形"对话框

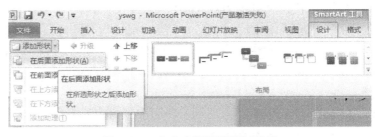

图4-2-3　在文本框后面添加形状

◆ 在上述四个文本框中依次输入"第一代计算机"……"第四代计算机"。

◆ 选中 SmartArt 图形,在"SmartArt 工具—设计"选项卡的"SmartArt 样式"组中单击"更改颜色"下拉按钮,弹出下拉列表,从中选择一种。

◆ 选中 SmartArt 图形,在"开始"选项卡的"字体"组中适当调整字体和字号。

（3）在幻灯片中插入文本和图形。

◆ 选中第 3 张幻灯片,在标题占位符中复制并粘贴素材中的第一个标题"第一代计算机:电子管数字计算机（1946—1958 年）"字样。同样地,将素材中第一段的文字内容复制并粘贴到该幻灯片的左侧内容区。

◆ 选中左侧内容区文字,单击"开始"选项卡的"段落"组中的"项目符号"按钮,在弹出的下拉列表中选择一种。

◆ 在右侧的文本区域单击"插入来自图片的文件"按钮,弹出"插入图片"对话框,从素材文件夹下选择"第一代计算机.jpg",单击"插入"按钮即可插入图片。完成后效果可参考图 4-2-4 所示(不一定完全一样)。

图 4-2-4　第 3 张幻灯片效果图

◆ 采用上述同样的方法,使第 4～6 张幻灯片的标题内容分别为素材中各段的标题,左侧内容为各段的文字介绍,加项目符号,右侧为素材文件夹下存放的相对应的图片,在第 6 张幻灯片中插入两张图片("第四代计算机-1.JPG"在上,"第四代计算机-2.JPG"在下)。

◆ 选中第 7 张幻灯片,单击"插入"选项卡的"文本"组中的"艺术字"按钮,从弹出的下拉列表中选择一种样式,输入文字"谢谢!"。

（4）插入超链接、设置动画效果和切换效果。

◆ 选中第 1 张幻灯片的副标题,在"动画"选项卡的"动画"组中单击任意一种动画样式。采用同样的方法可为第 3～6 张幻灯片的图片设置动画效果。

◆ 选中第 2 张幻灯片的第一个文本框,单击"插入"选项卡的"链接"组中的"超链接"按钮,弹出"插入超链接"对话框,在"链接到:"下单击"本文档中的位置",在"请选择文档中的位置"中单击第 3 张幻灯片,如图 4-2-5 所示,然后单击"确定"按钮。采用同样的方法将剩下的三个文本框超链接到相应内容的幻灯片。

◆ 在左侧幻灯片大纲栏中选中所有幻灯片,在"切换"选项卡的"切换到此幻灯片"组中选择一种切换方式。

◆ 保存演示文稿。

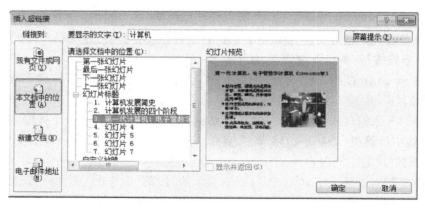

图 4-2-5　"插入超链接"对话框

题目 2： 某学校初中二年级五班的物理老师要求学生两人一组制作一份物理课件。小曾与小张自愿组合，他们制作完成的第一章后三节内容见文档"第 3—5 节.pptx"，前两节内容存放在文本文件"第 1—2 节.pptx"中。小张需要按下列要求完成课件的整合制作。

（1）为演示文稿"第 1—2 节.pptx"指定一个合适的设计主题；为演示文稿"第 3—5 节.pptx"指定另一个设计主题，两个主题应不同。

（2）将演示文稿"第 3—5 节.pptx"和"第 1—2 节.pptx"中的所有幻灯片合并到"物理课件.pptx"中，要求所有幻灯片保留原来的格式。以后的操作均在文档"物理课件.pptx"中进行。

（3）在"物理课件.pptx"的第 3 张幻灯片之后插入一张版式为"仅标题"的幻灯片，输入标题文字"物质的状态"，在标题下方制作一张射线列表式关系图，样例参考"关系图素材及样例.docx"，所需图片在素材文件夹中。为该关系图添加适当的动画效果，要求同一级别的内容同时出现、不同级别的内容先后出现。

（4）在第 6 张幻灯片后插入一张版式为"标题和内容"的幻灯片，在该张幻灯片中插入与素材"蒸发和沸腾的异同点.docx"文档中所示相同的表格，并为该表格添加适当的动画效果。

（5）将第 2 张、第 7 张幻灯片分别链接到第 4 张、第 6 张幻灯片的相关文字上。

（6）除标题页外，为幻灯片添加编号及页脚，页脚内容为"第一章　物态及其变化"。

（7）为幻灯片设置适当的切换方式，以丰富放映效果。

【操作方式】

（1）设置幻灯片主题。

◆ 在素材文件夹下打开演示文稿"第 1—2 节.pptx"，在"设计"选项卡的"主题"组中选择一种，单击"保存"按钮。

◆ 在素材文件夹下打开演示文稿"第 3—5 节.pptx"，按照同样的方式，在"设计"选项卡的"主题"组中选择另一个主题，单击"保存"按钮。

（2）幻灯片的合并操作。

◆ 新建一个演示文稿并命名为"物理课件"，在"开始"选项卡的"幻灯片"组中单击"新建幻灯片"下拉按钮，从弹出的下拉列表中选择"重用幻灯片"命令，打开"重用幻灯片"任务窗格,单击"浏览"按钮,选择"浏览文件",弹出"浏览"对话框,从素材文件夹下选择"第1—2节.pptx",单击"打开"按钮,勾选"重用幻灯片"任务窗格中的"保留源格式"复选框,分别单击这4张幻灯片。

◆ 将光标定位到第4张幻灯片之后,单击"浏览"按钮,选择"浏览文件",弹出"浏览"对话框,从素材文件夹下选择"第3—5节.pptx",单击"打开"按钮,勾选"重用幻灯片"任务窗格中的"保留源格式"复选框,分别单击每张幻灯片,关闭"重用幻灯片"任务窗格。

（3）插入 SmartArt 图形并设置动画效果。

◆ 在大纲视图下选中第3张幻灯片,在"开始"选项卡的"幻灯片"组中单击"新建幻灯片"下拉按钮,从弹出的下拉列表中选择"仅标题",输入标题文字"物质的状态"。

◆ 在"插入"选项卡的"插图"组中单击"SmartArt"按钮,弹出"选择 SmartArt 图形"对话框,选择"关系"中的"射线列表",单击"确定"按钮。

◆ 参考"关系图素材及样例.docx",在对应的位置插入图片和输入文本,完成后如图4-2-6所示。

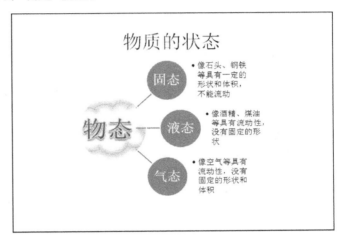

图 4-2-6 效果图

◆ 选中 SmartArt 图形,在"动画"选项卡的"动画"组中选择一种动画效果,而后单击"效果选项"按钮,从弹出的下拉列表中选择"一次级别",使得同一级别的内容同时出现、不同级别的内容先后出现。

（4）插入幻灯片和表格。

◆ 在大纲视图下选中第6张幻灯片,在"开始"选项卡的"幻灯片"组中单击"新建幻灯片"下拉按钮,从弹出的下拉列表中选择"标题和内容",输入标题"蒸发和沸腾的异同点"。

◆ 参考素材"蒸发和沸腾的异同点.docx",在第7张幻灯片中插入表格,并在相应的单元格中输入文本。

◆ 为该表格添加适当的动画效果。选中表格,在"动画"选项卡的"动画"组中添加适当的动画效果。

（5）设置超链接。

◆ 选中第2张幻灯片中的文字"物质的状态",单击"插入"选项卡的"链接"组中的"超链接"按钮,弹出"插入超链接"对话框,在"链接到:"下单击"本文档中的位置",在"请选择文档中的位置"中选择第4张幻灯片,然后单击"确定"按钮。

◆ 采用同样的方法将第7张幻灯片链接到第6张幻灯片的相关文字上。

（6）设置幻灯片编号及页脚。

◆ 在"插入"选项卡的"文本"组中单击"页眉和页脚"按钮,弹出"页眉和页脚"对话框,勾选"幻灯片编号""页脚"和"标题幻灯片中不显示"复选框,在"页脚"内容文本框中输入"第一章 物态及其变化",如图4-2-7所示,单击"全部应用"按钮。

（7）设置幻灯片切换效果。

◆ 在左侧大纲窗格中选定全部幻灯片，在"切换"选项卡的"切换到此幻灯片"组中选择一种切换方式，单击"计时"组中的"全部应用"按钮。

◆ 保存演示文稿。

题目3：第十二届全国人民代表大会第三次会议政府工作报告中看点众多，精彩纷呈。为了更好地宣传大会精神，新闻编辑小王需制作一个演示文稿，素材存放于"实验 4.2"文件夹中的"文本素材.docx"及相关图片文件中，具体要求如下：

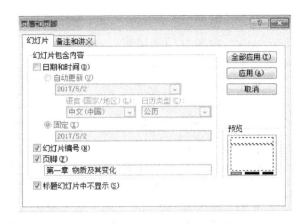

图 4-2-7　"页眉和页脚"对话框

（1）演示文稿共包含 8 张幻灯片，分为 5 节，节名分别为"标题""第一节""第二节""第三节""致谢"，各节所包含的幻灯片页数分别为 1、2、3、1、1 张；每一节的幻灯片设为同一种切换方式，节与节的幻灯片切换方式均不同；每一节的幻灯片设为同一种主题，节与节的幻灯片主题不同。将演示文稿保存为"图解 2015 施政要点.pptx"，后续操作均基于此文件。

（2）设置第 1 张幻灯片为标题幻灯片，标题为"图解今年施政要点"，字号不小于 40；副标题为"2015 年两会特别策划"，字号为 20。

（3）设置"第一节"下的两张幻灯片标题为"一、经济"，展示素材文件夹下 Eco1.jpg ～ Eco6.jpg 的图片内容，每张幻灯片包含 3 幅图片，图片在锁定纵横比的情况下高度不低于 125px；设置第 1 张幻灯片中 3 幅图片的样式为"剪裁对角线，白色"，第 2 张幻灯片中 3 幅图片的样式为"棱台矩形"；设置每幅图片的进入动画效果为"上一动画之后"。

（4）设置"第二节"下的三张幻灯片标题为"二、民生"，其中第 4 张幻灯片内容为素材文件夹下 Ms1.jpg ～ Ms6.jpg 的图片，图片大小设置为 100px（高）*150px（宽），样式为"居中矩形阴影"，每幅图片的进入动画效果为"上一动画之后"；在第 5、6 张幻灯片中，利用"垂直图片列表"SmartArt 图形展示"文本素材.docx"中的"养老金"到"环境保护"七个要点，图片对应 Icon1.jpg ～ Icon7.jpg，每个要点的文字内容有两级，对应关系与素材保持一致。要求第 5 张幻灯片展示 3 个要点，第 6 张幻灯片展示 4 个要点。设置 SmartArt 图形的进入动画效果为"逐个""与上一动画同时"。

（5）设置"第三节"下的幻灯片标题为"三、政府工作需要把握的要点"，内容为"垂直框列表"SmartArt 图形，对应文字参考素材文件夹下"文本素材.docx"。设置 SmartArt 图形的进入动画效果为"逐个""与上一动画同时"。

（6）设置"致谢"节下的幻灯片标题为"谢谢！"，内容为素材文件夹下的 End.jpg 图片，图片样式为"映像圆角矩形"。

（7）除标题幻灯片外，在其他幻灯片的页脚处显示页码。

（8）利用相册功能为素材文件夹下的 eco1.jpg ～ eco6.jpg 6 张图片"新建相册"，要求每页幻灯片 2 张图片，相框的形状为"居中矩形阴影"；将标题"相册"更改为"图片欣赏"，将相册中的所有幻灯片复制到幻灯片的最后。

【操作方式】

（1）设置幻灯片节。

◆ 新建一个 PowerPoint 演示文稿，保存文件名为"图解 2015 施政要点"。

◆ 单击"开始"选项卡的"幻灯片"选项组中的"新建幻灯片"按钮，使演示文稿包含 8 张幻灯片。

◆ 选择第 1 张幻灯片，单击鼠标右键，在弹出的快捷菜单中选择"新增节"。选中节名，单击鼠标右键，重命名为"标题"。采用同样的方法，第 2、3 张幻灯片为"第一节"，第 4、5、6 张幻灯片为"第二节"，第 7 张幻灯片为"第三节"，第 8 张幻灯片为"致谢"。

◆ 在"切换"选项卡的"切换到此幻灯片"选项组中，为每一节的幻灯片设置为同一种切换效果，注意节与节的幻灯片切换方式均不同。

◆ 选中每一节的节名，在"设计"选项卡的"主题"选项组中，分别为每一节设置不同的主题。

（2）设置第 1 张幻灯片。

◆ 选择第 1 张幻灯片，单击鼠标右键，在弹出的快捷菜单中选择"版式"级联菜单中的"标题幻灯片"。

◆ 在第 1 张幻灯片的标题处输入文字"图解今年施政要点"，在"开始"选项卡的"字体"选项组中将字号设为不小于 40。

◆ 将副标题设为"2015 年两会特别策划"，在"字体"选项组中将字号设为 20。

（3）设置"第一节"下的幻灯片。

◆ 在第 2、3 张幻灯片的标题处输入文字"一、经济"。

◆ 在第 2 张幻灯片中，单击"插入"选项卡的"图像"组中的"图片"按钮，打开"插入图片"对话框，将素材文件夹下的 Eco1.jpg ～ Eco3.jpg 插入幻灯片中。

◆ 在第 3 张幻灯片中，使用步骤（2）的方法将素材文件夹下的 Eco4.jpg ～ Eco6.jpg 插入幻灯片中。

◆ 选择插入的图片，单击"图片工具—格式"选项卡的"大小"组中的对话框启动器按钮，弹出"设置图片格式"对话框，勾选"锁定纵横比"复选框，高度不低于 125 像素，如图 4-2-8 所示（注意，高度的默认单位是厘米，输入像素后系统会自动转化为厘米）。

图 4-2-8　"设置图片格式"对话框

◆ 选择第 2 张幻灯片中的 3 幅图片，单击"图片工具—格式"选项卡的"图片样式"选项组中的"剪裁对角线，白色"，如图 4-2-9 所示。

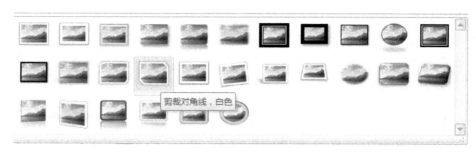

图 4-2-9　"图片样式"组

◆ 选择第 3 张幻灯片中的 3 幅图片，单击"格式"选项卡的"图片样式"选项组中的"棱台矩形"样式。

◆ 选择插入的图片，在"动画"选项卡的"动画"组中，为图片设置一种进入动画效果，在"计时"选项组中为每张图片都设置为"上一动画之后"。

（4）设置"第二节"下的幻灯片。

◆ 在第 4、5、6 张幻灯片的标题处输入文字"二、民生"。

◆ 在第 4 张幻灯片中，单击"插入"选项卡的"图像"选项组中的"图片"按钮，将素材文件夹下的 Ms1. jpg ~ Ms6. jpg 插入幻灯片中。

◆ 选择插入的图片，单击"格式"选项卡的"大小"选项组中的对话框启动器按钮，弹出"设置图片格式"对话框，设置高度为"100 像素"，宽度为"150 像素"。

◆ 选择插入的图片，单击"格式"选项卡的"图片样式"选项组中的"居中矩形阴影"按钮。

◆ 选择插入的图片，在"动画"选项卡的"动画"选项组中，为图片设置一种进入动画效果，在"计时"选项组中为每张图片都设置为"上一动画之后"。

◆ 在第 5 张幻灯片中，单击"插入"选项卡的"插图"组中的"SmartArt"按钮，弹出"选择 SmartArt 图形"对话框，选择列表组中的"垂直图片列表"选项，单击"确定"按钮。

◆ 双击最左侧的形状，在打开的对话框中将素材文件夹下的 Icon1. jpg 插入幻灯片中。然后选择右侧的形状，参考素材文件夹下的"文本素材. docx"，将对应的文字内容复制到幻灯片中。完成后的效果如图 4-2-10 所示。

◆ 选择插入的 SmartArt 图形，在"动画"选项卡的"动画"组中，为图片设置一个进入动画效果。在"效果选项"中设置为"逐个"，在"计时"选项组中为每张图片都设置为"与上一动画同时"。

图 4-2-10　效果图

◆ 使用同样的方法为第 6 张幻灯片插入 SmartArt 图形，图形为 4 组。

（5）设置"第三节"下的幻灯片。

◆ 在第 7 张幻灯片的标题处输入文字"三、政府工作需要把握的要点"。

◆ 单击"插入"选项卡的"插图"组中的"SmartArt"按钮，弹出"选择 SmartArt 图形"对话框，选择列表组中的"垂直框列表"选项。

◆ 打开素材文件夹下的"文本素材.docx",将对应的文字内容复制到幻灯片中。

◆ 选择插入的 SmartArt 图形,采用同样的方法设置进入动画效果为"逐个""与上一动画同时"。

（6）设置"致谢"节下的幻灯片。

◆ 在第 8 张幻灯片的标题处输入文字"谢谢!"。

◆ 采用同样的方法插入 End.jpg 图片,并设置为"映像圆角矩形"样式。

（7）设置页脚。

单击"插入"选项卡的"文本"组中的"页眉和页脚"按钮,弹出"页眉和页脚"对话框,勾选"页脚""幻灯片编号"和"标题幻灯片中不显示"复选框,单击"全部应用"按钮。

（8）相册的使用。

◆ 切换至"插入"选项卡的"图像"选项组中,单击"相册"下拉按钮,在其下拉列表中选择"新建相册"命令,弹出"相册"对话框,单击"文件/磁盘"按钮,打开"插入新图片"对话框,选择 eco1.jpg ～ eco6.jpg 素材文件,单击"插入"按钮,将"图片版式"设为"2 张图片","相框形状"设为"居中矩形阴影",单击"创建"按钮。

◆ 将标题"相册"更改为"图片欣赏",将二级文本框删除。将相册中的所有幻灯片复制到幻灯片的最后。最后保存 PPT 文件。

题目 4：公司计划在"创新产品展示及说明会"会议茶歇期间,在大屏幕投影仪上向来宾自动播放会议的日程和主题,因此市场部助理小王需要完善 PowerPoint.pptx 文件中的演示内容。现请你按照如下需求,在 PowerPoint 中完成制作工作并保存。

（1）由于文字内容较多,将第 7 张幻灯片中的内容区域文字自动拆分为 2 张幻灯片进行展示。

（2）为了布局美观,将第 6 张幻灯片中的内容区域文字转换为"水平项目符号列表"SmartArt 布局,并设置该 SmartArt 样式为"中等效果"。

（3）在第 5 张幻灯片中插入一个标准折线图,并按照如下数据信息调整 PowerPoint 中的图表内容。

	笔记本电脑	平板电脑	智能手机
2010 年	7.6	1.4	1.0
2011 年	6.1	1.7	2.2
2012 年	5.3	2.5	2.6
2013 年	4.5	2.5	3.0
2014 年	2.9	3.2	3.9

（4）为该折线图设置"擦除"进入动画效果,效果选项为"自左侧",按照"系列"逐次单击显示"笔记本电脑""平板电脑"和"智能手机"的使用趋势。最终,仅在该幻灯片中保留这三个系列的动画效果。

（5）为演示文档中的所有幻灯片设置不同的切换效果。

（6）为演示文档创建三个节,其中"议程"节中包含第 1 张和第 2 张幻灯片,"结束"节中包含最后 1 张幻灯片,其余幻灯片包含在"内容"节中。

（7）为了实现幻灯片可以自动放映,设置每张幻灯片的自动放映时间不少于 2 秒钟。

（8）删除演示文档中每张幻灯片的备注文字信息。

【操作方式】

（1）拆分幻灯片。

◆ 打开素材文件下的"PowerPoint. pptx"演示文稿。

◆ 在第 7 张幻灯片后面添加一张幻灯片，版式为"标题和内容"，将第 7 张幻灯片中的标题和相关内容复制到新增加的幻灯片中，完成后效果如图 4-2-11 和图 4-2-12 所示，第 7 张幻灯片的内容便被拆分为 2 张。

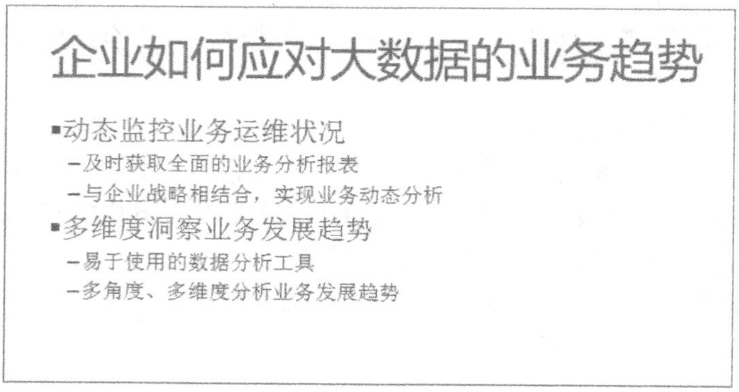

企业如何应对大数据的业务趋势

■动态监控业务运维状况
  – 及时获取全面的业务分析报表
  – 与企业战略相结合，实现业务动态分析
■多维度洞察业务发展趋势
  – 易于使用的数据分析工具
  – 多角度、多维度分析业务发展趋势

图 4-2-11　拆分后的幻灯片 1

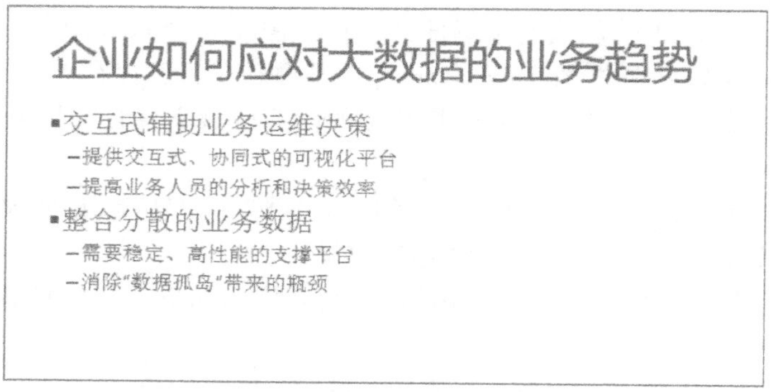

企业如何应对大数据的业务趋势

■交互式辅助业务运维决策
  – 提供交互式、协同式的可视化平台
  – 提高业务人员的分析和决策效率
■整合分散的业务数据
  – 需要稳定、高性能的支撑平台
  – 消除"数据孤岛"带来的瓶颈

图 4-2-12　拆分后的幻灯片 2

（2）将文字转换为 SmartArt 图形。

◆ 切换至"幻灯片"视图中，选中编号为 6 的幻灯片，并选中该幻灯片中正文的文本框，单击"开始"选项卡的"段落"组中的"转换为 SmartArt 图形"下拉按钮。

◆ 在弹出的下拉列表中选择"其他 SmartArt 图形"，打开"选择 SmartArt 图形"对话框，在左侧选择"列表"，在列表图形分类中选中"水平项目符号列表"，单击"确定"按钮。

◆ 选中 SmartArt 图形，在"SmartArt 工具—设计"选项卡的"SmartArt 样式"组中单击右下角的"其他"按钮，并在下拉列表中找到"中等效果"，如图 4-2-13 所示。

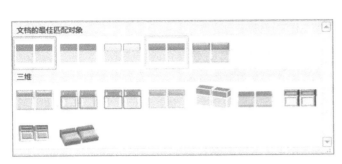

图 4-2-13 "SmartArt 样式"组

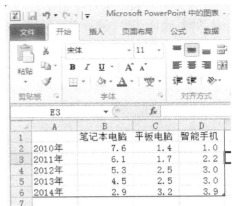

图 4-2-14 Excel 表格数据

（3）插入图表。

◆ 在"幻灯片"视图中，选中编号为 5 的幻灯片，单击文本框中的"插入图表"按钮，在打开的"插入图表"对话框中选择"折线图"，单击"确定"按钮，将会在该幻灯片中插入一个折线图（选择一种即可），并打开 Excel 应用程序，根据题意要求向表格中填入相应内容，效果如图 4-2-14 所示，然后关闭 Excel 应用程序。

（4）设置图表动画。

◆ 选中折线图，单击"动画"选项卡的"动画"组中的"其他"下三角按钮，在"进入"组中选择"擦除"效果。

◆ 单击"动画"选项卡的"动画"组中的"效果选项"按钮，在打开的下拉列表中将"方向"设置为"自左侧"，将"序列"设置为"按系列"。

◆ 删除其他幻灯片中的动画效果。

（5）略。

（6）创建节。

◆ 在幻灯片视图中，选中编号为 1 的幻灯片，单击"开始"选项卡的"幻灯片"组中的"节"下拉按钮，在下拉列表中选择"新增节"命令，然后再次单击"节"下拉按钮，在下拉列表中选择"重命名节"命令，在打开的对话框中输入"节名称"为"议程"，单击"重命名"按钮。

◆ 选中第 3~8 张幻灯片，单击"开始"选项卡的"幻灯片"组中的"节"下拉按钮，在下拉列表中选择"新增节"命令，然后再次单击"节"下拉按钮，在下拉列表中选择"重命名节"命令，在打开的对话框中输入"节名称"为"内容"，单击"重命名"按钮。

◆ 选中第 9 张幻灯片，单击"开始"选项的"幻灯片"组中的"节"下拉按钮，在下拉列表中选择"新增节"命令，然后再次单击"节"下拉按钮，在下拉列表中选择"重命名节"命令，在打开的对话框中输入"节名称"为"结束"，单击"重命名"按钮。

（7）在幻灯片视图中选中全部幻灯片，在"切换"选项卡的"计时"组中取消选中"单击鼠标时"复选框，勾选"设置自动换片时间"复选框，并在文本框中输入 00：02.00。

（8）删除所有备注。

◆ 单击"文件"选项卡的"信息"中的"检查问题"下拉按钮，在弹出的下拉列表中选择

"检查文档"，如图 4-2-15 所示，弹出"提示保存"对话框，单击"是"按钮，弹出"文档检查器"对话框，确认选中"演示文稿备注"复选框，单击"检查"按钮。

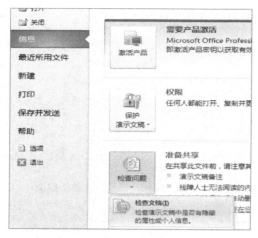

图 4-2-15 单击"检查问题"下拉按钮 **图 4-2-16 "文档检查器"对话框**

◆ 在"审阅检查结果"中，单击"演示文稿备注"对应的"全部删除"按钮，如图 4-2-16 所示，即可删除全部备注文字信息，单击"关闭"按钮（如自动检查不到备注信息，可手动在幻灯片最下方一页删除）。

◆ 保存演示文稿。

第 5 章
中文 Access 2010

 实 验 5.1　Access 2010 数据库的创建和使用

一、实验准备

将"大学计算机基础实验素材\实验 5.1"文件夹复制到本地硬盘中（如 E 盘）。

二、实验基本要求

1. 掌握 Access 2010 中创建数据库文件的方法。
2. 掌握 Access 2010 中创建数据表的方法。
3. 掌握如何设置数据表之间的关系。
4. 掌握如何使用和编辑数据表。

三、实验内容和操作步骤

题目 1：创建"教师"数据库和"教师表"。
（1）在 Access 2010 中建立名为"教师"的数据库。
（2）在"教师"数据库中利用表设计器创建"教师表"，并设置"工号"字段为主索引，其表结构如表 5-1-1 所示。
（3）向"教师表"中输入数据，如表 5-1-2 所示。
（4）为"教师表"的"性别"字段创建索引。

表 5-1-1　表结构

字段名称	数据类型
工号	文本
姓名	文本
性别	文本
籍贯	文本
出生日期	日期
基本工资	数值

表 5-1-2　表记录

工号	姓名	性别	籍贯	出生日期	基本工资
A001	李林	男	江苏南京	1980-3-2	2300
A002	高辛	女	上海市	1965-11-2	3500
B001	陆海涛	女	江苏苏州	1982-5-21	2500
C001	柳宝	男	北京市	1958-12-23	4200
D001	高明	女	江苏南通	1964-12-5	3100
D002	钱江	女	安徽合肥	1952-1-19	2800
E001	蔡宝明	男	江西上饶	1958-5-12	3000
E002	王大海	男	江苏无锡	1951-11-22	3200

【操作方式】

（1）启动 Access 2010，在"文件"选项卡中单击"新建"，在右边"可用模板"中单击"空数据库"，再在右下角"文件名"中输入"教师"（注意：先通过按钮指定文件路径），最后单击"创建"按钮，如图 5-1-1 所示。

图 5-1-1　新建数据库

一个新的"空数据库"即创建完成了，如图 5-1-2 所示。如果不继续创建数据表，可以把鼠标放在"表1"标签并右击，选择"关闭"命令。在"文件"选项卡下单击"关闭数据库"。

图 5-1-2　新的空数据库

（2）打开"教师"数据库，在"创建"选项卡的"表格"组中单击"表设计"按钮，在打开的表设计器中，按表 5-1-1 输入字段和数据类型，如图 5-1-3 所示。将鼠标放在"工号"框中单击右键，选中"主键"，将"工号"字段设置为主键。单击右上角的"关闭"按钮，在对话框中输入"教师表"，一个空的数据表即创建完成了。

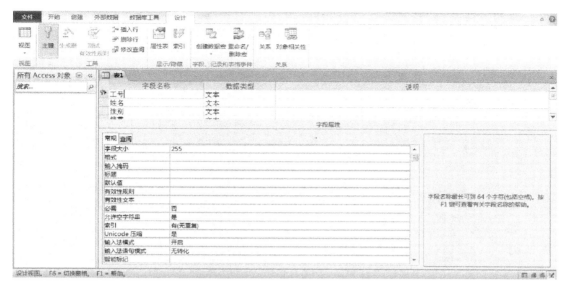

图 5-1-3 教师表

（3）在左侧"所有 Access 对象"窗格中双击"教师表"，在右侧的编辑窗口中，按表 5-1-2 依次输入教师表中的 8 条记录，如图 5-1-4 所示。

图 5-1-4 表记录

（4）在"开始"选项卡的"视图"组中的"视图"下拉菜单中选择"设计视图"，切换到表设计器。在"教师表"表设计器中选中"性别"字段，在下方的"索引"设置中选中"有（无重复）"，得到结果如图 5-1-5 所示。这样就为"教师表"的"性别"字段创建了索引。

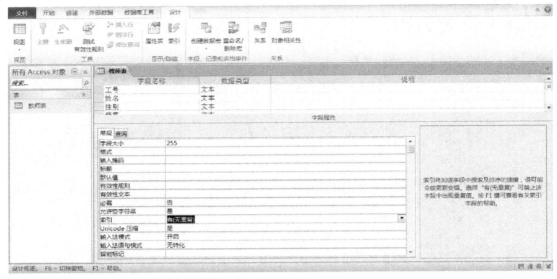

图 5-1-5　表设计器

题目 2："教师"数据库的使用。

（1）将实验素材中的"教师工资表. xls"导入数据库中。

（2）在"教师表"中插入字段和记录。

（3）在数据库中创建"教师表"和"教师工资表"之间的关系。

（4）在"教师表"中执行"按选定内容筛选"操作。

（5）为"教师表"中"性别"字段设置规则：只能是"男"或"女"。

【操作方式】

（1）先将"教师"数据库打开。在"外部数据"选项卡的"导入并链接"组中单击"Excel"按钮，在弹出的对话框中单击"浏览"按钮，找到实验素材中的"教师工资表"，然后单击"确定"按钮，出现"导入数据表向导"对话框，依次单击"下一步"按钮，在最后指定文件名中输入"教师工资表"，单击"完成"，如图 5-1-6 所示。

（2）在教师表中插入字段和记录。

◆ 在"所有 Access 对象"窗格中双击"教师表"，在"开始"选项卡的"视图"组中单击"视图"按钮，打开表设计器。在字段列表的最后一行输入字段名称"研究生导师"，数据类型选中"是/否"，从而在"教师表"中插入了一个新字段，如图 5-1-7 所示。

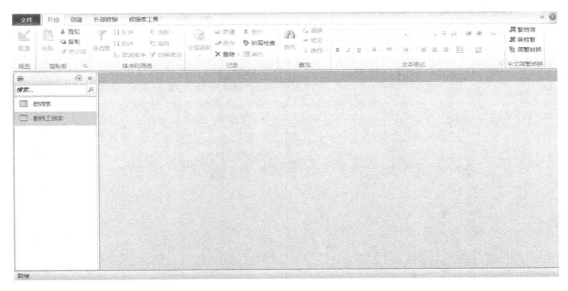

图 5-1-6　导入 Excel 表

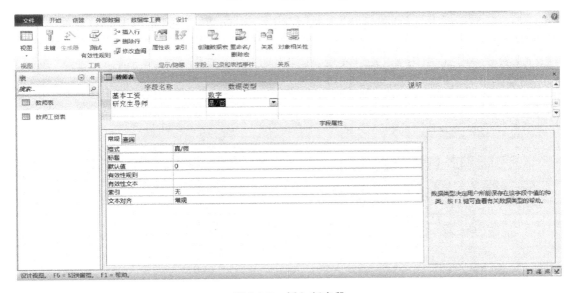

图 5-1-7　插入新字段

◆ 再次在"所有 Access 对象"窗格中双击"教师表",在最后一行依次输入:"F001" "张晓兰""女""江苏徐州""1981-5-12""2600",从而在"教师表"中插入一条新记录,如图 5-1-8 所示。

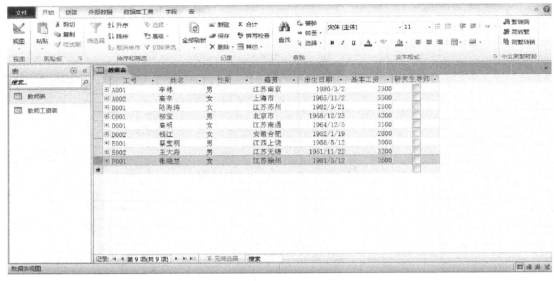

图 5-1-8　插入新记录

（3）在"数据库工具"选项卡的"关系"组中单击"关系"按钮，在弹出的对话框中依次将"教师表"和"教师工资表"添加进去。选中"教师表"中"工号"字段，按住鼠标左键拖向"教师工资表"中"工号"字段，松开左键，在弹出的"创建关系"对话框中单击"创建"按钮，从而创建两个表之间的关系，如图 5-1-9 所示。

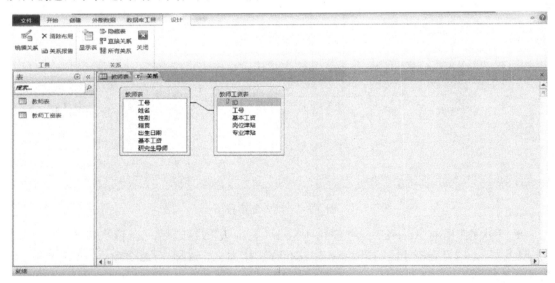

图 5-1-9　创建关系

（4）在"所有 Access 对象"窗格中双击"教师表"，将"性别"字段中"男"选中，在"开始"选项卡的"排序和筛选"组中单击"筛选器"按钮，在弹出的对话框中将"男"复选框选中，其他都取消，将显示所有男教师的数据，如图 5-1-10 所示。单击"切换筛选"按钮，可以将全部数据显示出来。

图 5-1-10 筛选记录

（5）打开"教师表"设计器,选中"性别"字段,在"有效性规则"中输入" ="男" or ="女""
（注意标点符号的输入,半角状态下的英文标点引号）。在"有效性文本"中输入"性别字段
的值只能是男或女",如图 5-1-11 所示。这样就为"教师表"中"性别"字段设置规则及信
息,当"性别"字段输入其他内容时,系统会提示"错误"。

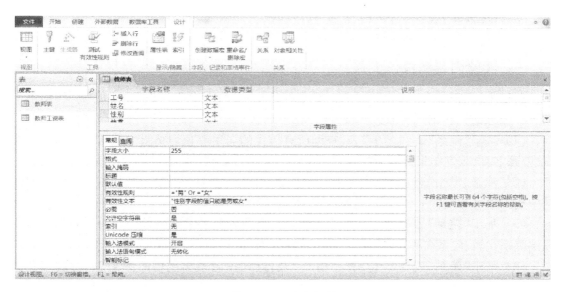

图 5-1-11 建立规则

题目 3：学生数据库的创建和使用。

（1）新建名为"学生"的数据库。

（2）将实验素材中"学生. xls"和"成绩. xls"导入"学生"数据库中。

（3）建立"学生表"和"成绩表"之间的关系。

（4）执行"筛选"操作，显示所有籍贯是"江苏"的学生。

（5）为"学生表"的"出生日期"字段设置规则"＞＝1993-1-1 and ＜＝1994-12-31"。

【操作方式】

略。

> 提示：第（2）题中在"导入数据表向导"中，要选中"第一行包含列标题"和"不要添加主键"。第（5）题中输入日期格式时用#1993-1-1#分隔。

 实验 5.2　Access 2010 数据库中查询的使用

一、实验准备

将"大学计算机基础实验素材\实验 5.2"文件夹复制到本地硬盘中（如 E 盘）。

二、实验基本要求

1. 掌握创建简单查询的方法。

2. 掌握创建基于多个表的复杂查询的方法。

3. 掌握将查询结果输出到不同文件的方法。

三、实验内容和操作步骤

题目 1：打开"教学管理"数据库，该数据库中包含"院系"、"学生"、"成绩"、"图书"、"借阅"五张表。按下列要求进行操作：

（1）基于"院系"表、"学生"表，查询所有男生的名单。查询结果中包含学号、姓名、性别、院系名称，查询结果保存为"cx1"。

（2）基于"学生"表、"图书"表及"借阅"表，查询"2013-2-9"借出的所有图书。查询结果中输出学号、姓名、书编号、书名及作者，查询保存为"cx2"。

（3）基于"院系"表、"学生"表、"成绩"表，查询各院系学生成绩的均分。查询结果中输出院系代码、院系名称、成绩均分，将查询保存为"cx3"。

（4）基于"院系"表、"学生"表、"借阅"表，查询各院系学生借阅图书总天数（借阅天数＝归还日期－借阅日期）。查询结果中输出院系代码、院系名称和天数，将查询保存为"cx4"。在操作素材文件夹中新建一个 Excel 工作簿 cx4.xlsx，将查询结果复制到 Sheet1 工作表中，从 A1 单元格开始存放。

（5）基于"院系"表、"学生"表、"成绩"表，查询各院系男女学生合格（"成绩"大于等于 60 且"选择"得分大于等于 24）的人数。查询结果中输出院系名称、性别、人数，查询保存为"cx5"，并将查询结果导出为"cx5.xlsx"工作簿。

【操作方式】

（1）基于"院系"表、"学生"表，查询所有男生的名单。

◆ 在"创建"选项卡的"查询"组上单击"查询设计"按钮，出现如图 5-2-1 所示的界面。

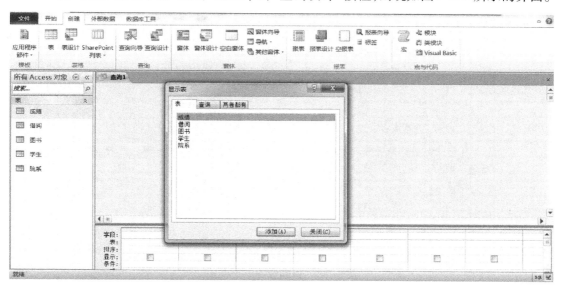

图 5-2-1　显示表

◆ 单击"学生"表，再单击"添加"按钮，用同样的方法将"院系"表添加进去，关闭"显示表"对话框。选中"院系"表中"院系代码"字段，按住鼠标左键拖向"学生"表中"院系代码"字段，创建两个表之间的关系，如图 5-2-2 所示。

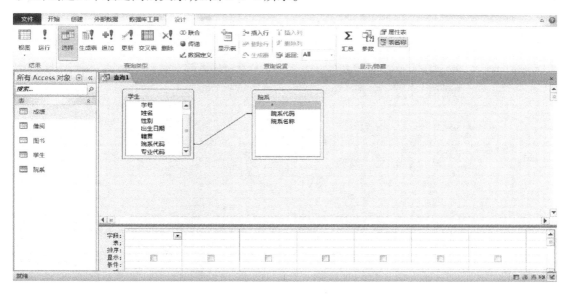

图 5-2-2　查询设计器

◆ 双击"学生"表的"学号"字段，该字段自动添加到输出列表，依次双击"姓名"、"性别"和"院系名称"字段。

◆ 在"性别"字段对应的"条件"一栏中输入"＝"男""（注意标点符号，先关闭中文输入法，然后输入半角状态的英文标点引号），如图5-2-3所示。

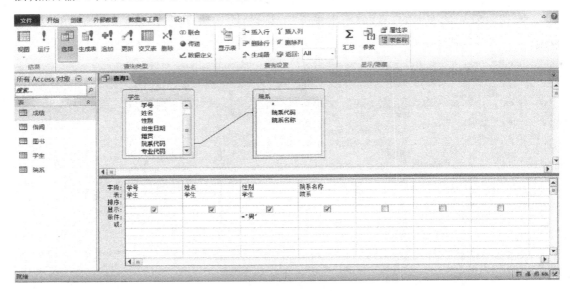

图5-2-3 设置查询筛选条件

◆ 单击"设计"选项卡中的"运行" 按钮，得到如图5-2-4所示的结果，若要返回查询设计器界面，单击"设计"选项卡中的第1个按钮 ，可以在查询设计器和查询结果之间相互切换。

图5-2-4 显示查询结果

◆ 关闭查询设计器界面,输入查询名"cx1"后保存,"所有 Access 对象"窗格的"查询"中增加了一个名为"cx1"的查询。

(2)查询借出的所有图书。

◆ 在"创建"选项卡的"查询"组上单击"查询设计"按钮,出现如图 5-2-5 所示的界面。

图 5-2-5 显示表

◆ 依次双击"学生"表、"图书"表和"借阅"表,将它们添加到查询设计器,关闭"显示表"对话框。选中"学生"表中的"学号"字段,按住鼠标左键拖向"借阅"表中的"学号"字段,可创建两个表之间的关系。同理,可创建"借阅"表和"图书"表之间的关系,如图 5-2-6 所示。

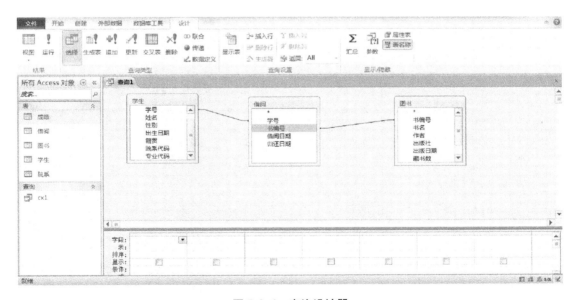

图 5-2-6 查询设计器

◆ 在"字段"一栏中依次选中"学号""姓名""书编号""书名"和"作者"字段，如图 5-2-6 所示。

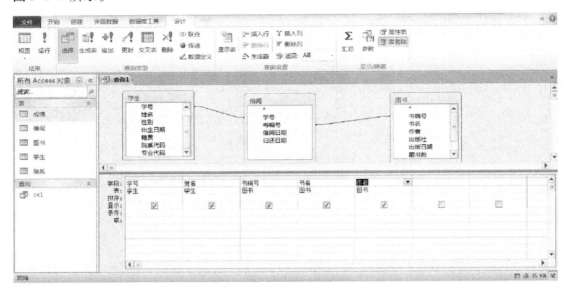

图 5-2-7　显示输出字段

◆ 在"字段"一栏中选中"借阅日期"列，在"条件"一栏中输入"＝#2013/2/9#"（注意日期型数据的表示方法），同时将"显示"栏中的复选框取消（因为查询结果中并不要求显示"借阅日期"字段的内容），如图 5-2-8 所示。

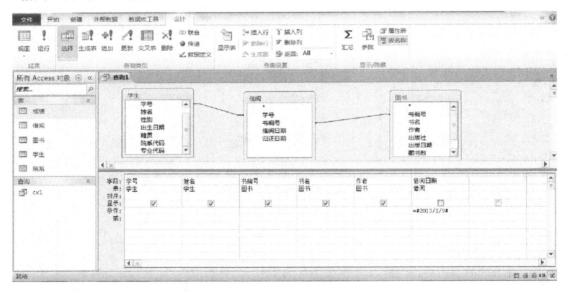

图 5-2-8　设置查询条件

◆ 单击"设计"选项卡中的 按钮，得到如图 5-2-9 所示的结果，若要返回查询设计器界面，可单击常用工具栏中的第 1 个按钮 ，可以在查询设计器和查询结果之间相互切换。

图 5-2-9　显示查询结果

◆ 关闭查询设计器界面,输入查询名"cx2"后保存,"所有 Access 对象"窗格的"查询"中增加一个名为"cx2"的查询,如图 5-2-10 所示。

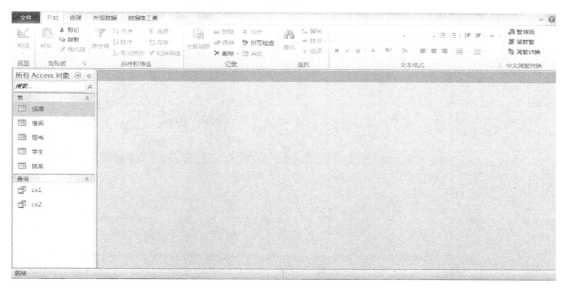

图 5-2-10　保存查询

（3）查询各院系学生成绩的均分。

◆ 打开查询设计器,将"院系"表、"学生"表和"成绩"表依次添加进去,操作步骤参照题目 1 和题目 2,在"字段"栏中依次选中"院系代码"和"院系名称",如图 5-2-11 所示。

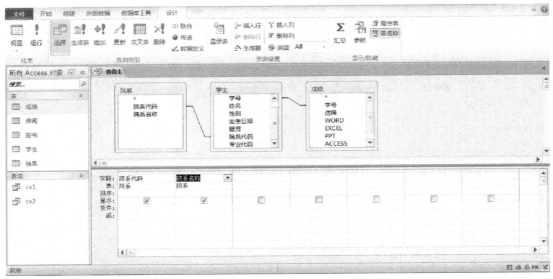

图 5-2-11　设置查询输出字段

◆ 选中"院系"表中的"院系代码"字段,按住鼠标左键拖向"学生"表中的"院系代码"字段,然后松开左键,建立"院系"表和"学生"表之间的关系;用同样的方法以"学号"字段建立"学生"表和"成绩"表之间的关系。

◆ 在"设计"选项卡的"显示/隐藏"组中单击"汇总"按钮 Σ,在"字段"栏的第 3 列中输入"成绩均分:成绩"(注意此处的冒号为英文冒号),然后在对应的"总计"栏中选中"平均值",如图 5-2-12 所示。

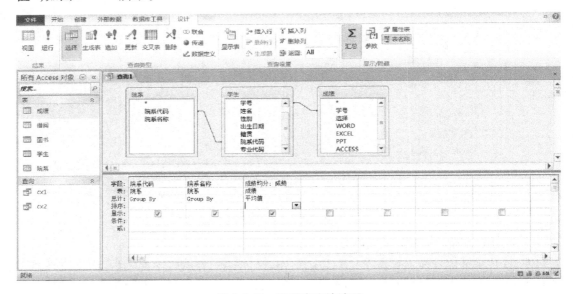

图 5-2-12　设置查询统计项

◆ 单击"设计"选项卡中的 ▦ 按钮,得到如图 5-2-13 所示的结果。关闭查询设计器界面,输入查询名"cx3"后保存,"所有 Access 对象"窗格的"查询"中增加一个名为"cx3"的查询,如图 5-2-14 所示。

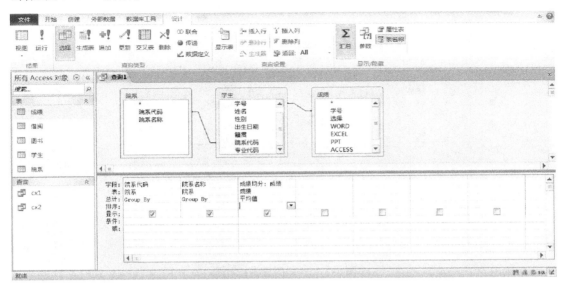

图 5-2-13　显示查询结果

图 5-2-14　保存查询

（4）查询各院系学生借阅图书总天数。

◆ 打开查询设计器,将"院系"表、"学生"表、"借阅"表依次添加进去。以"院系代码"在"院系"表和"学生"表之间建立关系;以"学号"在"学生"表和"借阅"表之间建立关系[操作步骤参照题目(3)]。

◆ 在"字段"栏中依次选中"院系代码"和"院系名称",在"设计"选项卡的"显示/隐藏"组中单击"汇总"按钮 Σ,然后在"字段"栏的第 3 列中输入"天数:[归还日期]-[借阅日期]"(注意冒号为英文冒号),再在相应的"总计"栏中选中"合计",如图 5-2-15 所示。

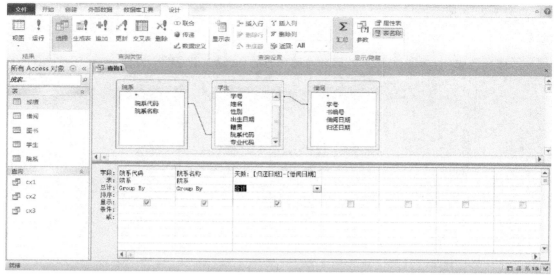

图 5-2-15　设置查询统计项

◆ 单击"设计"选项卡中的 按钮，得到如图 5-2-16 所示的结果。将查询保存为"cx4"。

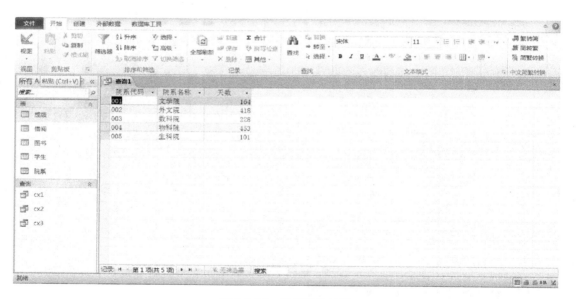

图 5-2-16　显示查询结果

◆ 按【Ctrl】+【A】键，选中查询结果中的所有数据，再按【Ctrl】+【C】键复制，启动 Excel 程序，将光标定位到 Sheet1 中的 A1 单元格，按【Ctrl】+【V】键粘贴，结果如图 5-2-17 所示，最后以系统默认的文件名保存 Excel 工作簿。

（5）查询各院系男女学生成绩合格的人数，并保存为"cx5"。要求：查询结果中输出院系名称、性别、人数，成绩合格的标准为"成绩"大于等于 60。

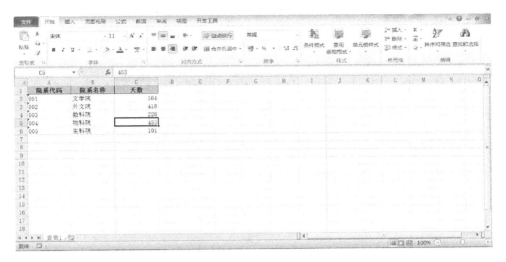

图 5-2-17　Excel 表格

◆ 打开查询设计器,将"院系"表、"学生"表、"成绩"表依次添加进去。以"院系代码"在"院系"表和"学生"表之间建立关系;以"学号"在"学生"表和"成绩"表之间建立关系[操作步骤参照题目(3)]。

◆ 在"字段"栏中依次选中"院系名称"和"性别"字段,在"设计"选项卡的"显示/隐藏"组中单击"汇总"按钮,在"字段"栏的第 3 列中输入"人数:学号",在相应的"总计"栏中选中"计数"。

◆ 在"字段"栏的第 4 列和第 5 列分别选中"选择"和"成绩"两个字段,相应的"总计"栏中分别选中"条件"(有些版本里为"Where"),清除"显示"栏中的复选状态,相应的"条件"栏中分别输入" > =24"和" > =60",如图 5-2-18 所示。

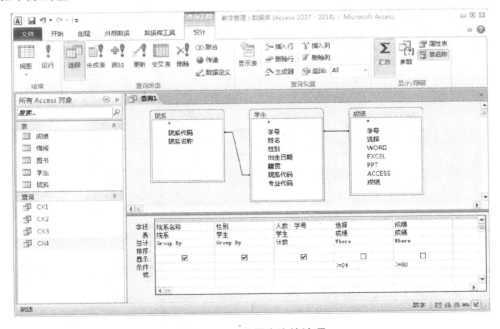

图 5-2-18　设置查询统计项

◆ 单击"设计"选项卡中的 ▣ 按钮,得到如图 5-2-19 所示的结果。将查询保存为
"cx5"。

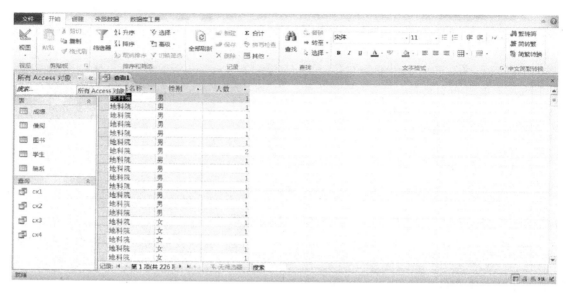

图 5-2-19　显示查询结果

◆ 在"外部数据"选项卡的"导出"组中单击 Excel 按钮,在打开对话框的"文件名"中输入"cx5",得到如图 5-2-20 所示的结果,选中下方的复选框"导出数据时包含格式和布局",然后单击"确定"按钮,实验素材文件夹中就生成了一个名为"cx5"的 Excel 工作簿。

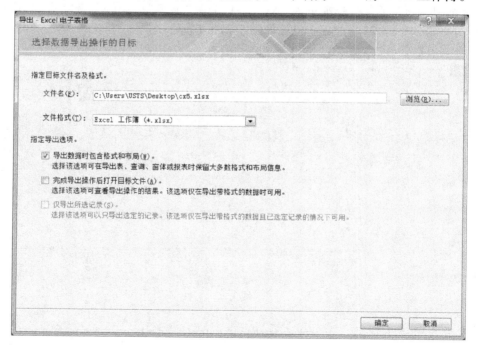

图 5-2-20　保存查询结果

题目 2：打开实验素材文件夹中的"图书管理"数据库,该数据库包括"图书"表,基于"图书"表按下列要求进行操作:

　　(1) 查询价格大于等于 30 元的所有图书,要求输出书编号、书名、作者及价格,查询保存为"cx1"。

　　(2) 查询藏书数超过 5 本以上(含 5 本)的所有图书,要求输出书编号、书名、作者及藏书数,查询保存为"cx2",并将查询结果输出到文本文件 aa. txt。

　　(3) 查询所有"2010-1-1"及其以后出版的图书,要求输出书编号、书名、作者及价格,查询保存为"cx3",并将查询结果导出为"bb. xlsx"工作簿。

　　(4) 查询收藏的各出版社图书均价,要求输出出版社及均价,查询保存为"cx4";新建 Excel 工作簿"cc. xlsx",将查询结果复制到 Sheet1 工作表中,从 A1 单元格开始存放。

　　【操作方式】

　　略。

　　题目 3：打开实验素材文件夹中的"学生成绩"数据库,该数据库包括"学生"表和"成绩"表,基于"学生"表和"成绩"表按下列要求进行操作:

　　(1) 查询所有 1994 年出生的男生,要求输出姓名、出生年份和性别,查询保存为"cx1"。

　　(2) 查询各个院系学生的人数,要求输出院系代码和人数,"学生"表中学号的第 3 到第 5 位表示院系代码,查询结果保存为"cx2"。

　　(3) 创建一个生成表查询,将成绩 90 分以上学生的学号、姓名和成绩存储到一个新表中,新表命名为"90 分以上成绩",查询结果保存为"cx3"。

　　【操作方式】

　　略。

　　提示：第(1)题中"1994 年"可以用"between #1994-1-1# and #1994-12-31#"实现。

　　第(2)题中提取学号的第 3~5 位可以用函数 RIGHT(LEFT([学生]! [学号],5),3)或用函数 MID([学生]! [学号],3,3)。

　　第(3)题中在工具栏"查询类型"中可找到"生成表查询"选项。

第 6 章
多媒体制作

 实验 6.1　Photoshop CS 的基本操作

一、实验准备

将"信息技术实验素材\实验6.1"文件夹复制到本地盘中(如 E 盘)。

二、实验基本要求

1. 掌握创建选区和移动选区的方法。
2. 会使用裁切工具编辑图像。
3. 掌握图像修饰的方法。
4. 掌握调整图像色调的方法。
5. 掌握一种抠图的方法。

三、实验内容和操作步骤

题目1：利用所给的素材"柠檬.jpg"(图6-1-1)和"西瓜.jpg"(图6-1-2)，合成柠檬与西瓜的嫁接水果(图6-1-3)。完成文件以"嫁接水果.psd"保存。

图 6-1-1　柠檬　　　　　图 6-1-2　西瓜　　　　　图 6-1-3　完成图

【操作方式】

(1)启动 Photoshop CS 程序,打开素材图片。

◆ 单击"开始"按钮,执行"所有程序"→"Adobe Photoshop CS",启动 Photoshop CS(也可以双击桌面上的 Photoshop CS 的快捷方式图标)。

◆ 执行"文件"→"打开"命令,定位到素材文件夹,打开素材"西瓜.jpg"文件和"柠檬.jpg"文件。

(2)在柠檬上创建"心形"选区,如图6-1-4所示。

选用"磁性套索工具",如图 6-1-5 所示。在第一个柠檬的"心形边缘"上单击,沿心形轮廓移动鼠标,便会有索套跟随鼠标移动。当回到起点时,图像中的指针附近会出现一个极小的圆圈,此时按下鼠标左键,套索就会形成封闭的心形选区(如果操作不成功,想取消选区,可以按【Ctrl】+【D】快捷键)。

图 6-1-4　柠檬上的心形选区

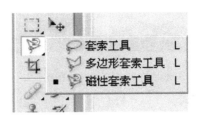

图 6-1-5　磁性套索工具

（3）将柠檬上的心形选区移动到西瓜上,在西瓜上形成心形选区,并取消"柠檬"图片上的选区。

◆ 切换工具到"选框工具"上，将属性工具栏中选区的布尔运算设置为"新选区"，如图 6-1-7 所示,此时将鼠标光标放在选区上,光标变为　形状,按住鼠标左键,将柠檬图片中"心形选区"拖曳到西瓜图片上。

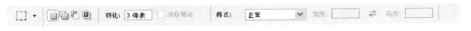

图 6-1-6　"选框工具"的属性工具栏

◆ 以"柠檬"文件为当前活动的图像窗口,按【Ctrl】+【D】快捷键,取消柠檬上的心形选区。

（4）将"心形西瓜"图案"嫁接"到柠檬上。

◆ 切换到"西瓜"文件,在西瓜的心形选区上右击,在弹出的快捷菜单中选择"通过拷贝的图层"命令。此时观察文件的"图层"面板,发现新增了一个图层。

◆ 单击"图层"面板上背景图标左边的眼睛按钮,将背景图层设为不可见。此时"西瓜"图片上只显示一个心形的西瓜图案,如图 6-1-7 所示。

图 6-1-7　"西瓜"文件的"图层"面板

◆ 切换到"移动工具"，单击"心形西瓜图案",按住鼠标左键将其拖动到柠檬图片上,调整好位置。

（5）第二个柠檬的做法相同。

（6）以"嫁接水果.psd"为文件名保存文件。

选择完成的"柠檬"图片,执行"文件"→"存储为"命令,将文件以"嫁接水果.psd"为文件名保存。

题目2：优化素材图片"逆光照片.jpg"（图 6-1-8）,使照片明暗适中,完成效果如图 6-1-9所示。

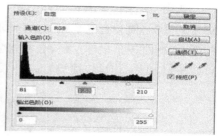

图 6-1-8　逆光照片　　　　　　图 6-1-9　完成图　　　　　　图 6-1-10　"色阶"对话框

【操作方式】

（1）启动 Photoshop CS 程序，打开素材图片"逆光照片.jpg"。

（2）调整图片的"色阶"以改变图片的明暗至合适程度。

执行"图像"→"调整"→"色阶"命令，弹出"色阶"对话框，如图 6-1-10 所示，将"输入色阶"的三个参数分别设为(0,1.78,198)，确认后图像明暗即得到了调整。

（3）以"优化逆光照片.psd"为文件名保存文件。

　　题目3：利用裁切工具将素材图片"相框.jpg"（图 6-1-11）裁减，裁减后效果如图 6-1-12 所示。

图 6-1-11　相框　　　　　　　　　　图 6-1-12　完成图

【操作方式】

（1）启动 Photoshop CS 程序，打开素材图片"相框.jpg"。

（2）利用裁切工具裁减图像。

选择工具箱中的"裁切工具" ，设置"裁切工具"的属性工具栏如图 6-1-13 所示，宽度、高度和分辨率均设为空，在原图中拉出要裁减的范围。按【Enter】键，即完成对图像的裁切。

图 6-1-13　"裁切工具"的属性工具栏

（3）以"裁切的图像.psd"为文件名保存文件。

题目 4：修饰素材图片"黑痣女人.jpg"，去除照片上的黑痣后，效果如图 6-1-15 所示。

图 6-1-14 黑痣女人

图 6-1-15 完成图

【操作方式】

（1）启动 Photoshop CS 程序，打开素材"黑痣女人.jpg"。

（2）去除黑痣。

◆ 选择工具箱中的"斑点修复工具"，并将其属性工具栏设置成如图 6-1-16 所示。

图 6-1-16 "斑点修复工具"的属性工具栏

◆ 将光标移动到照片的黑痣上，此时光标变为一个圆圈，对着黑痣单击鼠标，发现黑痣不见了，对脸部其他黑痣也做此操作，直到黑痣完全去除为止。

（3）以"去黑痣的女人.psd"为文件名保存文件。

题目 5：利用图层蒙版将素材"情侣.jpg"（图 6-1-17）中的人物抠出，和素材"天空.jpg"（图 6-1-18）合成，合成后的效果如图 6-1-19 所示。

图 6-1-17 情侣

图 6-1-18 天空

图 6-1-19 完成图

【操作方式】

（1）启动 Photoshop CS 程序，打开素材图片"情侣.jpg"。

（2）为背景图层添加图层蒙版。

◆ 双击背景层，弹出"新建图层"对话框，单击"确定"按钮，使其转化为普通层。

◆ 单击"图层"面板下方的"添加图层蒙版"按钮，为图层添加一个蒙版。

（3）用"索套工具"将需要抠出的图像选出。

（4）将需要抠出的图像保留，其余部分隐藏。

◆ 执行"选择"→"反选"命令。

◆ 执行"编辑"→"填充"命令，使用"黑色"将选区填充。此时图片如图 6-1-20 所示，图层面板如图 6-1-21 所示（蒙版的作用正是在于它将隐藏原图片中被黑色填充的部分，保留白色填充部分）。

图 6-1-20　利用蒙版后　　　图 6-1-21　"图层"面板 1　　　图 6-1-22　"图层"面板 2

（5）将素材图片"天空.jpg"拖入"情侣.jpg"图片中，调整"天空"图片的大小和图层位置。

◆ 打开"天空.jpg"图片，选用工具箱中的"移动工具"，将其拖入到"情侣.jpg"图片中。

◆ 按【Ctrl】+【T】组合键，"天空"图片周围出现拖曳柄，调整图片的大小使其完全覆盖住"情侣"图片。

◆ 单击工具箱中任意一个工具，此时将弹出一对话框，单击"应用"按钮。

◆ 在"图层"面板中将"情侣"图片所在的图层拖至"天空"图层的上面，此时图片效果如图 6-1-19 所示，"图层"面板如图 6-1-22 所示。

（6）以"天空下的情侣.psd"为文件名保存文件。

 实验 6.2　Flash 动画基础

一、实验准备

将"信息技术实验素材\实验 6.2"文件夹复制到本地盘中（如 D 盘）。

二、实验基本要求

1. 掌握创建逐帧动画的方法。
2. 掌握创建动作补间动画的方法。
3. 掌握创建引导路径动画的方法。
4. 掌握创建遮罩动画的方法。

5. 掌握创建形状补间动画的方法。

三、实验内容和操作步骤

题目 1：利用导入连续位图创建一个"骏马飞奔"的逐帧动画。动画效果请参考素材文件夹中的"6-2-1. swf"文件。

【**操作方式**】

（1）启动 Flash 程序，创建 Flash 影片文件。

◆ 单击"开始"按钮，执行"所有程序"→"Macromedia"→"Macromedia Flash mx 2004"。

◆ 执行"文件"→"新建"命令，在弹出的对话框中选择"常规"选项卡下的"Flash 文档"选项，单击"确定"按钮。

（2）设置影片文档大小为 600×200 像素。

打开"属性"面板，如图 6-2-1 所示。单击"大小"右边的按钮，弹出"文档属性"对话框，设置"尺寸"为 600（宽）×200（高）像素，其他选项不做修改，单击"确定"按钮。

图 6-2-1　"属性"面板

（3）导入 gif 动画。

◆ 选中第 1 帧，执行"文件"→"导入"→"导入到舞台"命令，将素材中的"骏马飞奔1. gif"导入舞台，此时会弹出一个对话框（图 6-2-2），单击"是"按钮，Flash 会自动将相关的图片序列以逐帧形式导入场景。

图 6-2-2　导入提示系列图片

◆ 执行"控制"→"测试影片"命令（或使用【Ctrl】+【Enter】组合键），观察动画效果。

（4）以文件名"6-2-1. fla"保存 Flash 文档，以文件名"6-2-1. swf"保存 Flash 影片。

◆ 执行"文件"→"另存为"命令，将文档以文件名"6-2-1. fla"保存；执行"文件"→"导出"→"导出影片"命令，将影片以文件名"6-2-1. swf"保存。

题目 2：创建一个动作补间动画，效果为一架飞机从巍巍群山中由近而远地飞去，渐渐消失在茫茫云海中。动画效果请参考素材文件夹中的"6-2-2. swf"文件。

【**操作方式**】

（1）启动 Flash 程序，创建 Flash 影片文件。

（2）设置影片文档大小为 640×220 像素。

（3）创建背景层。

① 导入背景图片。

执行"文件"→"导入"→"导入到舞台"命令，将素材中的"山峰. jpg"图片导入场景。

② 调整背景图片位置以及大小。

◆ 执行"窗口"→"设计面板"命令，在下拉菜单中选择"对齐"面板，依次单击面板上"相对于舞台"按钮 ，"水平中齐"按钮 ，"垂直居中分布"按钮 ，使图片位于舞台中央。

◆ 选中图片，选择工具箱中的"任意变形工具" ，此时图像周围出现拖曳点，拖动这些点，调整图片大小与舞台大小相等，使图片充满整个舞台。

③ 使背景延伸至 80 帧处。

选择时间轴上的 80 帧，按【F5】键，或者单击鼠标右键，在弹出的快捷菜单中选择"插入帧"命令。

（4）创建飞机元件。

◆ 执行"插入"→"新建元件"命令，打开"创建新元件"对话框，输入"名称"为"飞机"，选择"行为"为图形，单击"确定"按钮，进入新元件编辑场景。

◆ 选择场景第 1 帧，执行"文件"→"导入"→"导入到舞台"命令，将素材中"飞机.png"的图片导入场景。

（5）创建动画。

① 新建飞机图层。

◆ 单击时间轴左上角的"场景 1"按钮 ，切换到主场景中。

◆ 单击"新建图层"按钮 ，新建一个图层，在图层名称"图层 2"上双击，输入新的图层名称"飞机"。

② 创建飞行动画。

◆ 选中"飞机图层"的第 1 帧，执行"窗口"→"库"命令，打开"库"面板，将库中元件 拖至场景左侧（注意：不要选择位图飞机）。

◆ 选中"飞机图层"的第 1 帧，执行"修改"→"变形"→"水平翻转"命令，将"飞机元件"水平翻转。

◆ 选中"飞机图层"的第 1 帧，单击舞台上的"飞机"元件，在"属性"面板中，打开"颜色"下拉菜单，选择"Alpha"，在右侧文本框中输入其值为 80%。

◆ 选中"飞机图层"的第 80 帧，按【F6】键，设置第 80 帧为关键帧。将舞台上的"飞机"元件拖至背景图片的右上侧（或者设置"属性"面板中的 x、y 坐标的值），在"属性"面板中，打开"颜色"下拉菜单，选择"Alpha"，在右侧文本框中输入其值为 20%，同时设置飞机大小为宽 30、高 20，如图 6-2-3 所示。

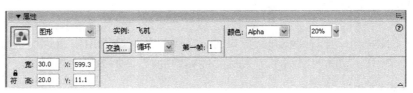

图 6-2-3　第 80 帧处飞机图形的属性设置

◆ 选中"飞机图层"的第 1 帧，单击鼠标右键，选择"创建补间动画"命令。

◆ 执行"控制"→"测试影片"命令（或使用【Ctrl】+【Enter】组合键），观察动画效果。

（6）以文件名"6-2-2.fla"保存 Flash 文档，以文件名"6-2-2.swf"保存 Flash 影片。

题目3：在题目2的基础上做一些修改，使飞机按照自己绘制的路径飞行。动画效果请参考素材文件夹中6-2-3. swf 文件。

　　【**操作方式**】

　　（1）打开素材文件夹中名为"6-2-2. fla"的文件。

　　执行"文件"→"打开"命令，定位到素材文件夹，选择文件"6-2-2. fla"，单击"打开"按钮。

　　（2）创建引导线图层，绘制飞机飞行的轨迹线。

　　◆ 选中飞机图层，单击时间轴窗口上的"添加运动引导层"按钮 ，为飞机图层增加一个引导图层。

　　◆ 选择工具箱中的"铅笔工具" ，并选择铅笔工具的选项为"平滑"，用铅笔工具在场景中绘制一条平滑的曲线。

　　◆ 选中飞机图层的第 1 帧，选择工具箱中的"选择工具" ，拖曳飞机图形，使其中心点与曲线的左端点重合。

　　◆ 选中飞机图层的第 80 帧，选择工具箱中的"选择工具" ，拖曳飞机图形，使其中心点与曲线的右端点重合。

　　◆ 执行"控制"→"测试影片"命令（或使用【Ctrl】+【Enter】组合键），观察动画效果。

　　（3）以文件名"6-2-3. fla"保存 Flash 文档，以文件名"6-2-3. swf"保存 Flash 影片。

　　题目4：在题目2的基础上做一些修改，利用遮罩使飞机若隐若现地飞行。动画效果请参考素材文件夹中"6-2-4. swf"文件。

　　【**操作方式**】

　　（1）打开素材文件夹中"6-2-2. fla"文件。

　　（2）创建新图层，在新图层上绘制三个矩形（宽，高）分别为（165,58）、（91,46）、（51,23），（x,y）分别为（189,48）、（409,23）、（586,9）。

　　◆ 选定飞机图层，单击"新建图层"按钮 ，新建一个图层，图层名称默认为"图层 3"。

　　◆ 选定图层 3 的第 1 帧，选定工具箱中矩形按钮，单击笔触颜色 ，设置笔触颜色为无 。单击填充色按钮，选择填充色为蓝色，在舞台上绘制一个矩形。

　　◆ 选择工具箱中的"选择工具" ，单击矩形形状，在舞台下方的"属性"面板中，设置矩形的位置参数（x,y）和大小参数（宽，高）为指定值。

　　◆ 采用同样的步骤，再绘制两个矩形并设置其大小和位置为指定值。

　　（3）将图层 3 创建为遮罩层，测试影片，体会遮罩的作用。

　　◆ 在图层 3 上单击鼠标右键，选择"遮罩层"命令。

　　◆ 执行"控制"→"测试影片"命令（或使用【Ctrl】+【Enter】组合键），观察动画效果。发现飞机在飞行时，只有在"矩形"下才显示出来，这就是遮罩的作用：在遮罩层上创建一个任意形状的"视窗"，遮罩层下方的对象可以通过该"视窗"显示出来，"视窗"之外的对象将不会显示。

　　（4）以文件名"6-2-4. fla"保存 Flash 文档，以文件名"6-2-4. swf"保存 Flash 影片。

题目5：创建一个形状补间动画，效果为一个圆形逐渐变成一个矩形。动画效果请参考素材文件夹中"6-2-5. swf"文件。

在图层1的第1帧至第80帧添加一个圆形至矩形的形状补间动画；在图层2的第1帧至第80帧添加一个圆形至矩形的形状补间动画，要求添加四个形状提示，如图6-2-4所示。

(a) 第1帧　　　　　　　　　　(b) 第80帧

图6-2-4　添加形状提示的起始帧和结束帧

测试影片，查看图层1和图层2的变形效果有何不同。

【操作方式】

（1）启动Flash程序，创建Flash文档。

（2）设置影片文档大小为450×550像素。

（3）创建图层1的形状变形。

① 在第1帧绘制一外边框为无色、填充为蓝色至白色的放射状渐变的圆形形状。

◆ 选择工具箱中的"椭圆工具" ◯，单击笔触颜色 ，设置笔触颜色为无☑。单击填充色按钮，选择填充色为蓝色到黑色的放射状渐变 。

◆ 执行"窗口"→"设计面板"→"混色器"命令，将混色器面板中右侧的色标颜色改为白色。

◆ 单击第1帧，按住【Shift】键，绘制一正圆形状。

② 设置第1帧正圆形状的属性，大小为100×100像素，坐标为(40,70)。

◆ 选择工具箱中"选择工具" ，单击舞台上的圆形形状，在舞台下方的"属性"面板中设置形状的大小和坐标为指定值。

③ 在第80帧绘制一外边框为无色、填充色为蓝色至白色的放射状渐变的矩形形状，大小为130×60像素，坐标为(56,90)。

◆ 将第80帧设置为关键帧。

◆ 单击图层1的第80帧，删除舞台上的正圆形状，绘制一个外边框为无色、填充色为白色至红色的放射状渐变的矩形形状，设置其位置和大小坐标，方法与第1帧创建正圆形状类似。

④ 在第1帧和第80帧之间创建形状补间动画。

选中图层1的第1帧，在"属性"面板中，打开"补间"下拉菜单，选择"形状"。

（4）创建图层2的形状变形，与图层1形状变形不同的是，图层2的形变带有四个形状提示。

① 新建图层2，将图层1的第1帧和第80帧复制给图层2的相应的帧，并在图层2的起始帧之间建立形状渐变。

◆ 单击"新建图层"按钮 ，新建一个图层，图层名称"图层2"。

◆ 单击图层1的锁定按钮，将图层1锁定。

◆ 单击图层1的第1帧，单击鼠标右键，在下拉菜单中选择"复制帧"命令，选中图层2

的第一帧,单击鼠标右键,在下拉菜单中选择"粘贴帧"命令。

◆ 选择工具箱中"选择工具"▶,将舞台上的圆形形状向下拖动一段距离,使其与图层 1 的第 1 帧的圆形形状错开。

◆ 同样的,将图层 1 的第 80 帧复制给图层 2 的第 80 帧。

◆ 选择图层 2 的第 1 帧,在"属性"面板中,打开"补间"下拉菜单,选择"形状"。

② 给图层 2 添加如图 6-2-4 所示的四个形状提示,控制形变过程。

◆ 选中图层 2 的第 1 帧,执行"修改"→"形状"→"添加形状提示"命令,可以看到圆形形状的中心点添加了一个形状提示 a,将其放到圆形形状边缘的合适位置。

◆ 类似地,再执行三次"添加形状提示"命令,添加 b、c、d 三个形状提示,分别将其拖曳到指定位置,如图 6-2-4(a)所示。

◆ 选中图层 2 的第 80 帧,将 a、b、c、d 四个形状提示拖曳到矩形形状边缘的指定位置。安放成功后,起始帧的形状提示的颜色将变为黄色,结束帧的形状提示的颜色将变为绿色,如图 6-2-4 所示。

◆ 执行"控制"→"测试影片"命令(或使用【Ctrl】+【Enter】组合键),观察图层 1 和图层 2 的形变效果有何不同。

(5) 以文件名"6-2-5.fla"保存 Flash 文档,以文件名"6-2-5.swf"保存 Flash 影片。

综合实验一
Word 和 Excel 综合实验

一、实验准备

将"大学计算机基础实验素材\综合实验一"文件夹复制到本地硬盘(如 E 盘)。

二、实验基本要求

1. 掌握 Word 的基本操作技术。
2. 掌握 Excel 的基本操作技术。
3. 掌握 Word 与 Excel 结合的操作技术。

三、实验内容和操作步骤

题目 1：打开实验素材中的"公共自行车. RTF"文件,参考样张(综图 1-1),按下列要求进行操作。

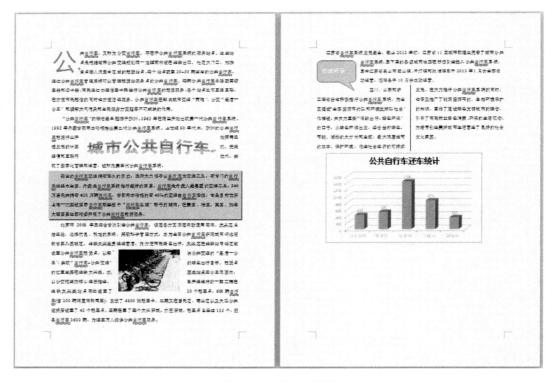

综图 1-1　题目 1 样张

【操作要求】

(1) 将页面设置为 A4 纸,上、下、左、右页边距均为 2.9cm,每页 45 行,每行 40 字。

(2) 设置正文 1.5 倍行距,第一段首字下沉 3 行、距正文 0.2cm,首字字体为黑体、蓝色,其余各段首行缩进 2 字符。

（3）参考样张,在正文适当位置插入艺术字"城市公共自行车",采用第 3 行第 4 列样式,设置艺术字字体格式为黑体、32 字号,艺术字文本效果为"山形",环绕方式为紧密型。

（4）为正文第三段设置 1 磅浅蓝色带阴影边框,填充浅绿色底纹。

（5）参考样张,在正文适当位置插入图片"自行车.jpg",设置图片高度为 3.5cm,宽度为 5cm,环绕方式为紧密型。

（6）将正文中所有的"自行车"设置为深红色,并加双波浪下划线。

（7）将正文最后一段分成两栏,栏间加分隔线。

（8）参考样张,在正文适当位置插入形状"圆角矩形标注",添加文字"低碳环保",字号为四号字,设置自选图形格式为浅绿色填充色、四周型环绕方式、左对齐。

（9）根据工作簿"租车点.xlsx"提供的数据,制作如样张所示的 Excel 图表,具体要求如下:

① 将工作表 Sheet1 改名为"自行车租用情况"。

② 在工作表"自行车租用情况"的 A42 单元格中输入"合计",并在 C42、D42 单元格中分别计算租车次数合计和还车次数合计。

③ 在工作表"自行车租用情况"A 列中,按升序生成"网点编号",形如"10001,10002,…,10040"。

④ 参考样张,根据工作表"自行车租用情况"前五个租车点的还车数据,生成一张反映还车次数的"三维簇状柱形图",嵌入当前工作表中,图表标题为"公共自行车还车统计",数据标签显示值,无图例。

⑤ 将生成的图表以"图片（增强型图元文件）"形式选择性粘贴到 Word 文档的末尾。

⑥ 将工作簿以文件名"租车点"、文件类型"Excel 工作簿（＊.xlsx）"保存。

（10）将编辑好的文章以文件名"公共自行车"、文件类型"Word 文档（＊.docx）"保存。

【操作方式】

（1）单击"页面布局"选项卡的"页面设置"组右下角的 ▣ 按钮,打开"页面设置"对话框,分别在"页边距"和"文档网格"选项卡中设置页边距、每页行数和每行字符数。

（2）选中全文,单击"开始"选项卡的"段落"组右下角的 ▣ 按钮,打开"段落"对话框,在"缩进和间距"选项卡中设置正文行距。

将光标停在正文第一段,单击"插入"选项卡的"文本"组中的"首字下沉"按钮,设置首字下沉。选中首字,在"开始"选项卡的"字体"组中设置首字格式。

选中其余段落,单击"开始"选项卡的"段落"组右下角的 ▣ 按钮,打开"段落"对话框,在"缩进和间距"选项卡中设置"特殊格式"为首行缩进 2 字符。

（3）参考样张,将光标停在正文适当位置,单击"插入"选项卡的"文本"组中的"艺术字"按钮,选择第 3 行第 4 列样式,输入文字,并按要求设置字体格式。

选中该艺术字,单击"格式"选项卡的"艺术字样式"组中的"文本效果"下的"转换"按钮,选择"山形"效果。

右击该艺术字,选择"设置艺术字格式",在"版式"选项卡中设置环绕方式为紧密型。

（4）选中正文第三段，单击"页面布局"选项卡的"页面背景"组中的"页面边框"按钮，打开"边框和底纹"对话框，分别在"边框"和"底纹"选项卡中设置。

（5）参考样张，将光标停在正文适当位置，单击"插入"选项卡的"插图"组中的"图片"按钮，找到相应的图片位置，插入图片；选中插入的图片并右击，在弹出的快捷菜单中选择"大小和位置"项，打开"布局"对话框，分别设置图片大小和环绕方式。

（6）将光标停在正文开头，单击"开始"选项卡的"编辑"组中的"替换"按钮，打开"查找和替换"对话框，在"查找内容"中输入"电动汽车"，在"替换为"中也输入"电动汽车"，并按要求设置替换的字体格式。

（7）选择最后一段（注意：不要选中最后的回车符；或者在最后多加一个回车符），单击"页面布局"选项卡的"页面设置"组中的"分栏"按钮下的"更多分栏"，打开"分栏"对话框进行设置。

（8）参考样张，将光标停在正文适当位置，单击"插入"选项卡的"插图"组中的"形状"按钮，插入形状"圆角矩形标注"，添加文字并设置格式。

（9）打开"租车点.xlsx"，进行如下操作：

① 在 Sheet1 工作表标签处单击鼠标右键，选择"重命名"命令，将工作表 Sheet1 改名为"自行车租用情况"。

② 单击 A42 单元格，输入"合计"；分别在 C42 和 D42 单元格中输入公式"=SUM（C2：C41）"和"=SUM（D2：D41）"。

③ 在 A2、A3 单元格中分别输入"10001"、"10002"，同时选中 A2 和 A3 单元格区域，利用自动填充柄拖动鼠标至 A41 单元格。

④ 选中 B1：B6 区域，按住【Ctrl】键，同时再选中 D1：D6 区域，单击"插入"选项卡的"图表"组中的"柱形图"按钮，在弹出的"柱形图"面板中选择"三维簇状柱形图"，利用"图表工具"设置图表标题等。

⑤ 选中创建好的图表并右击，选择"复制"命令，回到前面编辑好的 Word 文档中，将光标停在正文最后，单击"开始"选项卡的"剪贴板"组中的"粘贴"按钮，在弹出的面板中选中"选择性粘贴"按钮，弹出"选择性粘贴"对话框，选中"图片（增强型图元文件）"选项，单击"确定"按钮。

⑥ 回到 Excel 工作簿文件中，单击"文件"→"另存为"命令，弹出"另存为"对话框，设置好保存文件的位置，输入文件名，保存类型为"Excel 工作簿（*.xlsx）"，单击"保存"按钮。

（10）回到编辑好的 Word 文档，单击"文件"→"另存为"命令，弹出"另存为"对话框，设置好保存文件的位置，输入文件名，保存类型为"Word 文档（*.docx）"，单击"保存"按钮。

题目2：打开实验素材中的"低碳化浪潮.rtf"文件，参考样张（综图1-2），按下列要求进行操作。

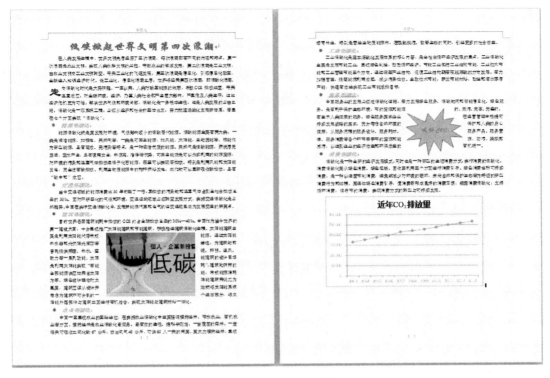

综图 1-2　题目 2 样张

【操作要求】

（1）将页面设置为 A4 纸，上、下页边距为 2.5cm，左、右页边距为 3cm，每页 40 行，每行 42 字。

（2）给文章加标题"低碳掀起世界文明第四次浪潮"，居中显示，设置其格式为华文行楷、红色、加粗、小一号字。

（3）参考样张，将正文中所有小标题设置为绿色、小四号字、加粗、倾斜，并将各小标题的数字编号改为红色实心圆项目符号。

（4）设置正文第二段首字下沉 2 行，首字字体为隶书，其余各段（不含小标题）均设置为首行缩进 2 字符。

（5）参考样张，在正文适当位置插入图片"低碳.jpg"，设置图片高度、宽度缩放比例均为 90%，环绕方式为四周型。

（6）参考样张，在正文适当位置插入形状"爆炸形 1"，添加文字"减排 CO_2"，设置文字格式为华文行楷、蓝色、小三号，设置形状格式为绿色填充色、紧密型环绕。

（7）设置页眉为"低碳化"，页脚为页码"X/Y"，均居中显示。

（8）根据工作簿"排放 CO2.xlsx"及"住宅类 CO2.rtf"提供的数据，制作如样张所示的 Excel 图表，具体要求如下：

① 将"住宅类 CO2.rtf"表格中的"住宅"数据转换到"排放 CO2.xlsx"工作表"CO2 排放"的 F 列相应的单元格中。

② 在"排放 CO2"工作表的 I3：I29 区域中，利用公式分别计算相应年度 CO2 排放合

计值。

③ 在"排放 CO2"工作表中，为 A2∶I29 单元格区域设置最细内外边框线，并为 F2 单元格加批注"数据来自住宅类 CO2. rtf"。

④ 参考样张，根据"排放 CO2"工作表数据生成一张反映 2003—2013 各年度 CO2 排放合计值的"数据点折线图"，嵌入当前工作表中，分类（X）轴标志为相应年度，图表标题为"近年 CO2 排放量"，无图例。

⑤ 将生成的图表以"图片（增强型图元文件）"形式选择性粘贴到 Word 文档的末尾。

⑥ 将工作簿以文件名"排放 CO2"、文件类型"Excel 工作簿（＊. xlsx）"保存。

（9）将编辑好的文章以文件名"低碳化浪潮"、文件类型"Word 文档（＊. docx）"保存。

【操作方式】

（1）参考题目 1。

（2）在正文的开头按回车添加一行，输入标题，并设置格式。

（3）选中第一个小标题文字"能源低碳化"，设置相应格式；单击"开始"选项卡的"段落"组中的"编号"按钮，再单击"项目符号"右边的箭头按钮，选择实心圆项目符号，并在"定义新项目符号"对话框中定义颜色。

单击"开始"选项卡的"剪贴板"组中的"格式刷"按钮，利用格式刷设置其他小标题的格式；再次单击"格式刷"按钮，取消格式刷功能。

（4）参考题目 1。

（5）参考题目 1。

（6）参考题目 1。

（7）单击"插入"选项卡的"页眉和页脚"组中的"页眉"按钮，在弹出的面板中选择"编辑页眉"按钮，输入页码并设置其格式。页脚操作类似。

（8）打开"排放 CO2.xlsx"工作簿，做如下操作：

① 打开"住宅类 CO2. rtf"文件，复制"住宅"数据，在"排放 CO2"工作表的 F 列中粘贴即可。

② 其余操作参考题目 1。

（9）操作步骤略。

题目 3：打开实验素材中的"电动汽车.docx"文件，参考样张（综图 1-3），按下列要求进行操作。

【操作要求】

（1）将页面设置为 A4 纸，上、下、左、右页边距均为 2.6cm，每页 41 行，每行 40 字。

（2）给文章加标题"电动汽车"，设置其字体格式为华文楷体、二号、加粗、倾斜、深蓝色，居中显示，字符间距缩放 120%，标题段填充浅绿色底纹。

（3）将正文设置为 1.2 倍行距，所有段落设置为首行缩进 2 字符。

（4）为正文第三段设置 1 磅绿色带阴影边框，填充浅绿色底纹。

（5）将正文中所有的"电动汽车"替换成红色，加着重号。

（6）参考样张，在正文适当位置插入图片"汽车.jpg"，设置图片高度、宽度缩放比例均为 110%,环绕方式为四周型。

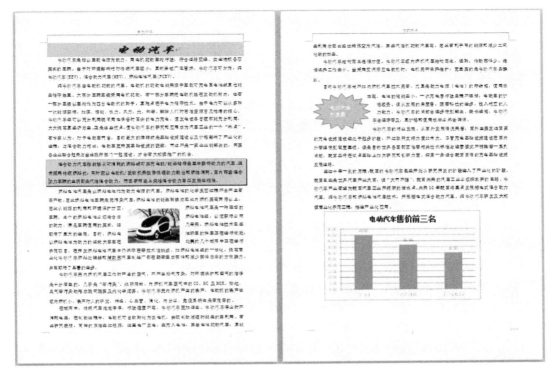

综图 1-3 题目 3 样张

（7）参考样张,在正文适当位置插入形状"十六角星",添加文字"电动汽车的发展",字号为小四号,设置形状格式为浅蓝色填充色、紧密型环绕方式、左对齐。

（8）给文章添加偶数页页眉"电动汽车",奇数页页眉"低碳环保";页脚添加页码,居中显示。

（9）根据工作簿"电动汽车参数.xlsx"提供的数据,制作如样张所示的 Excel 表格,具体要求如下:

① 将工作表"电动汽车参数"A1:E1 单元格区域合并及居中,在其中添加标题"电动汽车各项参数",设置其格式为黑体、16 字号、加粗、红色。

② 在工作表"电动汽车参数"中,按厂家指导价降序排序。

③ 在工作表"电动汽车参数"C27:E27 单元格区域中,利用函数分别计算表中最大续航里程、最少百公里耗电、均价。

④ 参考样张,根据工作表"电动汽车参数"中数据,生成一张反映厂家指导价排名前三位的"簇状柱形图",嵌入当前工作表中,图表标题为"电动汽车售价前三名",在数据标签外显示值,无图例,并设置标题字体格式为 16 字号。

⑤ 将生成的图表以"图片(增强型图元文件)"形式选择性粘贴到 Word 文档的末尾。

⑥ 将工作簿以文件名"电动汽车参数"、文件类型"Excel 工作簿(* .xlsx)"保存。

（10）将编辑好的文章以文件名"电动汽车"、文件类型"Word 文档(* .docx)"保存。

【操作方式】

略。

题目 4： 打开实验素材中的"Excel. xlsx"文件，按下列要求进行操作。

【操作要求】

（1）把工作表"房产销售"的 A2：G2 的合并单元格操作撤销，并在 A2 中输入"3 月份房产销售信息"，设置其格式为 20 磅、加粗、蓝色，要求在 A2：G2 区域内跨列居中。

在 D 列设置条件格式：面积大于 $100m^2$ 的单元格设置为"绿填充色深绿色文本"。

在"房产销售"工作表中，以单价为主要关键字进行降序排序。

在"房产销售"工作表中，筛选出套型为中套，并且面积大于 $80m^2$ 的记录，放置在以 A33 为左上角的区域内，第 33 行为标题行。

（2）将工作表"食品销售"的标题设置为黑体、蓝色、加粗、倾斜、20 磅，并设置在 B2：H2 区域内跨列居中。

在"食品销售"工作表中，用公式计算销售额（销售额 = 单价×销售量），使用会计专用数据格式，保留 1 位小数，并分类统计各类食品的销售量之和（注：分类汇总之前必须先排序，现在按食品种类升序排列，汇总结果置于数据下方）。

根据汇总出来的数据（种类和销售量）生成一张三维饼图，在数据标签内显示值。

（3）在"产品销售"工作表中，对 A2：E14 单元格区域套用表格格式"表样式中等深浅 10"，取消自动筛选。

利用"产品销售"工作表，制作一张数据透视表，将"产品"放置在"行"字段区，"销售日期"放置在"列"字段区，"销售金额"放置在"数据"字段区，并改变"销售金额"的汇总方式为求平均值，透视表作为独立新工作表，命名为"透视表"。

（4）将工作簿以文件名"EX_DONE"、文件类型"Excel 工作簿（＊.xlsx）"保存。

【操作方式】

略。

综合实验二
Word 和 PowerPoint 综合实验

一、实验准备

将"大学计算机基础实验素材\综合实验二"文件夹复制到本地硬盘（如 E 盘）。

二、实验基本要求

1. 掌握将 Word 文档转换为演示文稿的方法。
2. 掌握用 PowerPoint 制作相册的方法。
3. 掌握 SmartArt 对象的使用方法。
4. 掌握其他 PowerPoint 的使用技巧。

三、实验内容和操作步骤

题目 1： 按如下要求制作幻灯片，幻灯片的内容为"简介.docx"中的文字。

【操作要求】

（1）用 Word 修改"简介.docx"，参照综图 2-1，将与幻灯片标题对应的文字设置为"标题 1"样式，将与项目列表对应的文字设置为"标题 2"样式。

（2）在 PowerPoint 中，以大纲方式打开（1）中完成的"简介.docx"，使系统自动新建如综图 2-1 所示的演示文稿。

综图 2-1　演示文稿样张

（3）在第 1 张幻灯片后插入新幻灯片，内容为原幻灯片 2～9 的标题文字，单击各标题文字，可链接到相应幻灯片。

（4）为所有幻灯片添加页眉/页脚，其中版式为"标题幻灯片"的除外，要求：显示幻灯片编号、日期和页脚，页脚文字为蓝色的"学习小站"，日期可自动更新。

（5）在幻灯片母版中插入"第一张"动作按钮，并设置单击按钮时链接到第 1 张幻灯片。

（6）在第 5 张幻灯片中插入"人物"剪贴画和综图 2-2 所示的组织结构图。

综图 2-2　组织结构图

（7）设置幻灯片版式，第 1 张为"标题幻灯片"，最后一张为"节标题"。

（8）为演示文稿应用一个美观的主题样式，并更改幻灯片 1 和幻灯片 3 的主题颜色。

（9）设置幻灯片 4、5、6 背景样式分别为"渐变"、"纹理"和"图案"填充，其中渐变可选择某种预设的颜色。

（10）设置幻灯片切换效果：奇数页为向左"推进"，偶数页为"分割"；播放幻灯片时从第 2 张开始到第 8 张循环播放音乐 music. wav。

（11）为第 5 张幻灯片中的剪贴画设置动画——翻转式由远及近，该动画在进入该幻灯时自动播放。

（12）对演示文稿进行排练计时，每张幻灯片的放映时间自定，并设置放映方式为"在展台浏览"。

（13）将演示文稿保存为"简介. pptx"，另存为放映方式"简介. ppsx"。

【操作方式】

（1）为"简介. docx"中的文字，设置"标题 1"或"标题 2"样式。

◆ 启动 Word，打开"简介. docx"。

◆ 按【Ctrl】+【A】键选择全部文本，在"开始"选项卡的"样式"组中，设置样式为"标题 2"。若找不到"标题 2"样式，可以单击"样式"组右侧的右下箭头，打开"样式"窗口，单击"选项…"，更改"选择要显示的样式"为"所有样式"。

◆ 选择与综图 2-1 中各幻灯片标题对应的文字，依次设置样式为"标题 1"。

在 Word 2010 中，允许选择不连续的文字，所以也可以选择第一行后，按住【Ctrl】键，依次选择其他行，一起设置为"标题 1"样式。

◆ 保存文档，退出 word。

（2）在 PowerPoint 中，用 Word 文档的内容自动新建演示文稿。

◆ 启动 PowerPoint，在"文件"选项卡中单击"打开"。

◆ 在"打开"对话框中，选择文件类型为"所有大纲"，打开"简介. docx"。

◆ 此时，PowerPoint 开始文档转换，并在状态栏中显示转换进度，经过少许等待，转换完毕,弹出根据"简介.docx"的内容自动新建的演示文稿,如综图 2-1 所示。

　　PowerPoint 在转换 Word 文档时,Word 中设置为"标题 1"~"标题 9"样式的文本将共同构成新幻灯片的内容,"标题 1"样式对应幻灯片标题,"标题 2"~"标题 9"样式对应项目列表中的 1~8 级文字。如果 Word 文档中没有任何"标题"样式,PowerPoint 将为 Word 中的每一行创建一张幻灯片。

　　(3)新建幻灯片并制作超链接。

　　◆ 在"开始"选项卡的"幻灯片"组中单击"新建幻灯片",选择"标题和内容"版式(也可以直接单击"新建幻灯片"上方的按钮📄)。

　　◆ 单击"单击此处添加文本",在"插入"选项卡的"链接"组中单击"超链接"。

　　◆ 在弹出的对话框中,选择链接到"本文档中的位置",选择"幻灯片标题"中的"一、PowerPoint 基础知识",单击"确定"按钮,如综图 2-3 所示。

　　◆ 用同样的方法插入"二、……"到"八、……"的文字和超链接。

综图 2-3　"插入超链接"对话框　　　　综图 2-4　"页眉和页脚"对话框

　　(4)插入页眉和页脚。

　　◆ 在"插入"选项卡的"文本"组中单击"页眉和页脚"。

　　◆ 在弹出的"页眉和页脚"对话框中,选中"日期和时间"、"自动更新"、"幻灯片编号"、"页脚"和"标题幻灯片中不显示"。在"页脚"中输入文字"学习小站",单击"全部应用"按钮,如综图 2-4 所示。

　　◆ 在"视图"选项卡的"母版视图"组中,单击"幻灯片母版"。

　　◆ 单击页脚框,设置字体颜色为蓝色。

　　(5)继续停留在"幻灯片母版"视图,插入动作按钮,然后关闭"幻灯片母版"视图。

　　◆ 在"插入"选项卡的"插图"组中单击"形状"。

　　◆ 在"形状"面板中,拖动滚动条到最下边,单击"动作按钮:第一张"🏠。

　　◆ 在幻灯片上拖动十字光标,添加动作按钮。

　　◆ 弹出"动作设置"对话框,选择"超链接到第一张幻灯片"。

　　◆ 在"幻灯片母版"选项卡中,单击 "关闭母版视图"。

　　(6)在第 5 张幻灯片中插入剪贴画和组织结构图。

　　◆ 在"插入"选项卡的"图像"组中单击"剪贴画"。

　　◆ 在"剪贴画"窗格中,输入搜索文字"人物",单击"搜索"按钮。

　　◆ 在搜索到的任一图片上单击,该图片即自动添加到幻灯片中。

◆ 在"插入"选项卡的"插图"组中单击"SmartArt"。

◆ 弹出"选择 SmartArt 图形"对话框，选择"层次结构"图中的"组织结构图" ，单击"确定"按钮。

◆ 在"SmartArt 工具"→"设计"选项卡（综图 2-5）的"创建图形"组中选中"文本窗格"。

综图 2-5 "SmartArt 工具"→"设计"选项卡

◆ 在文本窗格中，依次输入综图 2-6 所示的文字。

◆ 选择"总经理"，在"SmartArt 工具"→"设计"选项卡中，单击"添加形状"右侧的小三角形，在弹出的下拉列表中选择"添加助理"。

◆ 在新添加形状上单击鼠标右键，选择"编辑文字"命令，输入"顾问"。

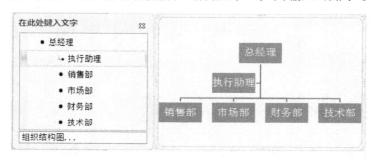

综图 2-6 组织结构图和文本窗格

◆ 选择"技术部"，依次单击"添加形状"、"在后面添加形状"，输入"人事部"。

（7）设置版式。

◆ 选择第 1 张幻灯片，在"开始"选项卡的"幻灯片"组中单击"版式"，选择"标题幻灯片"。

◆ 选择最后一张幻灯片，在"开始"选项卡的"幻灯片"组中单击"版式"，选择"节标题"。

（8）设置主题样式和主题颜色。

◆ 在"设计"选项卡的"主题"组中单击列表框右侧"其他"按钮 ，在展开的所有主题列表中单击一种主题样式，如"奥斯汀"。

◆ 在左侧窗格中，选择第 1 张幻灯片，按住【Ctrl】键，单击第 3 张幻灯片。

◆ 在"设计"选项卡的"主题"组中单击"颜色"，鼠标移动到"风舞九天"，单击鼠标右键，选择"应用于所选幻灯片"命令。

（9）为幻灯片设置背景。

◆ 选择第 4 张幻灯片，在"设计"选项卡的"背景"组中单击"背景样式"，选择"设置背景格式"命令。

◆ 弹出"设置背景格式"对话框，选择"填充"，单击"渐变填充"，单击"预设颜色"右侧按钮 ，选择"彩虹出岫"（第 4 行第 1 列），单击"关闭"按钮，如综图 2-7 所示。

◆ 选择第 5 张幻灯片，重复前面的操作步骤，打开"设置背景格式"对话框，选择"图片或纹理填充",单击"纹理",选择"水滴"。

◆ 选择第 6 张幻灯片,重复前面的操作步骤,打开"设置背景格式"对话框,选择"图案填充",选择"对角砖形",设置前景色为"白色",背景色为"橙色,强调文字颜色 3"。

（10）设置幻灯片切换效果。

◆ 在"视图"选项卡的"演示文稿视图"组中,选择"幻灯片浏览"。在切换到的浏览视图中,按住【Ctrl】键,向下滑动鼠标滚轮,缩小窗口显示比例,直到显示所有幻灯片。

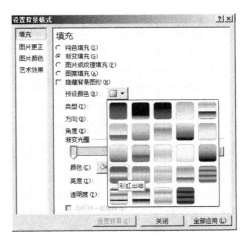

综图 2-7　"设置背景格式"对话框

◆ 单击第 1 张幻灯片,按住【Ctrl】键,单击其他序号为奇数的幻灯片。

◆ 在"切换"选项卡的"切换到此幻灯片"组中单击"推进",在"效果选项"中选择"自右侧"。

◆ 选择偶数页的幻灯片,在"切换"选项卡中单击"分割"。

◆ 选择第 2 张幻灯片,在"切换"选项卡中单击"声音"右侧的下拉列表框,选中"播放下一段声音之前一直循环"。

◆ 再次单击"声音"右侧的下拉列表框,选择"其他声音",选择"music. wav",并单击"确定"按钮。

◆ 选择第 9 张幻灯片,在"切换"选项卡的"计时"组中,单击"声音"右侧的下拉列表框,选择"[停止前一声音]"。

（11）设置动画。

◆ 在"幻灯片浏览"视图中,选择第 5 张幻灯片,双击回到普通视图。

◆ 选择"人物"剪贴画,在"动画"选项卡的"动画"组中,单击列表框右侧的"其他"按钮 ,在弹出的"动画"面板中选择"翻转式由远及近"。

◆ 在"动画"选项卡的"计时"组中,单击"开始"右侧的下拉列表框,选择"与上一动画同时"。

（12）排练计时和设置放映方式。

◆ 在"幻灯片放映"选项卡的"设置"组中,单击"排练计时",此时进入幻灯片放映状态,同时开始录制,当前幻灯片的放映时间显示在"录制"工具栏中。

◆ 单击鼠标,进入下一张幻灯片或者开始下一个动画。不断地单击鼠标,直到幻灯片结束。

◆ 录制结束时,弹出对话框提示是否保存新的排练时间,选择"是"。

◆ 录制结束后,系统会自动切换到"幻灯片浏览"视图,显示每张幻灯片的播放时间。

◆ 在"幻灯片放映"选项卡的"设置"组中,选择"设置幻灯片放映",弹出"设置放映方式"对话框,选择"在展台浏览（全屏幕）",此时播放选项自动设置为"循环放映,按 ESC 键终止"。选择换片方式为"如果存在排练时间,则使用它"。

（13）将演示文稿保存为"简介. pptx",另存为放映方式"简介. ppsx"。

◆ 在"文件"选项卡中,单击"保存",输入文件名"简介",单击"保存"按钮。

◆ 在"文件"选项卡中,单击"另存为",选择文件类型为"PowerPoint 放映(∗. ppsx)",文件名为"简介",单击"保存"按钮。

题目 2：根据如下要求制作幻灯片。

【操作要求】

（1）利用 PowerPoint 创建一个相册,素材为"相册素材"文件夹中的所有图片,要求在每张幻灯片中包含 4 张图片,并将每幅图片设置为"柔化边缘矩形"相框形状。

（2）设置相册主题为"暗香扑面",保存相册为"相册三月. pptx"。

（3）打开"百花节. pptx",将"相册三月. pptx"中的所有幻灯片保留原有格式,插入到第 4 张"花卉介绍"幻灯片后。以后的操作均在"百花节. pptx"中进行。

（4）设置幻灯片"樱花"、"玉兰"、"山茶"、"海棠"的主题为"云淡风轻. potx"。

（5）编辑第 1 张幻灯片,设置背景为"1. jpg",背景透明度为 40%。

（6）为第 1 张幻灯片中的所有文字添加"放大/缩小"的动画效果,要求："上方山百花节"在放映该幻灯片时开始播放,渐渐变为较小,持续时间为 3s；"中国苏州"在上一动画开始 1s 后播放,持续时间为 2s,渐渐变为较大。

（7）在第 4 张幻灯片中插入 SmartArt 对象,样式为"圆形图片标注",键入文字"樱花"、"山茶"、"海棠"、"玉兰",设置标注显示的图片为与文字同名的 png 文件。

（8）在 SmartArt 对象元素中添加超链接,使得单击各标注图片时跳转到标注文字同名幻灯片。

（9）为 SmartArt 对象添加自左上部"飞入"的动画效果,并要求幻灯片放映时对象中的元素逐个显示。

（10）播放演示文稿时,全程播放背景音乐"loopymusic. wav"。

（11）在该演示文稿中创建一个演示方案"方案 1",包含第 1 张、第 3 ~7 张、第 12 张幻灯片。

（12）采用观众手动自行浏览的方式放映演示文稿,放映时放映"方案 1"。

（13）保存"百花节. pptx",另存为"百花节. pdf"。

【操作方式】

（1）利用 PowerPoint 创建一个相册。

◆ 打开 PowerPoint,在"插入"选项卡的"图像"组中单击"相册"。

◆ 弹出"相册"对话框,单击"文件/磁盘"按钮,更改文件夹位置为素材中的"相册素材"文件夹,选择所有文件,单击"插入"按钮,该文件夹中所有图片显示在列表中,如综图 2-8 所示。

◆ 继续按图示更改"图片版式"为"4 张图片",更改"相框形状"为"柔化边缘矩形",单击"创建"按钮。

（2）设置相册主题为"暗香扑面",保存相册为"相册三月. pptx"的步骤略。

（3）将"相册三月. pptx"合并到"百花节. pptx",并放到第 4 张幻灯片之后。

◆ 打开"百花节. pptx",选择第 4 张幻灯片,在"开始"选项卡的"幻灯片"组中单击"新建幻灯片",在下拉列表中选择"重用幻灯片"。

◆ 在弹出的"重用幻灯片"窗格中,单击"浏览"按钮,选择"浏览文件",在打开的"浏览"对话框中,选择刚刚保存的"相册三月. pptx",单击"打开"按钮。此时,窗格内显示"相册三月.pptx"的幻灯片数和幻灯片缩略图,如综图 2-9 所示。

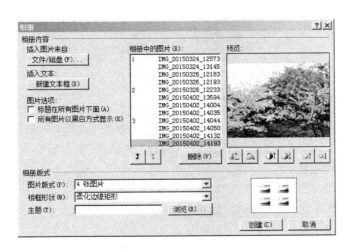

综图 2-8　"相册"对话框　　　　　　综图 2-9　"重用幻灯片"窗格

◆ 选中"保留源格式"复选框,依次单击各幻灯片缩略图,将它们添加到当前演示文稿。

(4) 设置幻灯片"樱花"、"玉兰"、"山茶"、"海棠"的主题。

◆ 单击第 9 张幻灯片"樱花",按住【Shift】键,单击第 12 张"海棠"幻灯片,4 张幻灯片均被选中。

◆ 在"设计"选项卡的"主题"组中单击按钮 <img>,选择"浏览主题"。

◆ 在"选择主题或主题文档"对话框中,选择素材文件夹中的"云淡风轻.potx",单击"应用"按钮。

(5) 编辑第 1 张幻灯片。

◆ 选择第 1 张幻灯片,在"设计"选项卡的"背景"组中单击"背景样式",在下拉列表中选择"设置背景格式"。

◆ 弹出"设置背景格式"对话框中,选择"图片或纹理填充",单击"文件"按钮。

◆ 选择文件"1.jpg",单击"插入"按钮。

◆ 修改"透明度"为 40%,单击"关闭"按钮。

(6) 选择第 1 张幻灯片,打开"动画"选项卡,添加动画效果。

◆ 按【Ctrl】+【A】组合键选择所有文字,单击"添加动画",选择"放大/缩小",在"计时"组中,单击"开始"右侧的下拉列表框,选择"与上一动画同时"。

◆ 选择"上方山百花节",修改"效果选项"为"较小",修改"持续时间"为 03:00。

◆ 选择"中国苏州",修改"持续时间"为 02:00,延迟为 01:00。

(7) 选择第 4 张幻灯片,插入 SmartArt 对象。

◆ 在"插入"选项卡的"插图"组中单击"SmartArt",弹出"选择 SmartArt 图形"对话框,选择"图片",单击"圆形图片标注" <img>,单击"确定"按钮。

◆ 单击大圆形中的图标,选择"樱花.png"。参照综图 2-10,设置其他三个圆形显示图片"山茶.png"、"海棠.png"和"玉兰.png"。

综图 2-10　圆形图片标注效果

◆ 在标注框左边的"在此键入文字"窗格中，依次输入"樱花"、"山茶"、"海棠"和"玉兰"。如果该窗格没有出现，可以在"SmartArt 工具"的"设计"工具栏中单击"文本窗格"。

（8）为 SmartArt 对象元素添加超链接。

◆ 选择"樱花"图片，插入超链接，选择"本文档中的位置"，单击"樱花"。

◆ 用同样的方法，为其他三个图片标注建立超链接。

（9）为 SmartArt 对象添加动画效果。

◆ 单击 SmartArt 对象，在"动画"选项卡的"高级动画"组中单击"添加动画"，选择"飞入"。

◆ 单击"效果选项"，选择"自左上部"。

◆ 再次单击"效果选项"，选择"序列"组中的"逐个"。

（10）设置演示文稿播放过程中播放背景音乐"loopymusic. wav"。

◆ 选择第 1 张幻灯片，在"切换"选项卡中，单击"声音"右侧的下拉列表框，选择"其他声音 …"，选择文件"loopymusic. wav"。

◆ 再次单击"声音"右侧的下拉列表框，选中"播放下一段声音之前一直循环"。

（11）创建一个演示方案"方案 1"。

◆ 在"幻灯片放映"选项卡中单击"自定义幻灯片放映"，选择"自定义放映"。

◆ 在"自定义放映"对话框中单击"新建"，弹出"定义自定义放映"对话框。

◆ 更改幻灯片放映名称为"方案 1"。

◆ 在左侧列表框中单击 1，按住【Ctrl】键，单击 3、4、5、6、7、12，单击"添加"，将这些幻灯片添加到右侧列表框，单击"确定"、"关闭"按钮。

（12）设置放映方式。

◆ 在"幻灯片放映"选项卡的"设置"组中单击"设置幻灯片放映"。

◆ 选择"观众自行浏览（窗口）"，选择"自定义放映"，选择"方案 1"。

◆ 在"幻灯片放映"选项卡中选择"从头开始"，观察放映哪些幻灯片。

（13）操作步骤略。

附录一
全国计算机等级考试二级公共基础知识

第1章　软件技术基础

计算机软件是计算机系统中与硬件相互依存的另一重要部分,它包括:
- 程序:根据用户需求开发的、用程序设计语言描述的、适合计算机执行的指令序列。
- 数据:使程序能正常操纵信息的数据结构。
- 文档:与程序的开发、维护和使用有关的图文资料。

计算机软件的主体是程序,程序主要由算法和数据结构组成。实际上,除了以上两个主要方面外,还应当采用结构化程序设计方法进行程序设计,并且用某一种计算机语言表示。因此算法、数据结构、程序设计方法和语言工具四个方面是一个程序设计者所应具备的知识。

1.1　算法

1.1.1　算法的概念

1. 什么是算法

所谓算法是指解决方案的准确而完整的描述,通俗地说,就是解决问题的方法和步骤。

例1　有三个硬币(A、B和C),其中有一个是伪造的,另两个是真的,伪币和真币重量略有不同。现在提供一架天平,请给出找出伪币的方法。

解题思路:找出伪币的方法很简单,只要按附图1-1-1所指的步骤两两比较其重量即可。

算法一旦给出,人们就直接可以按照算法去解决问题,因为算法所需要的智能(知识和原理)已经体现在算法中,我们只需严格地按照算法的指示去执行就可以了。

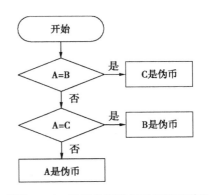

附图1-1-1　寻找伪币的算法流程图表示

2. 算法的特点

尽管由于需要求解的问题不同而使算法千变万化,但所有的算法都应该具有以下特点:

① 确定性:算法中的每一个操作必须有确切的含义,即每一步操作必须是清楚明确的,无二义性。

② 有穷性:一个算法总是在执行了有限步的操作后终止。

③ 可行性:算法中有待实现的操作都是可执行的,即在计算机的能力范围之内,且在

有限的时间内能够完成。

④ 拥有足够的情报：一个算法执行的结果总是与输入的初始数据有关,不同的输入将会有不同的结果输出。当输入不够或有错误时,算法本身就会无法执行或导致执行有错。一般来说,当算到拥有足够的情报时,此算法才是有效的。

1.1.2 算法的描述

设计好一个算法后,可以使用多种不同的方法对其进行描述。常用的方法有:自然语言、传统流程图、N-S 流程图和伪代码等。

1. 用自然语言描述算法

自然语言就是人们常用的语言,可以是汉语、英语或其他语言。用自然语言表示通俗易懂,但文字冗长,表示的含义往往不大严格,要根据上下文才能判断其正确含义,容易出现歧义。因此,除了很简单的问题外,一般不用自然语言表示算法。

2. 用流程图表示算法

流程图用一些图框来表示各种操作。用图形表示算法,直观形象,易于理解。美国国家标准化协会 ANSI(American National Standard Institute) 规定了一些常用的流程图符号(附表 1-1-1),已为世界各国程序工作者普遍采用。

附表 1-1-1　常用的流程图符号

符　号	符号名称	含　义
	起止框	表示算法的开始或结束
	输入/输出框	表示输入/输出操作
	处理框	表示对框中的内容进行处理
	判断框	表示对框中的条件进行判断
↑↓ 或 ←	流向线	表示算法的流动方向
○	连接点	表示两个具有相同标记的"连接点"相连
----□	注释框	表示对程序做解释

附图 1-1-2 就是一个利用以上的流程图符号描述"打印 x 绝对值"的算法示例。

3. 改进的流程图和三种基本结构

（1）传统流程图的弊端

传统的流程图用流程线指出各框的执行顺序,对流程线的使用没有严格的限制。因此,使用者可以不受限制地使流程随意地转来转去,使流程变得毫无规律,阅读者要花费很大的精力去追踪流程,使人难以理解算法的逻辑。这种如同乱麻一样的算法称为 BS 型算法,意为一碗面条(A Bowl of Spaghetti),毫无头绪(附图 1-1-3)。

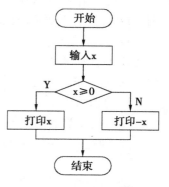

附图 1-1-2　打印 x 绝对值的
算法流程图表示

为了提高算法的质量,使算法的设计和阅读方便,必须限制箭头的滥用,即不允许无规律地使流程随意转向,只能顺序地执行下去。但是,算法上难免包含一些分支和循环,而不可能全部由一个个顺序框组成。为了解决这个问题,人们规定出几种基本结构,然后由这些基本结构按一定规律组成一个算法结构,从而使算法的质量得到保证和提高。

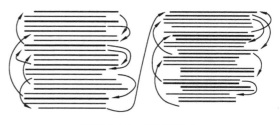

附图 1-1-3　BS 型算法

（2）三种基本结构

1966 年,Bohra 和 Jacopini 提出了以下三种基本结构,用这三种基本结构作为表示一个良好算法的基本单元。

① 顺序结构。

如附图 1-1-4（a）所示,虚框内是一个顺序结构。其中 A 和 B 两个框是顺序执行的。即在执行完 A 框所指定的操作后,必然接着执行 B 框所指定的操作。顺序结构是最简单的一种基本结构。

② 选择结构。

选择结构又称为选取结构或分支结构,如附图 1-1-4（b）所示。虚线框内是一个选择结构,此结构中包含一个判断框,根据给定的条件 p 是否成立而选择执行 A 框或 B 框。

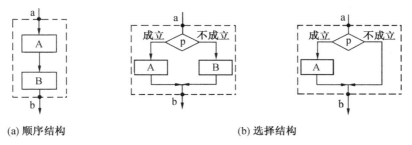

(a) 顺序结构　　　　　　　　(b) 选择结构

附图 1-1-4　顺序结构和选择结构的流程图

③ 循环结构。

循环结构又称重复结构,即反复执行某一部分的操作。可分为两类:

● 当型（While 型）循环结构:当型循环结构如附图 1-1-5（a）所示。它的作用是:当给定的条件 p1 成立时,执行 A 框操作,执行完 A 后,再判断条件 p1 是否成立,如果仍然成立,再执行 A。如此反复执行 A,直到某一次 p1 不成立为止,此时不执行 A,而从 b 点脱离循环结构。

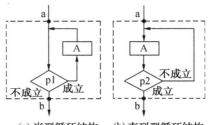

(a) 当型循环结构　(b) 直到型循环结构

附图 1-1-5　循环结构的流程图

● 直到型（Until 型）循环结构:直到型循环结构如附图 1-1-5（b）所示。它的作用是:先执行 A 框操作,然后判断给定的条件 p2 是否成立,如果 p2 不成立,则再执行 A,然后再对 p2 的条件做判断;如果 p2 条件仍然不成立,又执行 A。如此反复执行 A,直到给定的条件

p2 成立为止，此时不再执行 A，从 b 点脱离本循环结构。

例2 将 $1 \times 2 \times 3 \times 4 \times 5$ 的算法用流程图表示。

解题思路：如果直接求表达式 $1 \times 2 \times 3 \times 4 \times 5$，这样的算法是正确的。但是如果算法要求稍做修改，求 $1 \times 2 \times 3 \times \cdots \times 100$，则使用上述方法太烦琐，显然是不可取的。我们不妨做这样的考虑：设置两个变量，一个变量代表被乘数，一个变量代表乘数。不另设变量存放乘积结果，而是直接将每一步的乘积放在被乘数变量中。现设变量 t 为被乘数，变量 i 为乘数，其算法流程图如附图 1-1-6 所示。

4. 用 N-S 流程图表示算法

既然使用基本结构的顺序组合可以表示任何复杂的算法结构，那么基本结构之间的流程线就属于多余的了。1973 年，美国学者 I. Nassi 和 B. Shneiderman 提出了一种新的流程图形式。在这种流程图中，完全去掉了带箭头的流程线，全部算法写在一个矩形框内，在该框内还可以包含其他从属于它的框，或者说，由一些基本的框组成一个大的框。这种流程图又称 N-S 结构化流程图。

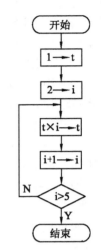

附图 1-1-6　$1 \times 2 \times 3 \times 4 \times 5$
算法的流程图表示

N-S 流程图用以下的流程图符号：

① 顺序结构：顺序结构如附图 1-1-7(a) 所示。

② 选择结构：选择结构如附图 1-1-7(b) 所示。

③ 循环结构：循环结构如附图 1-1-7(c) 所示。

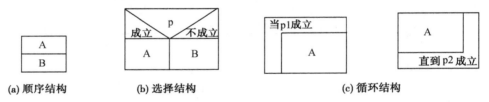

(a) 顺序结构　　　　(b) 选择结构　　　　(c) 循环结构

附图 1-1-7　三种基本结构的 N-S 流程图

通过以下例子可以了解如何用 N-S 流程图表示算法。

例3 将 $1 \times 2 \times 3 \times 4 \times 5$ 的算法用 N-S 流程图表示。

其流程图如附图 1-1-8 所示。

5. 用伪代码表示算法

用传统的流程图和 N-S 流程图表示算法直观易懂，但画起来比较费事，在设计一个算法时，可能要反复修改，而修改流程图比较麻烦。因此，流程图适合表示一个算法，但在设计一个算法过程中使用不是很理想。为了设计算法时方便，常用一种称为伪代码的工具。

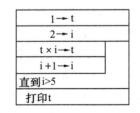

附图 1-1-8　$1 \times 2 \times 3 \times 4 \times 5$
算法的 N-S 流程图表示

伪代码是用介于自然语言和计算机语言之间的文字和符号来描述的算法。它如同一篇文章一样，自上而下地写下来。每一行表示一个基本操作。它不用图形符号，因此书写方便,结构紧凑,修改方便,容易看懂,便于向计算机语言算法过渡。

　　用伪代码写算法并无固定的、严格的语法规则,可以用英文,也可以中英文混用,只要把意思表达清楚,便于书写和阅读即可,书写的格式要写成清晰易读的形式。

　　例 4:求 5!,用伪代码表示的算法如下:

```
begin
    1 => t
    2 => i
    while i ≤ 5
      ｛ t * i => t
        i + 1 => i
      ｝
    print t
end
```

1.1.3　算法的评价

　　求解同一问题可以有许多不同的算法,衡量算法优劣一般主要考虑以下四个方面:

　　① 正确性:衡量这些算法优劣的首要条件是选取的算法必须正确。

　　② 运行时间:运行时间指一个算法在计算机上运行所耗费的时间,可采用时间复杂度来度量。

　　③ 占用空间:占用空间是指执行算法在计算机存储器上所占用的存储空间,可采用空间复杂度来度量。

　　④ 简单性:算法应易于理解、易于编程、易于调试等。

　　1. 算法的时间复杂度

　　(1) 时间频度

　　一个算法执行所耗费的时间,从理论上是不能算出来的,必须上机运行测试才能知道。但我们不可能也没有必要对每个算法都上机测试,只需知道哪个算法花费的时间多,哪个算法花费的时间少就可以了。并且一个算法花费的时间与算法中语句的执行次数成正比,哪个算法中语句执行次数多,它花费时间就多。时间复杂度是指算法中包含简单操作的次数,一般不必精确计算出算法的时间复杂度,只要大致计算出相应的数量级即可。一个算法中的语句执行次数称为语句频度或时间频度,记为 T(n)。

　　(2) 时间复杂度

　　在时间频度中,n 称为问题的规模,当 n 不断变化时,时间频度 T(n)也会不断变化。算法的时间复杂度指的是当规模 n 充分大时完成该算法所需时间的数量级表示。若算法中语句执行次数为一个常数,则时间复杂度为 $O(1)$。在时间频度不相同时,时间复杂度有可能相同,如 $T(n) = n^2 + 3n + 4$ 与 $T(n) = 4n^2 + 2n + 1$ 它们的频度不同,但时间复杂度相同,都为 $O(n^2)$。

　　常见的时间复杂度有:常数阶 $O(1)$,对数阶 $O(\log_2 n)$,线性阶 $O(n)$,线性对数阶 $O(n\log_2 n)$,平方阶 $O(n^2)$,立方阶 $O(n^3)$,…,k 次方阶 $O(n^k)$,指数阶 $O(2^n)$。随着问题规模 n 的不断增大,上述时间复杂度不断增大,算法的执行效率越低。一般常用的时间复杂度有如下关系：

$$O(1) \leqslant O(\log_2 n) \leqslant O(n) \leqslant O(n\log_2 n) \leqslant O(n^2) \leqslant O(n^3) \leqslant O(n^k) \leqslant O(2^n)$$

例5 分析以下程序片段的时间复杂度。

```
a = 0; b = 1;                    ①
for( i = 2; i < = n; i + + )     ②
{
    s = a + b;                   ③
    b = a;                       ④
    a = s;                       ⑤
}
```

语句①的时间频度是 2；语句②的时间频度是 n；语句③的时间频度是 n−1；语句④的时间频度是 n−1；语句⑤的时间频度是 n−1。则该程序段的时间频度 $T(n) = 2 + n + 3 * (n-1) = 4n - 1$，该程序段的时间复杂度为 $O(n)$。

2. 算法的空间复杂度

算法的空间复杂度，是指执行这个算法所需要的内存空间。算法所占用的存储空间包括算法程序所占的空间、输入的初始数据所占的存储空间以及算法执行过程中所需要的额外空间。其中额外空间包括算法程序执行过程中的工作单元以及各种数据结构所需要的附加存储空间。

在许多实际问题中，为了减少算法所占的存储空间，通常采用压缩存储技术，以便尽量减少不必要的额外空间。

1.2　数据结构基础

1.2.1　数据结构概述

1. 什么是数据结构

简单地说，数据结构是数据的组织、存储和运算的总和。它是信息的一种组织方式，是把数据按某种关系组织起来的一批数据，其目的是提高算法的效率，然后用一定的存储方式存储到计算机中。它通常与一组算法的集合相对应，通过这组算法集合可以对数据结构中的数据进行某种操作。数据结构作为一门学科，主要研究数据的各种逻辑结构和存储结构，以及对数据的各种操作，因此，它主要有三个方面的内容：

① 数据的逻辑结构：数据集合中各数据元素之间所固有的逻辑关系。

② 数据的存储方式：在对数据进行处理时，各数据元素在计算机中的存储关系。

③ 对各种数据结构进行的运算。

2. 数据的逻辑结构

数据的逻辑结构是对数据元素之间的逻辑关系的描述，它可以用一个数据元素的集合和定义在此集合中的若干关系来表示。

数据的逻辑结构有两个要素：数据元素的集合，通常记为 D；数据元素之间的前后件关系，通常记为 R。

一个数据结构可以表示成：B = (D,R)，其中，B 表示数据结构。例如，如果把一年四季看作一个数据结构，则可表示成：

B = (D,R)

D = {春季,夏季,秋季,冬季}

R = {(春季,夏季),(夏季,秋季),(秋季,冬季)}

根据数据结构中各数据元素之间前后件关系的复杂程度，一般将数据结构分为两大类型：线性结构与非线性结构。

① 线性结构：如果一个非空的数据结构满足下列两个条件，有且只有一个根结点，并且每一个结点最多有一个前件，也最多有一个后件，该数据结构为线性结构。线性表、栈、队列等都为线性结构。

② 非线性方式：如果一个数据结构不是线性结构，则称之为非线性结构。数组、广义表、树和图等数据结构都是非线性结构。

3. 数据的存储结构

数据的逻辑结构在计算机存储空间中的存放形式称为数据的存储结构（也称数据的物理结构）。由于数据元素在计算机存储空间中的位置关系可能与逻辑关系不同，因此，为了表示存放在计算机存储空间中的各数据元素之间的逻辑关系（即前后件关系），在数据的存储结构中，不仅要存放各数据元素的信息，还需要存放各数据元素之间的前后件关系的信息。

数据结构按存储结构可划分为顺序存储、链式存储、索引存储、散列存储，其中最为常见的为顺序存储、链式存储方式。

① 顺序存储方式：主要用于线性的数据结构，它把逻辑上相邻的数据元素存储在物理上相邻的存储单元里，结点之间的关系由存储单元的邻接关系来体现。

② 链式存储方式：所有的元素可以放在不连续的存储单元中，在每个结点中至少包含一个指针域，用指针来体现数据元素之间逻辑上的联系。

4. 数据的逻辑结构与存储结构的关系

线性结构数据既可采用顺序存储结构，也可以采用链式存储结构进行数据的存储，如线性表可以用顺序存储结构和链式存储结构两种不同的方式进行存储，前者称为线性表的顺序存储方式，后者称为线性链表。在实际应用中可以根据需要采用合适的存储方式。

非线性结构数据由于数据自身的特点，往往采用链式结构进行存储。

1.2.2 线性结构

1. 线性表

（1）线性表的定义

线性表（Linear_List）是最常用也是最简单的一种数据结构，是具有相同类型的 n（$n \geq 0$）个数据元素 $a_1, a_2, \cdots, a_n$ 组成的有限序列。其中 n 称为线性表的长度，当 $n = 0$ 时称为空线性表，$n > 0$ 时称为非空表。

线性表中的数据元素要求具有相同类型，它的数据类型可以根据具体情况而定，可以是一个数或一个符号，也可以是一页书，甚至可以是其他更复杂的信息。

例如，26 个英文字母的字母表：

$$(A, B, C, \cdots, Z)$$

是一个线性表,表中的数据元素是单个字母字符。

在稍复杂的线性表中,一个数据元素可以由若干个数据项(Item)组成。在这种情况下,常把数据元素称为记录(Record)。例如,某单位职工的工资情况表,如附表1-2-1所示,表中每个职工的情况为一个记录,它由职工号、姓名、基本工资、职务工资和岗位津贴等数据项组成。

附表 1-2-1　某单位职工的工资情况表

职工号	姓名	基本工资	职务工资	岗位津贴
1003	张东	1100	300	200
2030	江明	1300	400	200
3022	王平	1200	350	200
1058	林成	1500	500	250
…	…	…	…	…

从以上描述可以看出线性表具有如下特征:

① 有且仅有一个开始结点(表头结点)a_0,它没有直接前驱(前件),只有一个直接后继。

② 有且仅有一个终端结点(表尾结点)a_n,它没有直接后继(后件),只有一个直接前驱。

③ 其他结点都有一个直接前驱和直接后继。

④ 元素之间为一对一的线性关系。

（2）线性表的运算

线性表主要的运算有以下几种:

① 线性表的插入:在线性表的指定位置添加一个新的元素。

② 线性表的删除:在线性表中删除指定元素。

③ 线性表的查找:在线性表中查找某个特定的元素。

④ 线性表的排序:对在线性表中的元素进行排序。

⑤ 线性表的分解:将一个线性表分解成几个线性表。

⑥ 线性表的合并:将多个线性表合并成一个线性表。

⑦ 线性表的复制:复制一个线性表。

⑧ 线性表的逆转:逆转一个线性表。

（3）线性表的顺序存储结构

线性表的顺序存储结构也称为顺序表。其存储方式为:在内存中开辟一片连续存储空间,该连续存储空间的大小要大于或等于顺序表的长度和线性表中一个元素所需要的存储字节数的乘积,然后让线性表中第一个元素存放在连续存储空间第一个位置,第二个元素紧跟着第一个之后,其余依此类推。数据元素之间前驱与后继关系体现在存放位置的前后关系上。线性表的顺序存储结构具有以下两个基本特点:

① 线性表中所有元素所占的存储空间是连续的。

② 线性表中各数据元素在存储空间中是按逻辑顺序依次存放的。

线性表在计算机中的顺序存储结构如附图1-2-1所示。

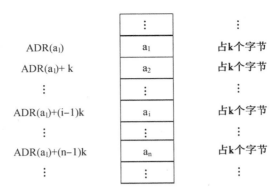

附图 1-2-1　线性表在计算机中的顺序存储结构

假设线性表中第一个元素的存储地址为 $\text{ADR}(a_1)$，每一个数据元素占 k 个字节，则线性表中第 i 个元素 a_i 在计算机存储空间中的存储地址为

$$\text{ADR}(a_i) = \text{ADR}(a_1) + (i-1)k$$

（4）线性表的链式存储结构

线性表的链式存储结构称为线性链表。在线性链表中，假设每一个数据元素对应于一个存储单元，这种存储单元称为存储结点，简称为结点。每个结点由两部分组成：一部分用于存放数据元素值，称为数据域；另一部分用于存放指针，称为指针域。其中指针用于指向该结点的前一个或后一个结点（即前件或后件）。其存储空间的结构如附图 1-2-2 所示。

附图 1-2-2　线性表在计算机中的链式存储结构

其中 head 是一个指向线性链表中第一个数据元素结点的指针，其中存放了第一个数据元素所在的存储空间地址。"A"为第一个数据元素的数据值，"1356"为下一元素存储空间的地址。

从附图 1-2-2 可以看出，原来相邻的元素存放到计算机内存后不一定相邻，从一个元素找下一个元素必须通过地址（指针）才能实现。故不能像顺序表一样可随机访问，而只能按顺序访问。常用的链表有单链表、循环链表、双向链表、多重链表等。

2. 栈

（1）栈的定义

栈（Stack）是一种特殊的线性表，是限定只在一端进行插入与删除的线性表。在栈中，一端是封闭的，既不允许插入元素，也不允许删除元素；另一端是开口的，允许插入和删除元素，如附图 1-2-3 所示。

● 栈顶：允许进行插入、删除操作的一端，通常用指针 top 来指示栈顶的位置。

● 栈底：固定的一端，不允许进行插入、删除操作，通常用指针 bottom 来指示栈底的位置。

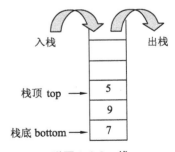

附图 1-2-3　栈

● 空栈：表中没有元素时的栈。

栈顶元素总是最后被插入的元素，从而也是最先被删除的元素；栈底元素总是最先被插入的元素，从而也是最后才能被删除的元素。栈是按照"先进后出"或"后进先出"的原则组织数据的，简称为 LIFO 表。

（2）栈的运算

栈的基本运算有三种：入栈、退栈与读栈顶元素。

① 入栈运算：在栈顶位置插入一个新元素。这个运算分成了两个过程，首先将栈顶指针进一（即 top 加 1），然后将新元素插入栈顶指针指向的位置，其过程如附图 1-2-4（a）所示。

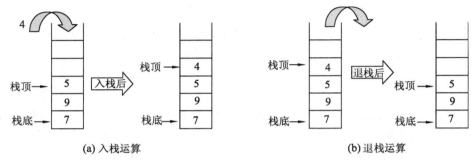

(a) 入栈运算　　　　　　　　　　　　　(b) 退栈运算

附图 1-2-4　栈的运算

② 退栈运算：取出栈顶元素并赋给一个指定的变量；这个运算分成了两个过程，首先将栈顶元素赋给一个指定的变量，然后将栈顶指针退一（即 top 减 1），其过程如附图 1-2-4（b）所示。

③ 读栈顶元素：将栈顶元素赋给一个指定的变量。

（3）栈的顺序存储结构

与一般的线性表一样，在程序设计语言中，用一维数组 S(1：m) 作为栈的顺序存储空间，其中 m 为栈的最大容量。通常，栈底指针指向栈空间的低地址一端。附图 1-2-5（a）是容量为 10 的栈顺序存储空间，栈中已有 6 个元素；附图 1-2-5（b）、（c）分别为入栈和退栈后的状态。

在栈的顺序存储空间 S(1：m) 中，S(bottom) 通常为栈底元素，S(top) 为栈顶元素。Top = 0 表示栈空；top = m 表示栈满。

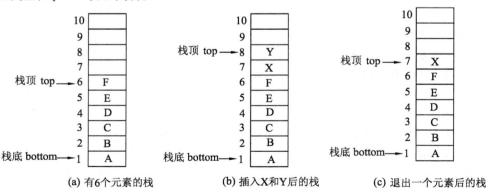

(a) 有6个元素的栈　　　　(b) 插入X和Y后的栈　　　　(c) 退出一个元素后的栈

附图 1-2-5　栈在顺序存储结构下的运算

（4）栈的链式存储结构

栈也可以采用链式存储结构，附图1-2-6是栈在链式存储时的逻辑状态示意图。

附图1-2-6 带链的栈

在实际应用中，带链的栈可以用来收集计算机存储空间中所有空闲的存储结点，这种带链的栈称为可利用栈。

3. 队列

（1）队列的定义

队列是只允许在一端进行删除，在另一端进行插入的顺序表。

① 队头：允许删除的一端，通常用一个尾指针（rear）指向队尾元素，尾指针总是指向最后被插入的元素。

② 队尾：允许插入的一端，通常用一个排头指针（front）指向排头元素的前一个位置。当表中没有元素时称为空队列。

在队列这种数据结构中，最先被插入的元素将最先被删除，最后被插入的元素将最后被删除。因此，队列又称为"先进先出"（First In First Out，简称 FIFO）或"后进后出"（Last In Last Out，简称 LILO）的线性表，体现了"先来先服务"的原则。

附图1-2-7是一个具有6个元素的队列示意图。

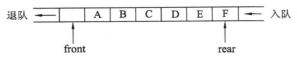

附图1-2-7 具有6个元素的队列示意图

（2）队列的运算

① 入队运算：往队列队尾插入一个数据元素。

② 退队运算：从队列的队头删除一个数据元素。

附图1-2-8（b）、附图1-2-8（c）是在队列中进行删除与插入的示意图。由图可以看出，在队列的末尾插入一个元素（入队运算）只涉及队尾指针 rear 的变化，而要删除队列中的排头元素（退队运算）只涉及排头指针 front 的变化。

与栈类似，在程序设计语言中，用一维数组作为队列的顺序存储空间。

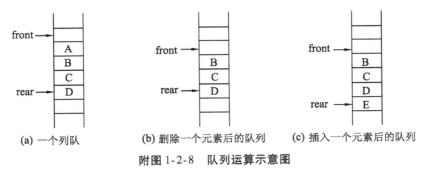

(a) 一个列队　　(b) 删除一个元素后的队列　　(c) 插入一个元素后的队列

附图1-2-8 队列运算示意图

（3）循环队列及其运算

在实际应用中,队列的顺序存储结构一般采用循环队列的形式。所谓循环队列,就是将队列存储空间的最后一个位置绕到第一个位置,形成逻辑上的环状空间,供队列循环使用。在循环队列结构中,当存储空间的最后一个位置已被使用而再要进行入队运算时,只要存储空间的第一个位置空闲,便可将元素加入到第一个位置,即将存储空间的第一个位置作为队尾。

附图 1-2-9（a）是一个容量为 8 的循环队列存储空间,且其中已有 6 个元素。附图 1-2-9（b）是在附图 1-2-9（a）的循环队列中又加入 2 个元素的状态。附图 1-2-9（c）是在附图 1-2-9（b）的循环队列中退出一个元素后的状态。计算循环队列的元素个数:"尾指针减头指针",若为负数,则再加其容量即可。

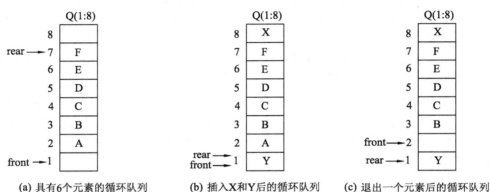

(a) 具有6个元素的循环队列　　　(b) 插入X和Y后的循环队列　　　(c) 退出一个元素后的循环队列

附图 1-2-9　循环队列运算示例

（4）队列的链式存储结构

队列也是线性表,也可以采用链式存储结构。附图 1-2-10 是队列在链式存储时的逻辑状态示意图。

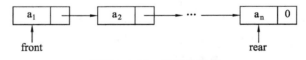

附图 1-2-10　带链的队列

1.2.3　非线性结构

1. 树的基本概念

树是一种简单的非线性结构。在树这种数据结构中,所有数据元素之间的关系具有明显的层次特性。它非常类似于自然界中的树。附图 1-2-11 表示了一棵一般的树。

树结构在客观世界中是大量存在的,如家谱、行政组织机构都可用树形象地表示。树在计算机领域中也有着广泛的应用,如在编译程序中,用树来表示源程序的语法结构;在数据库系统中,可用树来组织信息;在分析算法的行为时,也可用树来描述其执行过程。

具有层次关系的数据都可以用树这种数据结构来描述。在所有的层次关系中,人们最熟悉的是血缘关系,按血缘关系可以直观地理解数据结构中各数据元素结点之间的关系,因

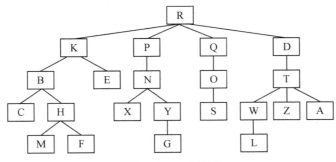

附图 1-2-11　树结构

此,在描述树结构时,经常使用血缘关系中的一些术语。

下面介绍树这种数据结构中的一些基本特征,同时介绍有关树结构的基本术语。以附图 1-2-11 的树为例。

① 父结点(根):在树结构中,每一个结点只有一个前件,称为父结点;没有前件的结点只有一个,称为树的根结点,简称树的根。例如,结点 R 是树的根结点。

② 子结点:在树结构中,每一个结点可以有多个后件,称为该结点的子结点。例如,根节点 R 有 4 个子结点 K、P、Q、D,节点 K 有 2 个子结点 B、E。

③ 叶子结点:没有后件的结点称为叶子结点。例如,C、M、F、E、X、G、S、L、Z、A 均为叶子结点。

④ 度:在树结构中,一个结点所拥有的后件的个数称为该结点的度。例如,根结点 R 的度为 4,结点 K 的度为 2,结点 P 的度为 1,叶子结点 C 的度为 0。

⑤ 树的度:所有结点中最大的度。例如,结点 R 具有所有结点的最大度 4,因此树的度为 4。

⑥ 深度:定义一棵树的根结点所在的层次为 1,其他结点所在的层次等于它的父结点所在的层次加 1。例如,根结点 R 在第 1 层,结点 K、P、Q、D 在第 2 层,结点 B、E、N、O、T 在第 3 层,依次类推。

⑦ 树的深度:树的最大层次。该树的深度为 5。

⑧ 子树:在树中,以某结点的一个子结点为根构成的树称为该结点的一棵子树。

2. 二叉树及其基本性质

二叉树是一种很有用的非线性结构。二叉树不同于前面介绍的树结构,但它与树结构很相似,并且树结构的所有术语都可以用到二叉树这种数据结构中。

所有二叉树具有以下两个特点:

① 非空二叉树只有一个根结点。

② 每一个结点最多有两棵子树,且分别称为该结点的左子树和右子树。

在二叉树中,每一个结点的度最大为 2,即所有子树(左子树或右子树)也均为二叉树。另外,二叉树中的每个结点的子树被明显地分为左子树和右子树。在二叉树中,一个结点可以只有左子树而没有右子树,也可以只有右子树而没有左子树。当一个结点既没有左子树也没有右子树时,该结点即为叶子结点。

附图 1-2-12 是一棵深度为 4 的二叉树。

二叉树具有以下几个性质：

性质 1：在二叉树的第 k 层上，最多有 $2^{k-1}(k\geq 1)$ 个结点。

性质 2：深度为 m 的二叉树最多有 2^m-1 个结点。

性质 3：在任意一棵二叉树中，度为 0 的结点（即叶子结点）总是比度为 2 的结点多一个。

性质 4：具有 n 个结点的二叉树，其深度至少为 $\lceil \log_2 n\rceil +1$，其中 $\lceil \log_2 n\rceil$ 表示取 $\log_2 n$ 的整数部分。

附图 1-2-12　深度为 4 的二叉树

3. 满二叉树与完全二叉树

（1）满二叉树

所谓满二叉树，是指这样的一种二叉树：除最后一层外，每一层上的所有结点都有两个子结点。也就是说，在满二叉树中，每一层上的结点数都达到最大值，即在满二叉树的第 k 层上有 2^{k-1} 个结点，且深度为 m 的满二叉树有 2^m-1 个结点。

附图 1-2-13（a）、附图 1-2-13（b）、附图 1-2-13（c）分别是深度为 2、3、4 的满二叉树。

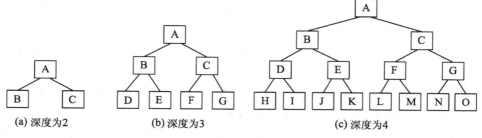

(a) 深度为 2　　　　(b) 深度为 3　　　　(c) 深度为 4

附图 1-2-13　满二叉树

（2）完全二叉树

完全二叉树是指这样的二叉树：除最后一层外，每一层上的结点数均达到最大值；在最后一层上只缺少右边的若干结点。

更确切地说，如果从根结点起，对二叉树的结点自上而下、自左而右用自然数进行连续编号，则深度为 m 且有 n 个结点的二叉树，当且仅当其每一个结点都与深度为 m 的满二叉树中编号为 1 到 n 的结点一一对应时，称为完全二叉树。

附图 1-2-14 是深度为 3 的完全二叉树。

附图 1-2-14　深度为 3 的完全二叉树

附图 1-2-15 是深度为 4 的完全二叉树。

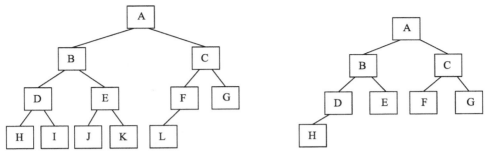

附图 1-2-15 深度为 4 的完全二叉树

由满二叉树与完全二叉树的特点可以看出,满二叉树也是完全二叉树,而完全二叉树一般不是满二叉树。

完全二叉树还具有以下两个性质:

性质 5:具有 n 个结点的完全二叉树的深度为 $[\log_2 n] + 1$。

性质 6:设完全二叉树共有 n 个结点,如果从根结点开始,按层次(每一层从左到右)用自然数 $1, 2, \cdots, n$ 给结点进行编号,则对于编号为 $k(k = 1, 2, \cdots, n)$ 的结点有以下结论:

① 若 $k = 1$,则该结点为根结点,它没有父结点;若 $k > 1$,则该结点的父结点编号为 $INT(k/2)$。

② 若 $2k \leq n$,则编号为 k 的结点的左子结点编号为 $2k$;否则该结点无左子结点(显然也没有右子结点)。

③ 若 $2k + 1 \leq n$,则编号为 k 的结点的右子结点编号为 $2k + 1$;否则该结点无右子结点。

4. 二叉树的遍历

二叉树的遍历,是指不重复地访问二叉树中的所有结点。由于二叉树是一种非线性结构,因此对二叉树的遍历要比遍历线性表复杂很多。遍历二叉树要确定访问各结点的顺序,以便不重不漏地访问二叉树中的所有结点。

在遍历二叉树的过程中,一般先遍历左子树,再遍历右子树。在先左后右的原则下,根据访问根结点的次序,二叉树的遍历分为三类:前序遍历、中序遍历和后序遍历。

(1)前序遍历

所谓前序遍历,是指在访问根结点、遍历左子树与遍历右子树这三者中,首先访问根结点,然后遍历左子树,最后遍历右子树;并且在遍历左、右子树时,仍需先访问根结点,然后遍历左子树,最后遍历右子树。前序遍历二叉树的过程是一个递归的过程。

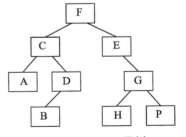

附图 1-2-16 二叉树

例如,对附图 1-2-16 中的二叉树进行前序遍历的结果(或称为该二叉树的前序序列)为:$F \rightarrow C \rightarrow A \rightarrow D \rightarrow B \rightarrow E \rightarrow G \rightarrow H \rightarrow P$。

(2)中序遍历

所谓中序遍历,是指在访问根结点、遍历左子树与遍历右子树这三者中,先遍历左子树、然后访问根结点,最后遍历右子树;并且,在遍历左、右子树时,仍然先遍历左子树,然后访问根结点,最后遍历右子树。中序遍历二叉树的过程也是一个递归的过程。

例如，对附图1-2-16中的二叉树进行中序遍历的结果（或称为该二叉树的中序序列）为：A→C→B→D→F→E→H→G→P。

（3）后序遍历

所谓后序遍历是指在访问根结点、遍历左子树与遍历右子树这三者中，首先遍历左子树，然后遍历右子树，最后访问根结点；并且，在遍历左、右子树时，仍然先遍历左子树，然后遍历右子树，最后访问根结点。后序遍历二叉树的过程也是一个递归的过程。

例如，对附图1-2-16中的二叉树进行后序遍历的结果（或称为该二叉树的后序序列）为：A→B→D→C→H→P→G→E→F。

1.2.4 查找与排序技术

1. 查找技术

查找是数据处理领域的一个重要内容，是指在一个给定的数据结构中查找某个指定的元素。通常不同的数据结构应采用不同的查找方法，查找的效率将直接影响数据处理的效率。

（1）顺序查找

顺序查找又称顺序搜索。顺序查找是指在线性表中查找指定的元素，其基本方法如下：从线性表的第一个元素开始，依次将线性表中的元素与被查找的元素进行比较，若相等则表示找到（即查找成功）；若线性表中所有的元素都与被查找元素进行了比较但都不相等，则表示线性表中没有要找的元素（即查找失败）。

对于长度为 n 的线性表进行顺序查找，在最好情况下所需要的比较次数为1，在最坏情况下所需要的比较次数为 n。结点的查找在等概率即 $p_i = \dfrac{1}{n}$ 的前提下，成功的查找，其平均查找长度为

$$ASL = \sum_{i=1}^{n} p_i \times C_i = \sum_{i=1}^{n} \left(\frac{1}{n} \times i \right)$$
$$= \left(\frac{1}{n} \right) \times (1 + 2 + \cdots + n) = \frac{(n+1)}{2}$$

其中，p_i 为查找第 i 个记录的概率，C_i 为查找第 i 个记录的比较次数，n 为问题的规模。

在下列两种情况下只能采用顺序查找：

① 如果线性表为无序表，则不管是顺序存储结构还是链式存储结构，只能用顺序查找；

② 即使是有序线性表，如果采用链式存储结构，也只能用顺序查找。

（2）二分法查找

二分法查找，也称折半查找，是一种高效的查找方法。二分法查找只适用于顺序存储的有序表。有序表是指线性表中的元素按值非递减排列，即从小到大排列，但允许相邻元素相等。

对于长度为 n 的有序线性表，利用二分法查找元素 X 的方法如下：

① 将 X 与线性表的中间项比较；

② 若 X = 中间项，表示查找成功，结束查找；若 X < 中间项，在线性表的前半部分以二分法继续查找；若 X > 中间项，在线性表的后半部分以二分法继续查找。

这样递归进行下去,直到找到满足条件的结点或该线性表中没有这样的结点。

在有序的线性表中进行折半查找,是一个从子表到子表的查找过程,可以用二叉判定树来表示。查找的过程恰好是一条从判定树的根到被查结点的路径,而比较的次数恰好是树深。假设在长度为 n 的有序线性表中进行二分查找,树深 $h = \log_2(n+1)$,则在最好情况下所需要的比较次数为 1,在最坏情况下所需要的比较次数为 $\log_2(n+1)$。平均查找长度为

$$ASL = \sum_{i=1}^{n} p_i \times C_i = \frac{1}{n} \sum_{i=1}^{n} j \times 2^{j-1}$$

$$= \frac{n+1}{n} \log_2(n+1) - 1 \approx \log_2(n+1) - 1$$

附图 1-2-17 是长度为 10 的有序表进行二分查找的一棵判定树。

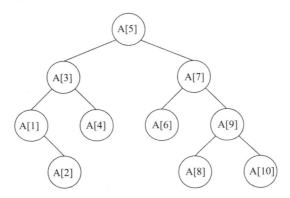

附图 1-2-17　二分查找判定树

则查找成功的平均查找长度:

$$ASL = \frac{(1 \times 1 + 2 \times 2 + 3 \times 4 + 4 \times 3)}{10} = 2.9$$

顺序查找法中的每一次比较,只将查找范围减少 1;而二分法查找中每比较一次,可将查找范围减少为原来的一半,效率大大提高。

2. 排序技术

排序也是数据处理的重要内容。排序是指将一个无序序列整理成按值从大到小(或从小到大)排列的有序序列。

实现排序的方法很多,常见的有以下三类:

(1)交换类排序

借助数据元素之间的互相交换进行排序的一种方法,如冒泡排序法与快速排序法都属于交换类的排序方法。

(2)插入类排序法

将无序序列中的各元素依次插入一个有序的序列中的排序方法,如简单插入排序法和希尔排序法都属于插入类的排序方法。

(3)选择类排序法

依次在 $n - i + 1(i = 1, 2, \cdots, n-1)$ 个数据中选取最小(或最大)的数据作为有序序列中第 i 个数据,从而完成排序的方法,如简单选择排序法、堆排序法都属于选择类排序方法。

① 冒泡排序法。

通过相邻数据元素的交换逐步将线性表变成有序。

冒泡排序法的基本思想如下：

● 从表头开始往后扫描线性表，逐次比较相邻两个元素大小，如果前面的元素大于后面的元素，则将它们互换。从前向后扫描结束后，最大的元素到了表的尾部。

● 从后开始往前扫描剩下的线性表，逐次比较相邻两个元素大小，如果后面的元素小于前面的元素，则将它们互换。从后向前扫描结束后，最小的元素到了表的前部。

● 对剩下的线性表重复上述过程，直至剩下的线性表变空为止。如图 1-2-18 所示为冒泡排序法示意图。

原序列	5	1	7	3	1	6	9	4	2	8	6
第1遍(从前向后)	5←→1	7←→3←→1→6	9←4←2←8←6
结果	1	5	3	1	6	7	4	2	8	6	9
(从后向前)	1	5←→3←→1	6←→7→4→2	8←→6	9
结果	1	1	5	3	2	6	7	4	6	8	9
第2遍(从前向后)	1	1	5←→3←→2	6	7←→4→6	9
结果	1	1	3	2	5	6	4	7	9
(从后向前)	1	1	3→2	5→6←→4	6	9
结果	1	1	2	3	4	5	6	6	7	8	9
第3遍(从前向后)	1	1	2	3	4	5	6	6	7	8	9
最后结果	1	1	2	3	4	5	6	6	7	8	9

附图 1-2-18　冒泡排序法示意图

冒泡排序算法的时间复杂度是 $O(n^2)$。

② 快速排序法。

它也是一种互换类的排序方法，是对冒泡排序法的一种改进，但由于它比冒泡排序法的速度快，因此称为快速排序法。

快速排序法的基本思想如下：

● 从线性表中取出一个元素 T(通常为第一个元素)，通过一趟排序将所有大于 T 的元素移到前面，将所有小于 T 的元素移到后面，T 插入分界线的位置，这样所有的元素被分割成独立的两个部分(也称为子表)，一部分比 T 大，一部分比 T 小。

● 分别对这两子表元素重复上述过程，直至划分的子表长为1。

快速排序法一趟实现的步骤如下：

● 将第一个元素保存到 T 中。

● 设置两个指针 i 和 j 分别指向表的起始和最后的位置。

● 将 j 逐步减小，并将该位置上的元素 P(j)与 T 比较，直到发现一个 P(j) < T 为止，将 P(j)移到 P(i)的位置上。

● 将 i 逐步增大，并将该位置上的元素 P(i)与 T 比较，直到发现一个 P(i) > T 为止，将 P(i)移到 P(j)的位置上。

● 将上述两个操作交替进行，直到 i = j 为止，将 T 移到该位置上。

如图 1-2-19 所示为快速排序法示意图。

初始保存关键字	49	38	65	97	76	13	27	<u>49</u>
	i↑						↑j	
进行 1 次交换之后	27	38	65	97	76	13		<u>49</u>
	i↑——→i↑						↑j	
进行 2 次交换之后	27	38		97	76	13	65	<u>49</u>
			i↑			↑j ← ↑j		
进行 3 次交换之后	27	38	13	97	76		65	<u>49</u>
			i↑→i↑			↑j		
进行 4 次交换之后	27	38	13		76	97	65	<u>49</u>
				i↑↑j←——↑j				
完成一趟排序	27	38	13	49	76	97	65	<u>49</u>

附图 1-2-19 快速排序法示意图

快速排序算法的时间复杂度是 $O(n\log_2 n)$。

③ 简单插入排序法。

将无序序列中的各元素依次插入已经有序的线性表中。

简单插入排序法的基本思想是：在线性表中，只包含 1 个元素的子表显然是一个有序表,从线性表的第 2 个元素开始直到最后一个元素,逐次将每个元素插入前面已经有序的子表中。

简单排序法的实现步骤如下：

● 线性表中 j-1 个元素已经有序排序,将第 j 个元素放入变量 T 中。

● 从有序子表的最后一个元素开始往前将元素逐个与 T 比较,将大于 T 的元素依次向后移动一个位置,直到发现一个元素不大于 T 为止。

● 将 T 插入到刚移出的空位上,形成了 j 个元素的有序表。

● 重复上述操作,直至所有元素形成有序表。

如图 1-2-20 所示为直接插入排序法示意图。

第 1 次	<u>49</u>	（49）	38	65	97	76	13	27
第 2 次	<u>38</u>	（38	49）	65	97	76	13	27
第 3 次	<u>65</u>	（38	49	65）	97	76	13	27
第 4 次	<u>97</u>	（38	49	65	97）	76	13	27
第 5 次	<u>76</u>	（38	49	65	76	97）	13	27
第 6 次	<u>13</u>	（13	38	49	65	76	97）	27
第 7 次	<u>27</u>	（13	27	38	49	65	76	97）

附图 1-2-20 直接插入排序法示意图

直接插入排序算法的时间复杂度是 $O(n^2)$。

④ 简单选择排序法。

简单选择排序法的基本思想如下：

● 扫描整个线性表,从中选出最小的元素,将它交换到表的最前面。

● 扫描剩下的子表选出最小的元素,将最小的元素与子表中的第一个元素进行交换。

● 重复同样的步骤,直到子表空为止。

如图 1-2-21 所示为简单选择排序法示意图。

原序列	89	21	56	48	85	16	19	47
第1遍选择	16	21	56	48	85	89	19	47
第2遍选择	16	19	56	48	85	89	21	47
第3遍选择	16	19	21	48	85	89	56	47
第4遍选择	16	19	21	47	85	89	56	48
第5遍选择	16	19	21	47	48	89	56	85
第6遍选择	16	19	21	47	48	56	89	85
第7遍选择	16	19	21	47	48	56	85	89

附图 1-2-21　简单选择排序法示意图

简单选择排序算法的时间复杂度是 $O(n^2)$。

1.3　程序设计基础

1.3.1　程序设计的基本概念

程序设计方法是程序设计的重要组成部分，它是一门技术，需要相应的理论、技术、方法和工具支持。就程序设计方法和技术的发展而言，程序设计主要经过了结构化程序设计和面向对象程序设计阶段。除了好的程序设计方法和技术外，程序设计风格也极其重要。良好的程序设计风格可以使程序结构清晰合理、代码便于维护，深刻地影响软件的质量和可维护性，保证程序的质量。

要养成良好的程序设计风格，主要考虑下述因素：

① 源程序文档化：源程序文档中符号的命名应具有实际含义，通过在程序中添加正确的注释帮助理解程序，添加空格、空行和缩进等，使程序层次清晰，结构一目了然。

② 数据说明的方法：注意数据说明的风格，以便使程序中的数据说明易于理解和维护。

③ 语句的结构程序：程序简单易懂，语句构造简单直接，不应为提高效率把语句复杂化。

④ 输入和输出：输入/输出方式和格式应尽可能方便用户使用。

1.3.2　结构化程序设计和面向对象程序设计

1. 结构化程序设计

由于软件危机的出现，人们开始研究程序设计方法，其中最受关注的是 20 世纪 70 年代提出的"结构化程序设计"的思想和方法。结构化程序设计方法引入了工程思想和结构化思想，设计出的程序易于理解、使用和维护，提高了编程工作的效率，降低了软件开发成本，使大型软件的开发和编程得到了极大的改善。

结构化程序设计方法的主要原则为：自顶向下、逐步求精、模块化设计和限制使用 goto 语句。

① 自顶向上：程序设计时先考虑整体，后考虑细节；先考虑全局目标，后考虑局部目标。

② 逐步求精：对复杂问题应设计一些子目标作为过渡，逐步细化。

③ 模块化设计：把程序要解决的总目标分解为子目标，再进一步分解为具体的小目标。把每个小目标称为一个模块，对应每一个小问题或子问题编写出一个功能上相对独立的程序块，最后再统一组装。

④ 限制使用 goto 语句：goto 语句是有害的，在程序开发过程中要限制使用 goto 语句。

2. 面向对象程序设计

面向对象程序设计是在 20 世纪 80 年代提出的，它汲取了结构化程序设计中好的思想，引入了新的概念和思维方式，给程序设计工作提供了一种全新的方法。面向对象程序设计方法主张从客观世界固有的事物出发来构造系统，提倡用人类在现实生活中常用的思维方式来认识、理解和描述客观事物，强调最终建立的系统能够映射问题域，也就是说，系统中的对象以及对象之间的关系能够如实地反映问题域中固有的事物及其关系。

与传统的结构化程序设计相比，面向对象程序设计方法具有许多明显的优点：

● 与人类习惯的思维方法一致：面向对象方法和技术以对象为核心。对象是数据和容许的操作组成的封装体，与客观实体有直接的对应关系。对象之间通过消息互相联系，以模拟现实世界中不同事物彼此之间的联系。

● 稳定性好：面向对象的软件系统的结构是根据问题领域的模型建立起来的，而不是基于对系统应完成的功能的分解，所以当对系统的功能需求变化时并不会引起软件结构的整体变化，往往仅需做一些局部性的修改。

● 可重用性高：面向对象的软件开发技术在利用可重用的软件成分构造新的系统时，有很多的灵活性。有两种方法可以重复使用一个对象类：一种方法是创建该类的实例，从而直接使用它；另一种方法是从它派生出一个可以满足当前需要的新类。继承性机制使得子类不仅可以重用父类的数据结构和程序代码，而且可以在父类代码的基础上方便地修改和扩充，这种修改和扩充并不影响对原有类的使用。可见面向对象的软件开发技术所实现的可重用性是自然和准确的。

● 易于开发大型软件产品：用面向对象模型开发软件时，可以把一个大型产品看作是一系列本质上相互独立的小产品来处理，这就不仅降低了开发的技术难度，而且也使得对开发工作的管理变得容易。

● 可维护性好：用面向对象技术开发出的软件稳定性较好，易理解、测试和修改，可维护性好。

关于面向对象方法，对其概念有许多不同的看法和定义，但都涵盖对象及对象的属性与方法、类、消息、继承、多态性几个基本要素。下面分别介绍面向对象中这几个重要的基本概念，这些概念是理解和使用面向对象方法的基础和关键。

（1）对象

● 对象：用来表示客观世界中的任何实体，应用领域中有意义的、与所要解决的问题有关系的任何事物都可以作为对象。

● 方法或服务：对象的操作。

● 属性：对象所包含的信息，它在设计对象时确定，一般只能通过执行对象的操作来改变。

例如，一辆汽车是一个对象，它包含了汽车的属性（如颜色、型号、载重量等）及其操作（如启动、刹车等）。属性值应该指的是纯粹的数据值，而不能指对象。操作描述了对象执行的功能,若通过信息的传递,还可以为其他对象使用。

对象具有如下特征：

① 标识唯一性：对象是可区分的,并且由对象的内在本质来区分,而不是通过描述来区分。

② 分类性：可以将具有相同属性和操作的对象抽象成类。

③ 多态性：同一个操作可以是不同对象的行为。

④ 封装性：从外面只能看见对象的外部特征,即只需知道数据的取值范围和可以对该数据施加的操作,根本无需知道数据的具体结构以及实现操作的算法。对象的内部,即处理能力的实行和内部状态对外是不可见的。从外面不能直接使用对象的处理能力,也不能直接修改其内部状态,对象的内部状态只能由其自身改变。

⑤ 模块独立性好：对象是面向对象的软件的基本模块,它是由数据及可以对这些数据施加的操作所组成的统一体,而且对象是以数据为中心的,操作围绕对数据所需做的处理来设置,没有无关的操作。从模块的独立性考虑,对象内部各种元素彼此结合得很紧密,内聚性强。

（2）类和实例

类是具有共同属性、共同方法的对象的集合。它描述了属于该对象类型的所有对象的性质,而一个对象则是其对应类的一个实例。类是关于对象性质的描述,它同对象一样,包括一组数据属性和在数据上的一组合法操作。

（3）消息

消息是实例之间传递的信息,它请求对象执行某一处理或回答某一要求的信息,它统一了数据流和控制流。一个消息由三部分组成：接收消息的对象的名称、消息标识符（消息名）和零个或多个参数。

（4）继承

广义地说,继承是指能够直接获得已有的性质和特征,而不必重复定义它们。继承分为单继承与多重继承。单继承是指一个类只允许有一个父类,即类等级为树形结构。多重继承是指一个类允许有多个父类。

（5）多态性

对象根据所接受的消息而做出动作,同样的消息被不同的对象接受时可导致完全不同的行动,该现象称为多态性。

1.3.3 常用程序设计语言

语言是用于通信的。人们常使用的自然语言用于人与人之间的通信,而程序设计语言则用于人与计算机之间的通信。计算机是一种电子机器,其硬件使用的是二进制语言,与自然语言差别太大了。程序设计语言是一种既可使人准确地描述解题方法,又可以使计算机也很容易地理解和执行的语言。程序员使用这种语言来编制程序,精确地表达需要计算机完成什么任务,计算机就按照程序的规定去完成任务。程序设计语言已经历了50多年的发展,其技术和方法日臻成熟。下面介绍程序设计语言的基本知识。

1. 程序设计语言

程序设计语言按其级别可以分为机器语言、汇编语言和高级语言三大类。

（1）机器语言

机器语言就是计算机的指令系统。用机器语言编写的程序可以被计算机直接执行。但由于不同计算机的指令系统不同,因而在一种类型计算机上编写的机器语言程序,在另一种不同类型的计算机上也可能不能运行。更有甚者,机器语言程序全部用二进制(八进制、十六进制)代码编制,人们不易记忆和理解,也难于修改和维护,所以现在已经不再用机器语言编制程序了。

（2）汇编语言

汇编语言用助记符来代替机器指令的操作码和操作数,如用 ADD 表示加法,SUB 表示减法,MOV 表示传送数据等。这样就能使指令使用符号表示而不再使用二进制表示。用汇编语言编写的程序与机器语言程序相比,虽然可以提高一点效率,但仍然不够直观。

（3）高级语言

为了克服汇编语言的缺陷,提高编写和维护程序的效率,一种接近人们自然语言(指的是英语和数学语言)的程序设计语言应运而生了,这就是高级语言。

高级语言的表示方法接近解决问题的表示方法,具有通用性,在一定程度上与机器无关。例如,要计算"$1055 - (383 + 545)$"的值,并把结果赋值给变量 s,高级语言可以直接写成:$s = 1055 - (383 + 545)$。

显然,这与使用数学语言对计算过程的描述是一致的,而且这样的描述(附图 1-3-1)适用于任何配置了这种高级语言处理系统的计算机。由此可见,高级语言的特点是易学、易用、易维护,人们可以更有效、更方便地用它来编制各种用途的计算机程序。

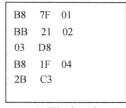
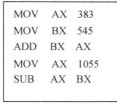
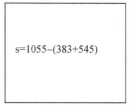

(a) 机器语言程序　　　(b) 汇编语言程序　　　(c) 高级语言程序

附图 1-3-1　三种语言编写的计算"$1055 - (383 + 545)$"的程序

2. 程序设计语言处理系统

除了机器语言程序外,其他程序设计语言编写的程序都不能直接在计算机上执行,需要对它们进行适当的变换。语言处理系统的作用是把用程序语言(包括汇编语言和高级语言)编写的程序变换成可在计算机上执行的程序,或进而直接执行得到计算结果。被翻译的语言和程序称为源语言或源程序,而翻译生成的语言和程序称为目标语言和目标程序。

按照不同的翻译处理方法,编译程序可分为以下三类:

● 汇编程序:从汇编语言到机器语言的翻译程序。

● 解释程序:按源程序中语句的执行顺序,逐条翻译并立即执行相应功能的处理程序。

● 编译程序:从高级语言到汇编语言(或机器语言)的翻译程序。

由于汇编语言的指令与机器语言的指令大体上保持一一对应的关系，因而汇编程序较为简单，以下只对解释程序和编译程序作简要说明。

（1）解释程序

解释程序对源程序进行翻译的方法相当于两种自然语言间的"口译"。解释程序对源程序的语句从头到尾逐句扫描、逐句翻译，并且翻译一句执行一句，因而这种翻译方式并不形成机器语言形式的目标程序。

解释程序的优点是实现算法简单，且易于在解释过程中灵活方便地插入所需要的修改和调试措施；其缺点是运行效率低。例如，对于源程序中需要多次重复执行的语句，解释程序反复地取出、翻译和解释它们。因此，解释程序通常适合于交互方式工作的或在调试状态下运行的或运行时间和解释时间相差不多的程序。

（2）编译程序

编译程序对源程序翻译的方法相当于"笔译"。在编译程序的执行过程中，要对源程序扫描一遍或几遍，最终形成一个可在具体计算机上执行的目标程序。编译程序的实现算法较为复杂，但通过编译程序的处理可以产生高效率运行的目标程序，并把它保存在磁盘上，以备多次执行。因此，编译程序更适合于翻译哪些规模大、结构复杂、运行时间长的大型应用程序。

3. 常见程序设计语言

（1）FORTRAN 语言

FORTRAN(Formula Translation，公式翻译)语言是世界上第一个被正式推广使用的高级语言，是为科学、工程问题或企事业管理中的那些能够用数学公式表达的问题而设计的，其数值计算的功能较强。它是 1954 年被提出来的，1956 年开始正式使用，至今已有五十多年的历史，但仍历久不衰，始终是数值计算领域所使用的主要语言。

与同样常用于科学运算的其他语言相比，FORTRAN 语言的书写和语法规则严格，提供了对数组和复数的直接运算功能，可直接对数组和复数进行运算，大大简化了运算过程。此外，FORTRAN 语言具有不可替代的并行计算功能，使其在并行计算领域独领风骚。

FORTRAN 语言目前最新的国际标准是 FORTRAN 2003。

（2）BASIC 和 VB 语言

BASIC 英文名称的全名是"Beginner's All-Purpose Symbolic Instruction Code"，意为"初学者通用指令代码"，是一种在计算机发展史上应用最为广泛的程式语言。BASIC 语言构成简单，可以在计算机上边编写、边修改、边运行，仅适用于科学计算，也适用于事务管理、计算机辅助教学和游戏编程、图形处理、音乐演奏等方面。

1988 年微软公司推出 Visual Basic for Windows 即 VB，它可以方便使用 Windows 图形用户界面编程，并可调用 Windows 的许多功能，成为 Windows 环境一枝独秀的易学易用软件开发工具。此后，微软公司不断推出新版的 VB，2010 年 4 月 12 日在 Visual Studio 2010 内推出 Visual Basic 2010。

VB 程序可以嵌入在 HTML 文档中以扩充网页的功能，这种嵌入在 HTML 文档中的小程序称为脚本(Script)，脚本使用 VBScript 语言(VB 的子集)编写。借助于脚本 HTML 文档可以动态修改网页的内容和控制文档的展现，还可以检验用户的信息是否正确等，给网页功能的扩展和 Web 应用的开发提供了很大方便。

在微软公司的 Office 软件中还包含了一种称为 VBA 的程序设计语言,它也是 VB 的子集。VBA 与 VB 的不同之处在于它没有自己的开发环境,必须寄生于已有的应用程序,即要有一个宿主程序才能开发,也不能创建独立的应用程序(即不能生成.exe 可执行文件),所开发出来的程序(称为"宏")必须由它的宿主程序才能运行。

（3）Java 语言

Java 是一种由 Sun Microsystems 公司于 1995 年 5 月推出可以撰写跨平台应用软件的面向对象的程序设计语言。Java 语言的基本特征是:适用于网络环境编程,具有平台独立性、安全性和稳定性。Java 语言受到了很多领域的重视,取得了快速的发展,广泛应用于个人 PC、数据中心、游戏控制台、科学超级计算机、移动电话和互联网,同时拥有全球最大的开发者专业社群。在全球云计算和移动互联网的产业环境下,Java 更具备了显著优势和广阔前景。

（4）C、C++ 和 C#语言

C 语言是 1972 年间由 AT&T 贝尔实验室的 D. M. Ritchie 在 BCPL(Basic Combined Programming Language)语言基础上设计而成,著名的 UNIX 操作系统就是用 C 语言编写的。C 语言简洁紧凑、灵活方便,具有丰富的数据结构和运算符,包括 9 种控制语句,程序书写形式自由,区分大小写。由于 C 语言允许直接访问物理地址,可以直接对硬件进行操作,能够像汇编语言一样对位(bit)、字节和地址进行操作,适于编写系统软件、三维和二维图形和动画、单片机以及嵌入式系统开发。

C++ 语言是以 C 语言为基础发展起来的面向对象的程序设计语言,它最先由贝尔实验室的 B. Stroustrup 在 20 世纪 80 年代设计并实现,是对 C 语言的扩充。由于 C++ 语言既有数据抽象和面向对象能力,运行性能高,又能与 C 语言兼容,使得数量巨大的 C 语言程序能方便地在 C++ 语言环境中得以运用,因而 C++ 语言十分流行,一直是面向对象程序设计的主流语言。

C#(发音为 C sharp)是微软公司在 2000 年 6 月发布的运行于 .NET Framework 之上,由 C 和 C++ 衍生出来的面向对象的高级程序设计语言。C#非常类似于 C++,但实际上更接近 Java 语言,还融合了 VB 等其他语言的特征。C#是基于通用语言框架(Common Language Infrastructure,CLI)而设计的语言之一。由于 CLI 定义了一个与语言无关的跨体系结构的运行环境,使用 C#所开发的程序无需修改即可运行在不同的计算机平台上,因而它可以与具有跨平台运行特性的 Java 语言相抗衡。

1.4　软件工程基础

1.4.1　软件工程的基本概念

1. 软件定义与特点

国标(GB)中对软件的定义为:与计算机系统的操作相关的计算机程序、规程、规则以及可能有的文件、文档及数据。可见,软件由两部分组成:一是机器可执行的程序和数据;二是机器不可执行的,与软件开发、运行、维护、使用等有关的文档。

要深入了解软件的定义需要了解软件的特点：

① 软件是一种逻辑实体，而不是物理实体，具有抽象性。

② 软件的生产没有明显的制作过程，一旦研制开发成功，可以大量拷贝同一内容的副本。

③ 软件在运行、使用期间不存在磨损、老化问题。

④ 软件的开发、运行对计算机系统具有依赖性，受计算机系统的限制，会产生软件的移植方面的问题。

⑤ 软件复杂性高，开发需要投入大量高强度的脑力劳动，成本昂贵，风险大。

⑥ 软件的开发涉及各方面的社会因素。

根据应用目标的不同，软件是多种多样的，按功能可分为：

● 应用软件：为解决特定领域的应用而开发的软件。

● 系统软件：管理自身资源，提高计算机使用效率并为计算机用户提供各种服务的软件。

● 支撑软件：介于两者之间，协助用户开发软件的工具性软件。

2. 软件危机与软件工程

20 世纪 60 年代以后，"软件危机"这个词频繁出现。所谓软件危机是泛指在计算机软件的开发和维护过程中所遇到的一系列严重问题：软件规模越来越大，复杂程度不断增加，成本逐年上升，质量没有可靠保证，软件已经成为计算机科学发展的"瓶颈"。

为了消除软件危机，通过认真研究解决软件危机的方法，逐步形成了软件工程的概念。软件工程就是试图用工程、科学和数学的原理与方法研制、维护计算机软件的有关技术和管理的方法。软件工程包括三个要素：

● 方法：完成软件工程项目的技术手段。

● 工具：支持软件的开发、管理、文档生成。

● 过程：支持软件开发的各个环节的控制、管理。

软件工程的核心思想是把软件产品看作是一个工程产品来处理。把需求分析、可行性研究、工程审核、质量监督等工程化的概念引入到软件生产当中，以期达到工程项目的三个基本要素：进度、经费和质量的目标。

3. 软件生命周期

软件产品从提出、实现、使用维护到停止使用退役的过程称为软件生命周期。软件生命周期分为三个时期共八个阶段：

● 软件定义期：包括问题定义、可行性研究和需求分析三个阶段。

● 软件开发期：包括概要设计、详细设计、软件实现和软件测试四个阶段。

● 运行维护期：包括使用和维护阶段。

软件生命周期各个阶段的活动可以有重复，执行时也可以有迭代，如附图 1-4-1 所示。

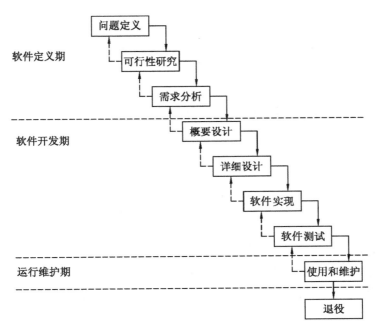

附图 1-4-1　软件生命周期

附图 1-4-1 中软件生命周期各阶段的主要任务见附表 1-4-1。

附表 1-4-1　软件生命周期各阶段的主要任务

任　　务	描　　述
问题定义	确定要求解决的问题是什么
可行性研究 与计划制订	决定该问题是否存在一个可行的解决办法,指定完成开发任务的实施计划
需求分析	对待开发软件提出需求进行分析并给出详细定义。编写软件规格说明书及初步的用户手册,提交评审
软件设计	通常又分为概要设计和详细设计两个阶段,给出软件的结构、模块的划分、功能的分配以及处理流程。该阶段提交评审的文档有概要设计说明书、详细设计说明书和测试计划初稿
软件实现	在软件设计的基础上编写程序。该阶段完成的文档有用户手册、操作手册等面向用户的文档以及为下一步做准备而编写的单元测试计划
软件测试	在设计测试用例的基础上,检验软件的各个组成部分,编写测试分析报告
运行维护	将已交付的软件投入运行,同时不断维护,进行必要而且可行的扩充和删改

1.4.2　结构化分析和设计方法

1. 结构化分析方法

（1）结构化分析方法的定义

结构化分析方法是结构化程序设计理论在软件需求分析阶段的运用。按照 DeMarco 的定义"结构化分析方法就是使用数据流图（DFD）、数据字典（DD）、结构化英语、判定表和判定树等工具，来建立一种新的、称为结构化规格说明的目标文档"，结构化分析方法的实质是着眼于数据流，自顶向下，逐层分解，建立系统的处理流程，以数据流图和数据字典为主要工具，建立系统的逻辑模型。

（2）结构化分析方法常用工具

● 数据流图（DFD）：描述数据处理过程的工具，是需求理解的逻辑模型的图形表示，它直接支持系统的功能建模。

● 数据字典（DD）：是对数据流图中所有元素的定义的集合，是结构化分析的核心。

● 判定树 ：从问题定义的文字描述中分清判断的条件和结论，找出判断条件之间的从属关系、并列关系、选择关系，并根据它们构造判定树。

● 判定表：如果数据流图中的加工是由于一组条件取值的组合而引发的，使用判定表描述比较适宜。

（3）软件需求规格说明书

软件需求规格说明书是需求分析阶段的最后成果，是软件开发的重要文档之一。它的特点是具有正确性、无歧义性、完整性、可验证性、一致性、可理解性、可修改性和可追踪性。

2. 软件设计方法

（1）软件设计的基础

软件设计是软件工程的重要阶段，是一个把软件需求转换为软件表示的过程。软件设计的基本目标是用比较抽象概括的方式确定目标系统如何完成预定的任务，即软件设计是确定系统的物理模型。从工程管理角度来看，软件设计分两步完成：概要设计和详细设计。

● 概要设计：将软件需求转化为软件体系结构，确定系统级接口、全局数据结构或数据库模式。

● 详细设计：确立每个模块的实现算法和局部数据结构，用适当方法表示算法和数据结构的细节。

（2）软件设计的基本原理

软件设计遵循软件工程的基本目标和原则，建立适用于在软件设计中应该遵循的基本原理和与软件设计有关的概念。

● 抽象：把事物的本质特征提取出来，而不考虑其他细节。软件设计中考虑模块化解决方案时，可以定出多个抽象级别。抽象的层次从概要设计到详细设计逐步降低。

● 模块化：解决复杂问题时自顶向下逐层把软件系统划分成若干小的简单模块的过程。

● 信息隐蔽：在一个模块内包含的信息（过程或数据），对于不需要这些信息的其他模块来说是不能访问的。

● 模块独立性：每个模块只完成系统要求的独立子功能，并且与其他模块的联系最少且接口简单。衡量软件的模块独立性使用内聚性和耦合性两个定性的度量标准。内聚性：一个模块内部各元素间彼此结合的紧密程度的度量。耦合性：模块间互相连接的紧密程度的度量。一个模块的内聚性越强，则该模块的模块独立性越强；耦合性越强，则该模块的模块独立性越弱。一般较优秀的软件设计，应尽量做到高内聚，低耦合，即减弱模块之间的耦合性和提高模块的内聚性，有利于提高模块的独立性。

1.4.3 软件测试和程序的调试

1. 软件测试

（1）软件测试的定义及其目的

软件测试是使用人工或自动手段来运行或测定某个系统的过程，其目的在于检验它是否满足规定的需求或弄清预期结果与实际结果之间的差别。

关于软件测试的目的，Grenford J. Myers 给出了更深刻的阐述：

● 测试是为了发现程序中的错误而执行程序的过程。

● 好的测试用例（test case）能发现迄今为止尚未发现的错误。

● 一次成功的测试能发现至今为止尚未发现的错误。

测试的目的是发现软件中的错误，但是，暴露错误并不是软件测试的最终目的，测试的根本目的是尽可能多地发现并排除软件中隐藏的错误。

（2）软件测试的准则

鉴于软件测试的重要性，要做好软件测试，设计出有效的测试方案和好的测试用例，软件测试人员必须充分理解和运用以下软件测试的基本准则：

● 所有测试都应追溯到需求。

● 严格执行测试计划，排除测试的随意性。

● 充分注意测试中的群集现象。

● 程序员应避免检查自己的程序。

● 穷举测试不现实。

● 妥善保存测试计划、测试用例、出错统计和最终分析报告，为维护提供方便。

（3）软件测试的方法

软件测试具有多种方法，依据软件是否需要被执行，可以分为静态测试和动态测试方法。

● 静态测试：包括代码检查、静态结构分析、代码质量度量等，其中代码检查分为代码审查、代码走查、桌面检查、静态分析等具体形式。静态测试不实际运行软件，主要通过人工进行分析，也可以借助软件工具自动完成。

● 动态测试：通过运行软件来检验软件中的动态行为和运行结果的正确性。动态测试的关键是使用设计高效、合理的测试用例。测试用例就是为测试设计的数据，由测试输入数据和预期的输出结果两部分组成。

如果依照功能划分，可以分为白盒测试和黑盒测试方法。

● 白盒测试：把程序看成装在一只透明的白盒子里，测试者完全了解程序的结构和处理算法。这种方法根据程序的内部逻辑来测试程序，检测程序中的主要执行通路是否都按预定的要求正确地工作。白盒测试又称为结构测试。

● 黑盒测试：把程序看成一只黑盒子，测试者完全不考虑程序的内部结构和处理过程。它只检查程序功能是否能按照规格说明书的规定正常使用，程序是否能适当地接收输入数据并产生正确的输出信息，程序运行过程中能否保持外部信息的完整性。黑盒测试又称为功能测试。

（4）软件测试的实施

软件测试是一个过程，其测试流程是该过程规定的程序，目的是使软件测试工作系统化。软件测试过程一般按 4 个步骤进行：

● 单元测试：对软件设计的最小单位——模块（程序单元）进行正确性检验测试。单元测试的目的是发现各模块内部可能存在的各种错误。

● 集成测试：测试和组装软件的过程，主要目的是发现与接口有关的错误，主要依据是概要设计说明书。集成测试所涉及的内容包括：软件单元的接口测试、全局数据结构测试、边界条件和非法输入的测试等。

● 验收测试：验证软件的功能和性能及其他特性是否满足了需求规格说明中确定的各种需求，包括软件配置是否完全、正确。

● 系统测试：通过测试确认的软件，作为整个基于计算机系统的一个元素，与计算机硬件、外设、支撑软件、数据和人员等其他系统元素组合在一起，在实际运行（使用）环境下对计算机系统进行一系列的集成测试和确认测试。

2. 程序的调试

在对程序进行了成功的测试之后将进入程序调试（通常称 Debug，即排错）。程序的调试任务是诊断和改正程序中的错误。调试主要在开发阶段进行。程序调试活动由两部分组成：一是根据错误的迹象确定程序中错误的确切性质、原因和位置；二是对程序进行修改，排除这个错误。

（1）程序调试的基本步骤

● 错误定位：从错误的外部表现形式入手，研究有关部分的程序，确定程序中出错位置，找出错误的内在原因。

● 修改设计和代码，以排除错误。

● 进行回归测试，防止引进新的错误。

（2）软件调试方法

调试的关键在于推断程序内部的错误位置及原因。从是否跟踪和执行程序的角度，软件调试可分为静态调试和动态调试。静态调试主要是指通过人的思维来分析源程序代码和排错，是主要的调试手段，而动态调试是辅助静态调试的。

 思考与练习

1. 什么是算法？如何对算法进行描述？

2. 什么是数据的逻辑结构？什么是数据的存储结构？

3. 线性表的顺序存储结构有什么特点？链式存储结构有什么特点？

4. 什么是循环队列？如何计算循环队列的元素个数？

5. 什么是二叉树的前序遍历、中序遍历、后序遍历？

6. 说明机器语言、汇编语言和高级语言的不同特点和使用场合。

7. 高级语言编写的程序，需要经过怎样的处理才能被计算机硬件执行？

8. 说出你所熟悉的程序设计语言。

9. 什么是软件危机？它有哪些典型表现？为什么会出现软件危机？

10. 什么是软件工程？它有哪些本质特征？怎样用软件工程消除软件危机？

第 2 章　数据库技术基础

数据处理是目前计算机应用最广泛的领域。20 世纪 60 年代末,数据库技术作为数据处理中的一门新技术发展起来。目前,数据库技术已经成为计算机软件领域的一个重要分支,并形成了较为完整的理论体系和实用技术。

2.1　数据和数据处理

1. 数据

数据是用来记录现实世界事物的可以识别的物理符号,它存储在一定的媒体上。数据的形式是多种多样的。描述同一数据时可以采用不同的数据形式,而数据的内涵不随数据形式的不同而改变。

例如,描述一个学生可用学号、姓名、性别、出生日期、系别、入学年份、照片等,这里采用了字符、日期、数字、图像来描述。入学年份既可以用数字表示,也可以用字符表示。用(″120102″、″赵琴″、″男″、#1996 – 5 – 1#、″计算机系″、2015、图片 A)这些数据就可以表示一个具体的学生了。

2. 信息

信息是一种被加工为特定形式的数据,通过处理数据可以得到信息,通过分析信息可以产生决策。例如,今天最低温度为 10℃,昨天最低温度为 18℃,处理数据得到信息温差为 – 8℃,分析信息发现降温了,做出多穿衣的决策。

3. 数据处理

数据处理是将数据转换成信息的过程,包括对数据的收集、存储、加工、检索、传输等一系列活动。其目的是从大量的原始数据中抽取和推导出有价值的信息,作为决策的依据。数据处理的核心是数据管理。

2.2　计算机数据管理的发展

随着计算机硬件和软件的发展,计算机数据管理方法至今大致经历了三个阶段:人工管理阶段、文件系统阶段、数据库系统阶段。

1. 人工管理阶段

20 世纪 50 年代以前,计算机主要用于科学计算,数据管理处于人工管理阶段,数据处理的方式基本是批处理。人工管理阶段主要特点就是没有专门的软件对数据进行管理,由应用程序管理数据;数据面向应用程序,数据不能共享,缺乏独立性,也不易长期保存数据。

2. 文件系统阶段

20 世纪 50 年代后期到 60 年代中期,数据管理进入文件系统阶段。这个阶段是将数据组织成若干相互独立的文件,用户通过操作系统对文件进行操作。

和人工管理阶段相比,这个阶段有了很多改进和提高,但是随着数据量的增加及数据管理规模的扩大,文件系统显现出大量冗余及数据不一致等缺陷。

3. 数据库系统阶段

20 世纪 60 年代后期以来,为了克服文件系统的弊端,数据管理进入了新的阶段,即数据库系统阶段。

数据库系统具有如下特点:

① 数据的集成性。

② 数据的高共享性和低冗余性。

③ 数据的独立性。

④ 数据的统一管理与控制。

2.3 数据库系统的组成

1. 数据库系统(DataBase System,简称 DBS)

数据库系统是指在计算机系统中引入数据库后的系统,一般由数据库、数据库管理系统及其开发工具、应用程序、数据库管理员和最终用户等构成,如附图 2-3-1 所示。

数据库系统的物理组成包括硬件、软件和人三部分,其关系如附图 2-3-2 所示。

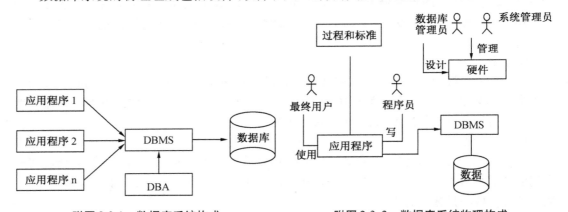

附图 2-3-1　数据库系统构成　　　　附图 2-3-2　数据库系统物理构成

硬件是数据库系统所有的物理设备,包括计算机、计算机外围设备及网络连接设备。

软件是数据库系统中被计算机使用的程序的集合,包括操作系统、数据库管理系统和各种应用程序。

人是指数据库系统的各种用户:数据库管理员、程序员和最终用户等,每一类用户都完成相关职能。

2. 数据库(DataBase,简称 DB)

数据库是长期存储在计算机内有组织的共享的数据集合。数据库中的数据按一定的数据模型组织、描述和储存。其特点包括集成性、共享性。

3. 数据库管理系统(DataBase Management System,简称 DBMS)

数据库管理系统作为数据库系统的核心软件,主要目标是使数据成为方便各种用户使用的资源,并提高数据的安全性、完整性和可用性。

4．用户（User）

用户是指使用数据库的人，即对数据库的存储、维护和检索等操作的人。用户大致可分为终端用户、应用程序员和数据库管理员。

终端用户（End User）主要是使用数据库的各级管理人员、工程技术人员、科研人员，一般为非计算机专业人员；应用程序员（Application Programmer）负责为终端用户设计和编制应用程序，以便终端用户对数据库进行存取操作。数据库管理员（DadaBase Administrator，简称 DBA）是专门从事数据库建立、使用和维护的工作人员。

2.4 数据库系统的模式结构

数据模式是数据库系统中数据结构的一种表示形式。数据库系统的模式由三个层次构成，形成了一个三层体系结构，包括外部层、概念层和内部层。具体如附图 2-3 所示。

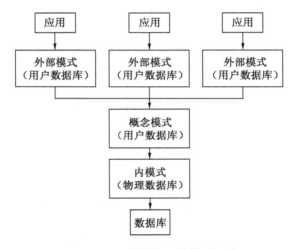

附图 2-4-1 数据库系统模式组成

概念层含概念模式，是数据库中全体数据的全局逻辑结构和特征描述，它为用户群体描述了整个数据库的结构。概念层支持所有外部视图，只要对用户可访问的数据包含在概念层或可由概念层导出。

外模式或用户模式，是概念模式的子集，是数据的局部逻辑结构，也是数据库用户看到的数据视图。外部层包含许多外模式，每个外模式描述的是一个特定用户组所感兴趣的数据库，而对该用户组隐藏数据库的其他部分。对于同一个数据，不同的视图可能会有不同的表达方式。

内部层含内模式，描述的是数据库的物理存储结构。内部层之下是物理层，在 DBMS 的指导下受操作系统的控制。处于 DBMS 之下的物理层所包含的内容只有操作系统掌握。

在三级模式之间，通过两级映射实现模式之间的联系和转换。两级映射为：概念模式到内模式的映射、外模式到概念模式的映射。两级映射保证了数据的独立性，即数据的物理存储结构或概念视图发生变化时，可以通过改变两级映射，使外部模式保持不变，因此应用程序保持不变。

2.5 概念模型

在数据处理中,数据加工经历了现实世界、信息世界和计算机世界三个不同的世界,经历了两级抽象和转换。首先将现实世界的事物及联系抽象成信息世界的概念模型,然后再抽象成计算机世界的数据模型。

概念模型是一种面向用户的模型,与具体的数据库管理系统无关,它并不依赖于具体的计算机系统,不是某一个 DBMS 所支持的数据模型。概念模型经过抽象,转换成计算机上某一 DBMS 支持的数据模型。

1. 概念模型中的基本概念

（1）实体（Entity）

实体是一个数据对象,指应用中可以区别的客观存在的事物。

（2）属性（Attribute）

实体所具有的某一特性称为属性。

（3）实体集（Entity Set）

所有属性名完全相同的同类实体的集合,称为实体集。

（4）码（Key）

能惟一标识实体的属性或属性集,称为码,有时也称为实体标识符,或简称为键。

（5）域（Domain）

属性的取值范围称为该属性的域（值域）。

2. 概念模型中实体的联系（Relationship）

在现实世界中,事物内部以及事物之间是有联系的,这些联系在信息世界中反映为实体（型）内部的联系和实体（型）之间的联系。实体内部的联系通常是指组成实体的各属性之间的联系,实体之间的联系通常是指不同实体集之间的联系。

两个实体集之间的联系可归纳为以下三类:

（1）一对一联系（1:1）

如果对于实体集 E1 中的每个实体,实体集 E2 至多有一个（也可没有）实体与之联系,反之亦然,那么实体集 E1 和 E2 的联系称为“一对一联系”,记为“1:1”。

（2）一对多联系（1:n）

如果实体集 E1 中每个实体可以与实体集 E2 中任意个（零个或多个）实体间有联系,而 E2 中每个实体至多和 E1 中一个实体有联系,那么称 E1 对 E2 的联系是“一对多联系”,记为“1:n”。

（3）多对多联系（m:n）

如果实体集 E1 中每个实体可以与实体集 E2 中任意个（零个或多个）实体有联系,反之亦然,那么称 E1 和 E2 的联系是“多对多联系”,记为“m:n”。

3. 概念模型的表示方法

概念模型的表示方法很多,其中被广泛采用的是实体联系模型（Entity-Relationship Model）,简称为 E-R 模型。

E-R 模型主要的元素是:实体集、属性、联系集,其表示方法如下:

① 实体用方框表示,方框内注明实体的命名。

② 属性用椭圆形框表示,框内写上属性名,并用无向连线与其实体集相连,加下划线的属性为标识符。

③ 联系用菱形框表示,并用线段将其与相关的实体连接起来,并在连线上标明联系的类型,即 1∶1、1∶n、m∶n,如附图 2-5-1 所示。

因此,E-R 模型也称为 E-R 图。E-R 图(E-R Diagram)是用来描述实体集、属性和联系的图形。图中每种元素都用结点表示。用实线来连接实体与属性、实体与联系、联系与属性,如附图 2-5-2 所示。

附图 2-5-1　E-R 图基本标记

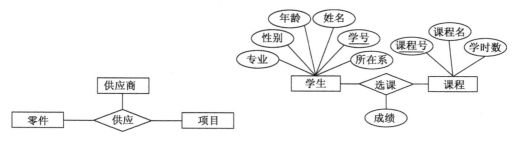

附图 2-5-2　E-R 图

2.6　数据模型

数据模型是数据库系统的核心和基础,任何 DBMS 都支持一种数据模型。数据模型通常由数据结构、数据操作和完整性约束三部分组成。

目前,数据库领域中最常用的数据模型有四种,分别是:层次模型、网状模型、关系模型和面向对象模型。其中,前两类模型称为非关系模型。

1. 层次模型

层次模型的数据结构是树,有且仅有一个结点无父结点,这样的结点称为根结点,每个非根节点有且只有一个父结点。在层次模型中,一个结点可以有几个子结点,也可以没有子结点。前一种情况下,这几个子结点称为兄弟结点,如附图 2-6-1 中的班和教研室;后一种情况下,该结点称为叶结点,如附图 2-6-1 中的学生和教师。

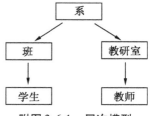

附图 2-6-1　层次模型

2. 网状模型

网状模型中每个结点表示一个记录(实体),每个记录可包含若干个字段(实体的属性),结点间的连线表示记录类型(实体)间的父子关系,箭头表示从箭尾的记录类型到箭头的记录类型间联系是 1∶n 联系。例如,学生和社团间的关系。一个学生可以参加多个社团,一个社团可以由多个学生组成,如附图 2-6-2 所示。

3. 关系模型

关系模型是目前最常用的一种数据模型。关系数据库系统采用关系模型作为数据的组织方式。与层次模型和网状模型相比,关系模型的概念简单、清晰,并且具有严格的数据基础,形成了关系数据理论,操作也直观、容易,因此易学易用。无论是数据库的设计和建立,还是数据库的使用和维护,都比非关系模型简便得多。

关系模型的数据独立性最高,用户基本上不能干预物理存储。在关系模型中,实体及实体间的联系都用表来表示。在数据库的物理组织中,表以文件的形式存储,如附表 2-6-1 所示。

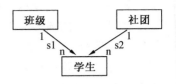

附图 2-6-2　网状模型

4. 面向对象模型

面向对象模型反映了一种定义和使用实体的不同方法,和关系模型中的实体一样,一个对象是由它的实际内容描述的。但与实体不同的是,一个对象所包含的信息不只是对象内部事实之间的联系,也包括它和其他对象的联系。因此,对象里的事实被赋予更多的含义。

附表 2-6-1　学生情况表

学号	姓名	年龄	性别	系号
120101	王利	19	男	01
120102	程红	21	女	02
120103	刘沙	20	男	03

2.7　关系数据库及关系代数运算

关系数据库是利用数学方法处理其中的数据。最早将这类方法用于数据处理是在 1962 年,多年来关系数据库系统的研究取得了长足的发展。

关系数据库是采用关系模型作为数据的组织形式,关系模型由关系数据结构、关系操作集合和关系完整性约束三部分组成。

关系代数是以集合运算为基础发展起来的,它以关系作为运算对象。在关系代数中,用户对关系数据的所有查询操作都是通过关系代数表达式描述的,一个查询就是一个关系代数表达式。

关系代数运算分为两类:一类是基本操作;另一类是由这些基本操作组合而成的操作。

1. 关系代数的 5 个基本操作

关系代数的 5 个基本操作:并、笛卡尔积、差、选择和投影。

（1）并(Union)

设关系 R 和 S 具有相同的关系模式,R 和 S 的并是由 R 或 S 的所有元组构成的集合。例如:

库存关系

编号	品名	数量
2311	彩电	12
2313	冰箱	24
2401	空调	15

进货关系

编号	品名	数量
3201	电脑	31
3312	手机	26

并运算结果

编号	品名	数量
2311	彩电	12
2313	冰箱	24
2401	空调	15
3201	电脑	31
3312	手机	26

（2）差（Difference）

设关系 R 和 S 具有相同的关系模式，R 和 S 的差是由属于 R 但不属于 S 的元组组成的集合。例如：

学生学号	不及格学号	差运算结果

学号
120101
120102
120103
120104

学号
120102
120104

学号
120101
120103

（3）笛卡尔积（Cartesian Product）

设关系 R 和 S 的元组分别为 r 和 s，定义 R 和 S 的笛卡尔积是一个（r+s）元的元组集合，每个元组的前 r 个分量来自 R 的一个元组，后 s 个分量来自 S 的一个元组，记为 R×S。例如：

学生关系

学号	姓名	性别
120101	王飞	男
120102	赵翔	女

院系关系

院系代号	院系名称
01	人文学院
02	数理学院

笛卡尔积

学号	姓名	性别	院系代码	院系名称
120101	王飞	男	01	人文学院
120101	王飞	男	02	数理学院
120102	赵翔	女	01	人文学院
120102	赵翔	女	02	数理学院

（4）投影（Projection）

投影是对关系进行垂直分割的操作。例如：

学生关系

学号	姓名	性别
120101	王飞	男
120102	赵翔	女
120103	李明	男

投影操作

学号	姓名	性别
120101	王飞	男

（5）选择（Selection）

学生关系

学号	姓名	性别
120101	王飞	男
120102	赵翔	女
120103	李明	男

选择操作

学号	姓名
120101	王飞
120102	赵翔
120103	李明

选择是根据条件对关系做水平分割的操作。例如：

2. 关系代数的 4 个组合操作

（1）交（Intersection）

关系 R 和 S 的交是由属于 R 又属于 S 的元组构成的集合。例如：

学生 1 关系

学号	姓名	性别
120101	王飞	男
120102	赵翔	女
120103	李明	男

学生 2 关系

学号	姓名	性别
110101	刘东	女
110102	曹英	女
120103	李明	男

交运算

学号	姓名	性别
120103	李明	男

（2）连接（Join）

从 R 和 S 的笛卡尔积中选取属性值满足条件的元组称为连接。其中以 R 和 S 公共属性相等作为连接条件的称为等值连接。例如：

学生关系

学号	姓名	性别
120101	王飞	男
120102	赵翔	女

成绩关系

学号	课程代号	成绩
120101	01	67
120101	02	72
120103	02	58
120104	01	79

等值连接

学生.学号	姓名	性别	成绩.学号	课程代号	成绩
120101	王飞	男	120101	01	67
120101	王飞	男	120101	02	72

（3）自然连接（Natural Join）

去掉重复属性的等值连接称为自然连接。例如：

学生关系

学号	姓名	性别
120101	王飞	男
120102	赵翔	女

成绩关系

学号	课程代号	成绩
120101	01	67
120101	02	72
120103	02	58
120104	01	79

自然连接

学号	姓名	性别	课程代号	成绩
120101	王飞	男	01	67
120101	王飞	男	02	72

（4）除法（Division）

关系 R 除以 S 表示为 R/S，结果也是个关系，叫做商，其意义表示为由关系 R 中出现而关系 S 中不出现的属性组成，其元组则是关系 S 中所有元组在关系 R 中对应值相同的那些值。例如：

选课关系	
学号	课程代号
S1	C1
S1	C2
S2	C1
S2	C2
S2	C3
S3	C2

课程关系
课程代号
C1
C2
C3

除法运算
学号
S2

2.8　关系数据库设计

数据库的设计是项复杂的工作,涉及多种技术的综合应用,必然要用到很多工程化的设计方法,因此数据库的设计和开发本质上是属于软件工程的范畴。同时,计算机技术的发展也推动了数据库设计技术的发展,计算机辅助设计工具的开发和实现为更方便快捷的数据库开发提供了良好的条件。数据库设计基本过程包括以下几个方面:

1. 需求分析

需求分析阶段需要对系统的整个应用情况作全面的、详细的调查,确定企业组织的目标,收集支持系统总的设计目标的基础数据和对这些数据的要求,确定用户的需求,并把这些要求写成用户和数据库设计者都能接受的需求分析报告。

2. 概念设计

概念设计的目标是产生反映企业组织信息需求的数据库概念结构,即设计出独立于计算机硬件和 DBMS 的概念模式。在概念设计阶段,设计人员从用户的角度看待数据及处理要求和约束,产生一个反映用户观点的概念模式。

3. 数据库逻辑结构设计及优化

数据库的逻辑设计,首先须将概念设计中的 E-R 图转换为等价的关系模式。E-R 图到关系模式的转换还是很直接的,实体和联系都可以表示成关系,E-R 图中的属性也可以转换为关系的属性。

4. 数据库的物理设计

数据库的物理设计就是将给定的基本数据模型选取一个最适合应用环境的物理结构的过程。数据库的物理结构主要包括数据库的存储记录格式、存储记录安排和存取方法。

5. 数据库的实施和运行维护

根据逻辑设计和物理设计的结果,在计算机系统上建立起实际数据库结构、装入数据、测试和试运行的过程称为数据库的实现阶段。数据库系统的正式运行,标志着数据库设计与应用开发工作的结束以及维护阶段的开始。同时,数据库系统只要在运行,就要不断地进行评价、调整和修改。如果应用变化太大,组织工作已无济于事,则表明数据库应用系统生存期已结束,应该设计新的数据库系统。

2.9 常用数据库管理系统简介

目前，商品化的数据库管理系统以关系型数据库为主导产品，技术比较成熟。常见的数据库管理系统有 Oracle、DB2、Sybase、SQL Server、MySQL、Visual FoxPro、Access 等。

1. SQL Server 数据库

SQL Server 是 Microsoft 公司推出的关系型数据库管理系统，具备完善的分布式数据库和数据仓库功能，能够进行分布式事务处理和联机分析处理。SQL Server 具有强大的数据管理功能，提供一套完善的可视化管理工具，并与 Internet 高度集成，能够轻松集成 Web 应用和企业应用系统。

2. Oracle 数据库

Oracle 是以高级结构化查询语言（SQL）为基础的大型关系数据库，它是用方便逻辑管理的语言操纵大量有规律数据的集合，是目前最流行的客户/服务器（C/S）体系结构的数据库之一。

3. Access 数据库

Microsoft Access 2010 中文版是 Office 2010 中文版办公软件的组件之一，具有强大的数据库处理能力。Microsoft Access 2010 是一种功能全面的数据库管理系统，它既可以在其内部存储数据，也可以链接外部数据源中的数据。可以利用 Access 创建地址簿、邀请列表或保存个人爱好的数据库。基于一些编程知识，可以为小型商务创建单用户的应用程序，也可以为多用户创建复杂的客户/服务器数据库，使它在 Intranet 或 Internet 中运行。

 思考与练习

1. 数据库管理系统的主要功能是什么？
2. 试简述文件系统和数据库系统的区别和联系。
3. 概念模型有什么作用？
4. 迪卡尔乘积、连接和自然连接三者有何区别？
5. 数据库设计的过程有哪些？

附录二
题目汇编

第1章　数字技术基础

一、选择题

1. 与信息技术中的感测、通信等技术相比，计算与存储技术主要用于扩展人的_____的功能。

    A. 感觉器官　　　　B. 神经系统　　　　C. 大脑　　　　D. 效应器官

2. 下列关于比特的叙述错误的是_____。

    A. 比特是组成数字信息的最小单位

    B. 比特可以表示文字、图像等多种不同形式的信息

    C. 比特没有颜色，但有大小

    D. 表示比特需要使用具有两个状态的物理器件

3. 三个比特的编码可以表示_____种的不同状态。

    A. 3　　　　　　　B. 6　　　　　　　C. 8　　　　　　　D. 9

4. 十进制数 241 转换成 8 位二进制数是_____.

    A. 10111111　　　　B. 11110001　　　　C. 11111001　　　　D. 10110001

5. 下列四个不同进位制的数中最大的数是_____。

    A. 十进制数 73.5　　　　　　　　　　B. 二进制数 1001101.01

    C. 八进制数 115.1　　　　　　　　　　D. 十六进制数 44

6. 将十进制数 937.4375 与二进制数 1010101.11 相加，其和数是_____.

    A. 八进制数 2010.14　　　　　　　　　B. 十六进制数 412.3

    C. 十进制数 1023.1875　　　　　　　　D. 十进制数 1022.7375

7. 下列不同进位制的四个数中最小的数是_____。

    A. 二进制数 1100010　　　　　　　　　B. 十进制数 65

    C. 八进制数 77　　　　　　　　　　　　D. 十六进制数 45

8. 十进制算式 $7 \times 64 + 4 \times 8 + 4$ 的运算结果用二进制数可表示为_____。

    A. 111001100　　　　B. 111100100　　　　C. 110100100　　　　D. 111101100

9. 采用某种进位制时，如果 $4 \times 5 = 14$，那么，$7 \times 3 =$ _____。

    A. 15　　　　　　　B. 21　　　　　　　C. 20　　　　　　　D. 19

10. 计算机在进行算术和逻辑运算时，运算结果可能产生溢出的是_____。

    A. 两个数作"逻辑加"操作　　　　　　B. 两个数作"逻辑乘"操作

    C. 对一个数作按位"取反"操作　　　　D. 两个异号的数作"算术减"操作

11. 将十进制数 89.625 转换成二进制数后是_____。

    A. 1011001.101   B. 1011011.101   C. 1011001.011   D. 1010011.100

12. 下列关于定点数与浮点数的叙述错误的是_____。

    A. 同一个数的浮点数表示形式并不惟一

    B. 浮点数的表示范围通常比定点数大

    C. 整数在计算机中用定点数表示,不能用浮点数表示

    D. 计算机中实数是用浮点数来表示的

13. 若十进制数"−57"在计算机内表示为 11000111,则其表示方式为_____。

    A. ASCII 码   B. 反码   C. 原码   D. 补码

14. 在计算机中广泛使用的 ASCII 码,其中文含义是_____。

    A. 二进制编码   B. 常用的字符编码

    C. 美国标准信息交换码   D. 汉字国标码

15. 十进制数"−44"用 8 位二进制补码表示为_____。

    A. 10101011   B. 11010100   C. 11010110   D. 01010101

16. 一个 8 位补码由 4 个"1"和 4 个"0"组成,则可表示的最大的十进制整数为_____。

    A. 120   B. 60   C. 15   D. 240

17. 采用补码表示法,整数"0"只有一种表示形式,该表示形式为_____。

    A. 1000⋯00   B. 0000⋯00   C. 1111⋯11   D. 0111⋯11

18. 已知 X 的补码为 10011000,则它的原码是_____。

    A. 1101000   B. 1100111   C. 10011000   D. 11101000

19. 下列十进制整数能用二进制 8 位无符号整数正确表示的是_____。

    A. 257   B. 201   C. 312   D. 296

20. 下列选项中,选项_____所列的两个数的值是相等的。

    A. 十进制数 54020 与八进制数 54732

    B. 八进制数 13657 与二进制数 1011110101111

    C. 十六进制数 F429 与二进制数 1011010000101001

    D. 八进制数 7324 与十六进制数 B93

21. 若采用 8 位二进制补码表示十进制整数"−128",则其表示形式为_____。

    A. 10000001   B. 00000000   C. 10000000   D. 00000001

22. "两个条件同时满足的情况下结论才能成立"相对应的逻辑运算是_____运算。

    A. 加法   B. 逻辑"加"   C. 逻辑"乘"   D. 取反

23. 两个条件只要有一个满足的情况下,结论就能成立相对应的逻辑运算是_____运算。

    A. 加法   B. 逻辑"加"   C. 逻辑"乘"   D. 取反

24. 二进制数 10111000 和 11001010 进行逻辑"与"运算,结果再与 10100110 进行逻辑"或"运算,最终结果的十六进制形式为_____。

    A. A2   B. DE   C. AE   D. 95

25. 若 A = 1100,B = 1010,A 与 B 运算的结果是 1000,则其运算一定是_____。

    A. 算术"加"   B. 算术"减"   C. 逻辑"加"   D. 逻辑"乘"

26. 对两个 1 位的二进制数 1 与 1 分别进行算术"加"、逻辑"加"运算,其结果用二进制形式

　　分别表示为_____。

    A. 1、10　　　　　　B. 1、1　　　　　　C. 10、1　　　　　　D. 10、10

27. 11001010∧00001001 实施逻辑"乘"运算后的结果是_____。

    A. 1000　　　　　　B. 11000001　　　　C. 1001　　　　　　D. 11001011

28. 逻辑运算中的逻辑"加"常用符号_____表示。

    A. ∨　　　　　　　B. ∧　　　　　　　C. -　　　　　　　　D. +

29. 我国颁布的第一个汉字编码国家标准是_____。

    A. 汉字内码扩展规范

    B. GBK 信息交换码

    C. 信息交换用汉字编码字符集·基本集（GB2312）

    D. 通用 8 位编码字符集

30. 若计算机中相邻两个字节的内容其十六进制形式为 34 和 51，则它们不可能是_____。

    A. 两个西文字符的 ASCII 码　　　　　B. 一个汉字的机内码

    C. 一个 16 位整数　　　　　　　　　　D. 一条指令

31. 输入汉字时，首先根据汉字的机内码在字库中进行查找，找到后，即可显示（打印）汉字，在字库中找到的是该汉字的_____。

    A. 外部码　　　　B. 交换码　　　　C. 信息码　　　　D. 字形描述信息

32. 汉字从键盘录入到存储，涉及汉字输入码和_____。

    A. DOC 码　　　　B. ASCII 码　　　　C. 区位码　　　　D. 机内码

33. 在使用 GBK18030 汉字编码标准的计算机中，中文标点符号"。"存储时占用_____个字节。

    A. 1　　　　　　　B. 2　　　　　　　C. 3　　　　　　　D. 4

34. 对 GB2312 标准中的汉字而言，下列_____是唯一的。

    A. 输入码　　　　B. 输出字形码　　　C. 机内码　　　　D. 数字码

35. 下列字符编码标准中，既包含了汉字字符的编码，也包含了如英语、希腊字母等其他语言文字编码的国际标准是_____。

    A. GB18030　　　　B. UCS（Unicode）　　C. ASCII　　　　　D. GBK

36. 下列字符编码标准中，能实现全球不同语言文字统一编码的国际编码标准是_____。

    A. ASCII　　　　　B. GBK　　　　　　C. UCS（Unicode）　D. BIG5

37. 若中文 Windows 环境下西文使用标准 ASCII 码，汉字采用 GB2312 编码，设有一段简单文本的内码为 CBF5D0B45043CAC7D6B8，则在这段文本中，含有_____。

    A. 2 个汉字和 1 个西文字符　　　　　B. 4 个汉字和 2 个西文字符

    C. 8 个汉字和 2 个西文字符　　　　　D. 4 个汉字和 1 个西文字符

38. 下列有关我国汉字编码标准的叙述错误的是_____。

    A. GB18030 汉字编码标准与 GBK、GB2312 标准兼容

    B. GBK 汉字编码标准不仅与 GB2312 标准兼容，还收录了包括繁体字在内的大量汉字

    C. GB18030 汉字编码标准中收录的汉字在 GB2312 标准中一定能找到

    D. GB2312 所有汉字的机内码都用两个字节来表示

39. 汉字的键盘输入方案数以百计,能被普通用户广泛接受的编码方案应_____。
    A. 易学易记　　　　　　　　　　B. 可输入字数多
    C. 易学易记且效率要高　　　　　　D. 重码要少且效率要高

40. 在利用拼音输入汉字时,有时虽正确输入拼音码但却找不到所要的汉字,其原因不可能是_____。
    A. 计算机显示器不支持该汉字的显示
    B. 汉字显示程序不能正常工作
    C. 操作系统当前所支持的汉字字符集不含该汉字
    D. 汉字输入软件出错

41. 汉字输入编码方法大体分成四类,五笔字型法属于其中的_____类。
    A. 数字编码　　　　B. 字形编码　　　　C. 字音编码　　　　D. 形音编码

42. 使用计算机进行文本编辑与文本处理是常见的两种操作,下列不属于文本处理的是_____。
    A. 文本检索　　　　B. 字数统计　　　　C. 文字输入　　　　D. 文语转换

43. 表示 R、G、B 三个基色的二进位数目分别是 6 位、6 位、4 位,因此可显示颜色的总数是_____种。
    A. 14　　　　　　　B. 256　　　　　　　C. 65536　　　　　　D. 16384

44. 对图像进行处理的目的不包括_____。
    A. 图像分析　　　　　　　　　　　B. 图像复原和重建
    C. 提高图像的视感质量　　　　　　D. 获取原始图像

45. 数字图像的获取步骤大体分为四步,下列顺序正确的是_____。
    A. 扫描、分色、量化、取样　　　　B. 分色、扫描、量化、取样
    C. 扫描、分色、取样、量化　　　　D. 量化、取样、扫描、分色

46. 下列关于图像获取的叙述错误的是_____。
    A. 图像获取的方法很多,但一台计算机只能选用一种
    B. 图像的扫描过程是指将画面分成 m×n 个网格,形成 m×n 个取样点
    C. 分色是将彩色图像取样点的颜色分解成三个基色
    D. 取样是测量每个取样点每个分量(基色)的亮度值

47. 不同的图像文件格式往往具有不同的特性,有一种格式具有图像颜色数目不多、数据量不大、能实现累进显示、支持透明背景和动画效果、适合在网页上使用等特性,这种图像文件格式是_____。
    A. TIF　　　　　　B. GIF　　　　　　C. BMP　　　　　　D. JPEG

48. 静止图像压缩编码的国际标准有多种,下面给出的图像文件类型采用国际标准的是_____。
    A. BMP　　　　　　B. JPG　　　　　　C. GIF　　　　　　D. TIF

49. 下列关于图像的说法错误的是_____。
    A. 图像的数字化过程大体可分为扫描、分色、取样、量化
    B. 像素是构成图像的基本单位
    C. 尺寸大的彩色图片扫描输入后,其数据量必定大于尺寸小的图片的数据量

D. 黑白图像或灰度图像只有一个位平面

50. 下列关于计算机中图像表示方法的叙述错误的是_____。

　　A. 图像大小也称为图像的分辨率

　　B. 彩色图像具有多个位平面

　　C. 图像的颜色描述方法(颜色模型)可以有多种

　　D. 图像像素深度决定了一幅图像所包含的像素的最大数目

51. 图像压缩编码方法很多,下列_____不是评价压缩编码方法优劣的主要指标。

　　A. 压缩倍数的大小　　　　　　　　B. 压缩编码的原理

　　C. 重建图像的质量　　　　　　　　D. 压缩算法的复杂程度

52. 下列汉字输入方法属于自动识别输入的是_____。

　　A. 把印刷体汉字使用扫描仪输入,并通过软件转换为机内码形式

　　B. 键盘输入

　　C. 语音输入

　　D. 联机手写输入

53. 下列_____都是目前因特网和 PC 常用的图像文件格式。① BMP、② GIF、③ WMF、④ TIF、⑤ AVI、⑥ 3DS、⑦ MP3、⑧ VOC、⑨ JPG、⑩ WAV。

　　A. ①②④⑨　　　　B. ①②③④⑨　　　　C. ①②⑦　　　　D. ①②③⑥⑧⑨

54. 目前有许多不同的图像文件格式,下列_____不属于图像文件格式。

　　A. TIF　　　　　　B. JPEG　　　　　　C. GIF　　　　　　D. PDF

55. 下列不属于数字图像应用的是_____。

　　A. 可视电话　　　　　　　　　　　B. 卫星遥感

　　C. 计算机断层摄影(CT)　　　　　　D. 绘制机械零件图

56. 下列应用软件中主要用于数字图像处理的是_____。

　　A. Outlook Express　　　　　　　　B. PowerPoint

　　C. Excel　　　　　　　　　　　　　D. Photoshop

57. 下列关于计算机合成图像(计算机图形)的应用错误的是_____。

　　A. 可以用来设计电路图

　　B. 可以用来生成天气图

　　C. 计算机只能生成实际存在的具体景物的图像

　　D. 可以制作计算机动画

58. 为了与使用数码相机、扫描仪得到的取样图像相区别,计算机合成图像也称为_____。

　　A. 位图图像　　　　B. 3D 图像　　　　C. 矢量图形　　　　D. 点阵图像

59. 下列说法错误的是_____。

　　A. 计算机图形学主要是研究使用计算机描述景物并生成其图像的原理、方法和技术

　　B. 用于描述景物形状的方法有多种

　　C. 树木、花草、烟火等景物的形状也可以在计算机中进行描述

　　D. 利用扫描仪输入计算机的机械零件图是矢量图形

60. 在计算机中描述景物结构、形状与外貌,然后将它绘制成图像显示出来,这称

为_____。

    A. 位图   B. 点阵图像   C. 扫描图像   D. 合成图像（图形）

61. 声音获取时,影响数字声音码率的因素有三个,下面_____不是影响声音码率的因素。

    A. 取样频率   B. 声音的类型   C. 量化位数   D. 声道数

62. 声音信号的数字化过程有采样、量化和编码三个步骤,其中第二步实际上是进行_____转换。

    A. A/A   B. A/D   C. D/A   D. D/D

63. 对带宽为 300～3400Hz 的语音,若采样频率为 8kHz、量化位数为 8 位、单声道,则其未压缩时的码率约为_____。

    A. 64kb/s   B. 64kB/s   C. 128kb/s   D. 128kB/s

64. 为了保证对频谱很宽的全频道音乐信号采样时不失真,其取样频率应达到_____以上。

    A. 40kHz   B. 8kHz   C. 12kHz   D. 16kHz

65. 下列与数字声音相关的说法错误的是_____。

    A. 为减少失真,数字声音获取时,采样频率应低于模拟声音信号最高频率的两倍

    B. 声音的重建是声音信号数字化的逆过程,它分为解码、数模转换和插值三个步骤

    C. 原理上数字信号处理器 DSP 是声卡的一个核心部分,在声音的编码、解码及声音编辑操作中起重要作用

    D. 数码录音笔一般仅适合于录制语音

66. 把模拟声音信号转换为数字形式有很多优点,下列叙述不属于其优点的是_____。

    A. 可进行数据压缩,有利于存储和传输

    B. 可以与其他媒体相互结合（集成）

    C. 复制时不会产生失真

    D. 可直接进行播放

67. 在数字音频信息获取过程中,正确的顺序是_____。

    A. 模数转换、采样、编码   B. 采样、编码、模数转换

    C. 采样、模数转换、编码   D. 采样、数模转换、编码

68. 若未进行压缩的波形声音的码率为 64kb/s,已知取样频率为 8kHz,量化位数为 8,那么它的声道数是_____。

    A. 1   B. 2   C. 3   D. 4

69. 视频（Video）也叫运动图像或活动图像（Motionpicture）,下列对视频的描述错误的是_____。

    A. 视频内容随时间而变化

    B. 视频具有与画面动作同步的伴随声音（伴音）

    C. 视频信息的处理是多媒体技术的核心

    D. 数字视频的编辑处理需借助磁带录放像机进行

70. 视频信号的特点是内容随时间变化,伴随有与画面动作_____的声音（伴音）。

    A. 同步   B. 异步   C. 不协调   D. 无关

二、填空题

1. 比特（bit）是数据的最小单位,一个字节由_____个比特组成。

2. 十进制数 23. 625 转换成八进制数是_____。

3. 十进制数 101 转换成 8 位无符号二进制数是_____。

4. 十六进制数 D3H 转换成十进制数是_____。

5. 十进制数 –76 在计算机中的 8 位补码是_____。

6. 在标准 ASCII 码表中,已知英文字母 D 的 ASCII 码是 01000100,则英文字母 B 的 ASCII 码是_____。

7. 在计算机中一个浮点数由_____和尾数两部分组成。

8. ASCII 码的中文含义是_____。

9. 有一个字节的二进制编码为 11111111,如将其作为带符号整数的补码,它所表示的整数值为_____。

10. 二进制信息最基本的逻辑运算有三种,即逻辑"加"、取反以及_____。

11. 对逻辑值"1"和"0"实施逻辑"乘"操作的结果是_____。

12. 对两个逻辑值 1 施行逻辑"加"操作的结果是_____。

13. "大"字的区位码为 2083（十进制）,那么其机内码为_____（十六进制）。

14. 统一码（或联合码）是由微软、IBM 等公司联合制定的与国际标准 UCS 完全等同的一种通用的字符编码标准,其英文名字为_____。

15. 中文标点符号", "存储时占用_____个字节。

16. 超文本之所以被称为超文本,是因为它里面包含有与其他文本的_____。

17. 如果一幅数字图像的像素深度为 16,那么其具有的不同颜色数目最多是_____种。

18. 一幅分辨率为 512 ×512 的彩色图像,其 R、G、B 三个分量分别用 8 个二进制位表示,则未进行压缩时该图像的数据量是_____ KB。

19. 声音重建的原理是将数字声音转换为模拟声音信号,其工作过程是解码、_____和插值处理。

20. 声卡上的音乐合成器有两种,一种是调频合成器,另一种是_____合成器。

21. MP3 音乐采用 MPEG-1 层 3 压缩编码标准,它能以大约_____倍的压缩比降低高保真数字声音的数据量。

22. 若未进行数据压缩的波形声音的码率为 64kb/s,已知取样频率为 8kHz,量化位数为 8,那么它的声道数目是_____。

23. 计算机按照文本（书面语言）进行语音合成的过程称为_____,简称 TTS。

24. PAL 制式的彩色电视信号在远距离传输时,使用 Y、U、V 三个信号来表示,其中 Y 是_____信号。

25. 数字音频信息获取过程是采样、数模转换和_____。

26. 目前电视台播放的大多是模拟视频信号,要将其输入 PC 进行存储和处理,必须对其数字化。用于视频信息数字化的插卡称为_____。

27. 数字视频的数据量大得惊人,1 分钟的数字电视其数据量约为 1GB,解决这个问题的方法就是对数字视频信息进行_____。

28. 计算机动画是采用计算机生成一系列可供实时演播的连续画面的一种技术。设电影每秒钟放映 24 帧画面，现有 2800 帧图像，它们大约可在电影中播放_____分钟。

29. DVD 采用 MPEG-2 标准的视频图像，画面品质比 VCD 明显提高，其画面的长宽比有_____的普通屏幕方式和_____的宽屏幕方式。

30. VCD 是一种大量用于家庭娱乐的影碟，它能存放大约 74 分钟接近于家用电视图像质量的影视节目。为了记录数字音频和视频信息，VCD 采用的压缩编码标准是_____。

第 2 章 计算机系统

一、选择题

1. 下列各类存储器中，_____在断电后其中的信息不会丢失。
   A. 寄存器　　　　　B. Cache　　　　　C. Flash ROM　　　　D. DDR SDRAM

2. CPU 不能直接读取和执行存储在_____中的指令。
   A. Cache　　　　　B. RAM　　　　　C. ROM　　　　　　D. 硬盘

3. 冯·诺伊曼式计算机的基本工作原理是"_____"。
   A. 存储程序和程序控制　　　　　　B. 电子线路控制
   C. 集成电路控制　　　　　　　　　D. 操作系统控制

4. 下列存储器中 CPU 能直接访问（对其进行读写）的存储器是_____。
   A. CD-ROM　　　　B. 优盘　　　　　C. DRAM　　　　　D. 硬盘

5. 从逻辑功能上讲，计算机硬件系统中最核心的部件是_____。
   A. 内存储器　　　B. 中央处理器　　C. 外存储器　　　D. I/O 设备

6. 目前运算速度达到万亿次/秒以上的计算机通常被称为_____计算机。
   A. 巨型　　　　　B. 大型　　　　　C. 小型　　　　　D. 个人

7. 下列不属于 CPU 组成部分的是_____。
   A. 控制器　　　　B. BIOS　　　　　C. 运算器　　　　D. 寄存器

8. CPU 中包含了几十个用来临时存放操作数和中间运算结果的存储装置，这种装置称为_____。
   A. 运算器　　　　B. 控制器　　　　C. 寄存器组　　　D. 前端总线

9. CPU 中用来对数据进行各种算术运算和逻辑运算的部件是_____。
   A. 数据 Cache　　B. 运算器　　　　C. 寄存器　　　　D. 控制器

10. CPU 中用来解释指令的含义、控制运算器的操作、记录内部状态的部件是_____。
    A. CPU 总线　　　B. 运算器　　　　C. 寄存器　　　　D. 控制器

11. 机器指令是一种命令语言，它用来规定 CPU 执行什么操作以及操作对象所在的位置。机器指令大多是由_____两部分组成的。
    A. 运算符和寄存器号　　　　　　　B. ASCII 码和汉字码
    C. 程序和数据　　　　　　　　　　D. 操作码和操作数地址

12. 计算机的功能是由 CPU 一条一条地执行_____来完成的。

    A. 用户命令   B. 机器指令   C. 汇编指令   D. BIOS 程序

13. 指令的功能不同,指令的执行步骤也不同,但执行任何指令都必须经历的步骤是_____。

    A. 取指令和指令译码   B. 加法运算

    C. 将运算结果保存至内存   D. 从内存读取操作数

14. CPU 的工作就是执行指令。CPU 执行每一条指令都要分成若干步:取指令、指令译码、取操作数、执行运算、保存结果等。CPU 在取指令阶段的操作是_____。

    A. 控制器从硬盘读取一条指令并放入内存储器

    B. 控制器从内存储器读取一条指令并放入指令寄存器

    C. 控制器从指令寄存器读取一条指令并放入指令计数器

    D. 控制器从内存储器读取一条指令并放入运算器

15. 下列关于指令、指令系统和程序的叙述错误的是_____。

    A. 指令是可被 CPU 直接执行的操作命令

    B. 指令系统是 CPU 能直接执行的所有指令的集合

    C. 可执行程序是为解决某个问题而编制的一个指令序列

    D. 可执行程序与指令系统没有关系

16. 计算机的性能在很大程度上是由 CPU 决定的。CPU 的性能主要体现为它的运算速度。下列有关 CPU 性能的叙述正确的是_____。

    A. Cache 存储器的有无和容量的大小对计算机的性能影响不大

    B. 寄存器数目的多少不影响计算机的性能

    C. 指令系统的功能不影响计算机的性能

    D. 提高主频有助于提高 CPU 的性能

17. 下列_____与 CPU 的性能密切相关。① CPU 工作频率、② 指令系统、③ Cache 容量、④ 运算器结构。

    A. ①②   B. ①   C. ②③④   D. ①②③④

18. CPU 的性能主要体现为它的运算速度,CPU 运算速度的传统衡量方法是_____。

    A. 每秒钟所能执行的指令数目   B. 每秒钟读写存储器的次数

    C. 每秒钟内运算的平均数据总位数   D. 每秒钟数据传输的距离

19. 为了提高计算机中 CPU 的性能,可以采用多种措施,但在下列措施中_____是基本无效的。

    A. 使用多个 ALU   B. 提高主频   C. 增加字长   D. 增大外存的容量

20. 计算机系统中总线最重要的性能是它的带宽,若总线的数据线宽度为 16 位,总线的工作频率为 133MHz,每个总线周期传输一次数据,则其带宽为_____。

    A. 266MB/s   B. 2128MB/s   C. 133MB/s   D. 16MB/s

21. 键盘、显示器和硬盘等常用外围设备在操作系统启动时都需要参与工作,所以它们的驱动程序必须存放在_____中。

    A. 硬盘   B. BIOS ROM   C. 内存   D. CPU

22. 下列关于 BIOS 的一些叙述正确的是_____。

A. BIOS 是存放于 ROM 中的一组高级语言程序

    B. BIOS 中含有系统工作时所需的全部驱动程序

    C. BIOS 系统由加电自检程序、自举装入程序、CMOS 设置程序、基本外围设备的驱动程序组成

    D. 没有 BIOS 的 PC 也可以正常工作

23. PC 加电启动时，正常情况下，执行了 BIOS 中的 POST 程序后，计算机将执行 BIOS 中的_____。

    A. 系统自举程序   B. CMOS 设置程序

    C. 操作系统引导程序   D. 检测程序

24. 下列关于基本输入/输出系统（BIOS）及 CMOS 存储器的说法错误的是_____。

    A. BIOS 存放在 ROM 中，是非易失性的

    B. CMOS 中存放着基本输入/输出设备的驱动程序

    C. BIOS 是 PC 软件最基础的部分，包含 CMOS 设置程序等

    D. CMOS 存储器是易失性存储器

25. 一般来说，_____不需要启动 CMOS 设置程序对其内容进行设置。

    A. 重装操作系统时   B. PC 组装好之后第一次加电时

    C. 更换 CMOS 电池时   D. CMOS 内容丢失或被错误修改时

26. PC 中的系统配置信息如硬盘的参数、当前时间、日期等，均保存在主板上使用电池供电的_____存储器中。

    A. Flash   B. ROM   C. MOS   D. CMOS

27. 下列选项中_____不包含在 BIOS 中。

    A. POST 程序   B. 扫描仪、打印机等设备的驱动程序

    C. CMOS 设置程序   D. 系统自举程序

28. PC 计算机中 BIOS _____。

    A. 是一种操作系统   B. 是一种应用软件

    C. 是一种总线   D. 是基本输入/输出系统

29. 下列关于 PC 主板上的 CMOS 芯片的说法正确的是_____。

    A. 加电后用于对计算机进行自检

    B. 它是只读存储器

    C. 存储基本输入/输出系统程序

    D. 需使用电池供电，否则主机断电后其中数据会丢失

30. PC 主板上所能安装主存储器的最大容量、速度及可使用存储器的类型主要取决于_____。

    A. 内存插槽   B. 芯片组   C. I/O 总线   D. CPU 的系统时钟

31. 计算机开机启动时所执行的一组指令被永久存放在_____中。

    A. CPU   B. 硬盘   C. ROM   D. RAM

32. CMOS 存储器中存放了计算机的一些参数和信息，其中不会包含的内容是_____。

    A. 当前的日期和时间   B. 硬盘数目与容量

    C. 开机的密码   D. 基本外围设备的驱动程序

33. 在 PC 中 RAM 的编址单位是_____。

    A. 1 个二进制位   B. 1 个字节   C. 1 个字   D. 1 个扇区

34. 下面是有关 DRAM 和 SRAM 存储器芯片的叙述：① SRAM 比 DRAM 存储电路简单；② SRAM 比 DRAM 成本高；③ SRAM 比 DRAM 速度快；④ SRAM 需要刷新，DRAM 不需要刷新。其中正确的是_____。

    A. ①②   B. ②③   C. ③④   D. ①④

35. 下列说法正确的是_____。

    A. ROM 是只读存储器，其中的内容只能读一次

    B. CPU 不能直接读写外存中存储的数据

    C. 硬盘通常安装在主机箱内，所以硬盘属于内存

    D. 任何存储器都有记忆能力，即其中的信息永远不会丢失

36. CPU 执行指令需要从存储器读取数据时，数据搜索的顺序是_____。

    A. Cache、DRAM 和硬盘   B. DRAM、Cache 和硬盘

    C. 硬盘、DRAM 和 Cache   D. DRAM、硬盘和 Cache

37. 正常情况下，外存储器中存储的信息在断电后_____。

    A. 会局部丢失   B. 大部分会丢失   C. 会全部丢失   D. 不会丢失

38. 微型计算机存储器系统中的 Cache 是_____。

    A. 只读存储器   B. 高速缓冲存储器

    C. 可编程只读存储器   D. 可擦除可再编程的只读存储器

39. 计算机存储器采用多层次结构的目的是_____。

    A. 方便保存大量数据

    B. 减少主机箱的体积

    C. 解决存储器在容量、价格和速度三者之间的矛盾

    D. 操作方便

40. Cache 通常介于主存和 CPU 之间，其速度比主存_____，容量比主存小，它的作用是弥补 CPU 与主存在_____上的差异。

    A. 快、速度   B. 快、容量   C. 慢、速度   D. 慢、容量

41. 下列存储器中存取速度最快的是_____。

    A. 内存   B. 硬盘   C. 光盘   D. 寄存器

42. 从存储器的存取速度上看，由快到慢依次排列的存储器是_____。

    A. Cache、主存、硬盘和光盘   B. 主存、Cache、硬盘和光盘

    C. Cache、主存、光盘和硬盘   D. 主存、Cache、光盘和硬盘

43. 下列关于 I/O 操作的叙述错误的是_____。

    A. I/O 设备的操作是由 CPU 启动的

    B. I/O 设备的操作是由 I/O 控制器负责完成的

    C. 同一时刻只能有一个 I/O 设备进行工作

    D. I/O 设备的工作速度比 CPU 慢

44. 在 PC 中负责各类 I/O 设备控制器与 CPU、存储器之间相互交换信息、传输数据的一组公用信号线称为_____。

A. I/O 总线　　　　B. CPU 总线　　　　C. 存储器总线　　　　D. 前端总线

45. 在 PC 中，CPU 通过 INPUT 和 OUTPUT 指令向 I/O 控制器发出启动命令，之后将由_____对 I/O 设备实施全程控制。

A. I/O 控制器　　　B. DMA 通道　　　C. CPU　　　　D. I/O 设备本身

46. 下列有关 I/O 操作的叙述错误的是_____。

A. 多个 I/O 设备能同时进行工作

B. I/O 设备的种类多，性能相差很大，与计算机主机的连接方法也各不相同

C. 为了提高系统的效率，I/O 操作与 CPU 的数据处理操作通常是并行的

D. PC 中由 CPU 负责对 I/O 设备的操作进行全程控制

47. 下列关于 USB 接口的叙述正确的是_____。

A. USB 接口是一个总线式串行接口　　　B. USB 接口是一个并行接口

C. USB 接口是一个低速接口　　　　　　D. USB 接口不是一个通用接口

48. 使用 USB 接口的设备，插拔设备时_____。

A. 需要关机　　　　　　　　　　B. 必须重新启动计算机

C. 都要用螺丝连接　　　　　　　D. 不需要关机或重新启动计算机

49. 优盘利用通用的_____接口接插到 PC 上。

A. RS-232　　　　B. 并行　　　　C. USB　　　　D. SCSI

50. 为了方便地更换与扩充 I/O 设备，计算机系统中的 I/O 设备一般都通过 I/O 接口与各自的控制器连接，下列_____不属于 I/O 接口。

A. 并行口　　　　B. 串行口　　　　C. USB 口　　　　D. 电源插口

51. 与 CPU 执行的算术和逻辑运算操作相比，I/O 操作有许多不同特点。下列关于 I/O 操作的描述错误的是_____。

A. I/O 操作速度慢于 CPU

B. 多个 I/O 设备能同时工作

C. 由于 I/O 操作需要 CPU 的控制，两者不能同时进行操作

D. 每个 I/O 设备都有自己专用的控制器

52. 负责对 I/O 设备的运行进行全程控制的是_____。

A. I/O 接口　　　　B. 总线　　　　C. I/O 设备控制器　　D. CPU

53. 下面列出的四种半导体存储器中，属于非易失性存储器的是_____。

A. SRAM　　　　B. DRAM　　　　C. Cache　　　　D. Flash ROM

54. 一个 80 万像素的数码相机，它可拍摄相片的分辨率最高为_____。

A. 1280×1024　　B. 800×600　　　C. 1024×768　　　D. 1600×1200

55. 下列设备中可作为输入设备使用的是_____。① 触摸屏、② 传感器、③ 数码相机、④ 麦克风、⑤ 音箱、⑥ 绘图仪、⑦ 显示器。

A. ①②③④　　　B. ①②⑤⑦　　　C. ③④⑤⑥　　　D. ④⑤⑥⑦

56. 下列输入设备中功能和性质不属于同一类的是_____。

A. 鼠标器　　　　B. 触摸屏　　　　C. 轨迹球　　　　D. 手持式扫描仪

57. 下列设备中都属于图像输入设备的选项是_____。

A. 数码相机、扫描仪　　　　　　　B. 绘图仪、扫描仪

C. 数字摄像机、投影仪　　　　　　　D. 数码相机、显卡

58. 用于向计算机输入图像的设备很多,下列不属于图像输入设备的是_____。

　　A. 数码相机　　　B. 扫描仪　　　C. 鼠标器　　　D. 数码摄像头

59. 下列_____不能用作计算机的图像输入设备。

　　A. 数码相机　　　B. 扫描仪　　　C. 绘图仪　　　D. 数字摄像机

60. 下列设备中不属于输出设备的是_____。

　　A. 麦克风　　　B. 绘图仪　　　C. 音箱　　　D. 显示器

61. 下列关于液晶显示器的叙述错误的是_____。

　　A. 它的英文缩写是 LCD　　　　　　B. 它的工作电压低,功耗小

　　C. 它几乎没有辐射　　　　　　　　D. 它与 CRT 显示器不同,不需要使用显示卡

62. 显示器的主要性能参数是分辨率,一般用 _____来表示。

　　A. 显示屏的尺寸　　　　　　　　　B. 显示屏上光栅的列数×行数

　　C. 可以显示的最大颜色数　　　　　D. 显示器的刷新速率

63. 液晶显示器(LCD)作为计算机的一种图文输出设备,下列关于液晶显示器的叙述错误的是_____。

　　A. 液晶显示器是利用液晶的物理特性来显示图像的

　　B. 液晶显示器内部的工作电压大于 CRT 显示器

　　C. 液晶显示器功耗小,无辐射危害

　　D. 液晶显示器便于使用大规模集成电路驱动

64. 下列关于喷墨打印机特点的叙述错误的是_____。

　　A. 能输出彩色图像,打印效果好　　　B. 打印时噪音不大

　　C. 需要时可以多层套打　　　　　　　D. 墨水成本高,消耗快

65. 下列选项属于击打式打印机的是_____。

　　A. 针式打印机　　B. 激光打印机　　C. 热喷墨打印机　　D. 压电喷墨打印机

66. 目前使用的打印机有针式打印机、激光打印机和喷墨打印机。其中,_____在打印票据方面具有独特的优势,_____在彩色图像输出设备中占有优势。

　　A. 针式打印机、激光打印机　　　　　B. 喷墨打印机、激光打印机

　　C. 激光打印机、喷墨打印机　　　　　D. 针式打印机、喷墨打印机

67. 下列选项中,_____一般不作为打印机的主要性能指标。

　　A. 色彩数目　　　B. 平均等待时间　　C. 打印速度　　　D. 打印精度(分辨率)

68. 激光打印机是激光技术与_____技术相结合的产物。

　　A. 打印　　　B. 显示　　　C. 传输　　　D. 复印

69. 为了读取硬盘存储器上的信息,必须对硬盘盘片上的信息进行定位,在定位一个扇区时,不需要以下参数中的_____。

　　A. 柱面(磁道)号　　B. 盘片(磁头)号　　C. 通道号　　　D. 扇区号

70. 存储器是计算机系统的重要组成部分,存储器可以分为内存储器与外存储器,下列存储部件中属于外存储器的是_____。

　　A. BIOS ROM　　B. 硬盘存储器　　C. 显示存储器　　D. CMOS 存储器

71. 下列关于移动硬盘的说法错误的是_____。

A. 容量比闪存盘大　　　　　　　　B. 兼容性好,即插即用

C. 速度比固定硬盘慢　　　　　　　D. 与主机的接口和固定硬盘相同

72. 下列关于 DVD 和 CD 光盘存储器的叙述错误的是_____。

A. DVD 与 CD 光盘存储器一样,有多种不同的规格

B. CD-ROM 驱动器可以读取 DVD 光盘上的数据

C. DVD-ROM 驱动器可以读取 CD 光盘上的数据

D. DVD 的存储器容量比 CD 大得多

73. CD-ROM 存储器使用_____来读出盘上的信息。

A. 激光　　　　　B. 磁头　　　　　C. 红外线　　　　　D. 微波

74. 下列存储设备中,容量最大的存储设备一般是_____。

A. 硬盘　　　　　B. 优盘　　　　　C. 移动硬盘　　　　　D. 软盘

75. 下列叙述正确的是_____。

A. 包含有多个处理器的计算机系统是巨型计算机

B. 计算机系统中的处理器就是指中央处理器

C. 一台计算机只能有一个中央处理器

D. 网卡上的处理器负责网络通信,视频卡上的处理器负责图像信号处理以及编码和解码,这些处理器不能称为 CPU

76. ① Windows ME、② Windows XP、③ Windows NT、④ FrontPage、⑤ Access 97、⑥ Unix、⑦ Linux,对于以上列出的 7 个软件,_____均为操作系统软件。

A. ①②③④　　　B. ①②③⑤⑦　　　C. ①③⑤⑥　　　D. ①②③⑥⑦

77. 下列软件全部属于应用软件的是_____。

A. AutoCAD、PowerPoint、Outlook　　　B. DOS、Unix、SPSS、Word

C. Access、WPS、PhotoShop、Linux　　　D. DVF(FORTRAN 编译器)、AutoCAD、Word

78. 下列全都属于系统软件的是_____。

A. Windows 2000、编译系统、Linux　　　B. Excel、操作系统、浏览器

C. 财务管理软件、编译系统、操作系统　　　D. Windows 98、FTP、Office 2000

79. 应用软件是指专门用于解决各种不同具体应用问题的软件,可分为通用应用软件和定制应用软件两类。下列软件全部属于通用应用软件的是_____。

A. WPS、Windows、Word　　　B. PowerPoint、SPSS、Unix

C. ALGOL、Photoshop、FORTRAN　　　D. PowerPoint、Excel、Word

80. 下列软件全部属于应用软件的是_____。

A. WPS、Excel、AutoCAD　　　B. Windows XP、SPSS、Word

C. Photoshop、DOS、Word　　　D. UNIX、WPS、PowerPoint

81. 如果你购买了一个商品软件,通常就意味着得到了它的_____。

A. 修改权　　　　　B. 拷贝权　　　　　C. 使用权　　　　　D. 版权

82. 负责管理计算机的硬件和软件资源,为应用程序开发和运行提供高效率平台的软件是_____。

A. 操作系统　　　B. 数据库管理系统　　C. 编译系统　　　D. 专用软件

83. 从应用的角度看软件可分为两类:一是管理系统资源、提供常用基本操作的软件称为

　　　　　　　　　　；二是为用户完成某项特定任务的软件称为应用软件。

    A. 系统软件   B. 通用软件   C. 定制软件   D. 普通软件

84. AutoCAD 是一种　　　　　　　软件。

    A. 多媒体播放   B. 图像编辑   C. 文字处理   D. 绘图

85. Excel 属于　　　　　　　软件。

    A. 电子表格   B. 文字处理   C. 图形图像   D. 网络通信

86. 程序设计语言的编译程序或解释程序属于　　　　　　　。

    A. 系统软件   B. 应用软件   C. 实时系统   D. 分布式系统

87. 针对不同的应用问题而专门开发的软件属于　　　　　　　。

    A. 系统软件   B. 应用软件   C. 财务软件   D. 文字处理软件

88. 若同一单位的很多用户都需要安装使用同一软件时,则应购买该软件相应的　　　　　　　。

    A. 许可证   B. 专利   C. 著作权   D. 多个拷贝

89. 　　　　　　　直接运行在裸机上并负责实现计算机各类资源管理的功能。

    A. 操作系统   B. 应用软件   C. 绘图软件   D. 数据库系统

90. 操作系统的作用之一是　　　　　　　。

    A. 将源程序编译为目标程序

    B. 实现企业目标管理

    C. 控制和管理计算机系统的软硬件资源

    D. 实现软硬件的转换

91. 下列功能中,　　　　　　　功能不是操作系统所具有的。

    A. CPU 管理   B. 语言转换成文字   C. 文件管理   D. 存储管理

92. 下列关于操作系统处理器管理的说法错误的是　　　　　　　。

    A. 处理器管理的主要目的是提高 CPU 的使用效率

    B. 分时是指将 CPU 时间划分成时间片,轮流为多个程序服务

    C. 并行处理操作系统可以让多个 CPU 同时工作,提高计算机系统的效率

    D. 多任务处理要求计算机必须有多个 CPU

93. 为了支持多任务处理,操作系统的处理器调度程序使用　　　　　　　技术把 CPU 分配给各个任务,使多个任务宏观上可以"同时"执行。

    A. 分时   B. 虚拟   C. 批处理   D. 授权

94. 下列关于操作系统中多任务处理的叙述错误的是　　　　　　　。

    A. 将 CPU 时间划分成许多小片,轮流为多个程序服务,这些小片称为"时间片"

    B. 由于 CPU 是计算机系统中最宝贵的硬件资源,为了提高 CPU 的利用率,一般采用多任务处理

    C. 正在 CPU 中运行的程序称为前台任务,处于等待状态的任务称为后台任务

    D. 在单 CPU 环境下,多个程序在计算机中同时运行时,意味着它们宏观上同时运行,微观上由 CPU 轮流执行

95. 下列叙述错误的是　　　　　　　。

    A. 操作系统具有管理计算机资源的功能

    B. 存储容量要求大于实际主存储器容量的程序在采用虚拟存储技术的操作系统上同

样不能运行

    C. 操作系统在读写磁盘上的一个文件中的数据时,需要用到该文件的说明信息

    D. 多任务操作系统允许同时运行多个应用程序

96. 当多个程序共享内存资源时,操作系统的存储管理程序将把内存与_____结合起来,提供一个容量比实际内存大得多的"虚拟存储器"。

    A. 高速缓冲存储器   B. 光盘存储器

    C. 硬盘存储器   D. 离线后备存储器

97. 操作系统具有存储器管理功能,当内存不够用时,其存储管理程序可以自动"扩充"内存,为用户提供一个容量比实际内存大得多的_____。

    A. 虚拟存储器   B. 脱机缓冲存储器

    C. 高速缓冲存储器(Cache)   D. 离线后备存储器

98. 下列关于虚拟存储器的说法正确的是_____。

    A. 虚拟存储器是提高计算机运算速度的设备

    B. 虚拟存储器由 RAM 加上高速缓存组成

    C. 虚拟存储器的容量等于主存加上 Cache 的容量

    D. 虚拟存储器由物理内存和硬盘上的虚拟内存组成

99. 为解决 I/O 设备低效率的问题,操作系统的设备管理引入_____。

    A. 总线技术   B. 通道技术   C. 缓冲技术   D. 加密技术

100. 下列操作系统产品中,_____是一种"自由软件",其源代码向世人公开。

    A. DOS   B. Windows   C. Unix   D. Linux

二、填空题

1. 第一台电子计算机是_____。

2. 人们常以_____作为计算机发展史年代划分的依据。

3. 在 RAM、ROM、PROM、CD-ROM 四种存储器中,_____是易失性存储器。

4. 半导体存储器芯片按照是否能随机读写,分为_____和 ROM(只读存储器)两大类。

5. 现代计算机的存储体系结构由内存和外存构成,内存包括寄存器、_____和主存储器,它们用半导体集成电路芯片作为存储介质。

6. 个人计算机分为_____和便携机两类,前者在办公室或家庭中使用,后者体积小,便于携带,又有笔记本和手持式计算机两种。

7. 为了提高计算机的处理能力,一台计算机可以配置多个_____,这种实现超高速计算的技术称为"并行处理"。

8. 为了解决软件兼容性问题,Intel 公司在开发新的微处理器时,采用逐步扩充指令系统的做法,目的是与老的微处理器保持向下_____。

9. 指令是一种用二进制数表示的命令语言,多数指令由两部分组成,即_____与操作数地址。

10. 高性能的计算机一般都采用"并行计算技术",要实现此技术,至少应该有_____个 CPU。

11. BIOS 是_____的缩写,它是存放在主板上只读存储器芯片中的一组机器语言程序。

大学计算机基础实践教程(第三版)

200

12. 一般情况下,计算机加电后,操作系统可以从硬盘装载到内存中,这是由于执行了固化在 ROM 中的_____。(填英文缩写词)

13. 用户为了防止他人使用自己的 PC,可以通过_____设置程序对系统设置一个开机密码。

14. 从 PC 的物理结构来看,将主板上 CPU 芯片、内存条、硬盘接口、网络接口、PCI 插槽等连接在一起的是_____。

15. 当 PC 中的系统日期和时间被重新修改后,修改信息将被保存在主板上的_____中。

16. 从 PC 的物理结构来看,芯片组是 PC 主板上各组成部分的枢纽,它连接着_____、内存条、硬盘接口、网络接口、PCI 插槽等,主板上的所有控制功能几乎都由它完成。

17. 内存容量 1GB 等于_____ MB。

18. 双列直插式内存条简称 DIMM 内存条,因其触点分布在内存条的_____面。

19. PC 的主存储器是由许多 DRAM 芯片组成的,目前其完成一次存取操作所用时间大约是几十个_____。

20. DIMM 内存条的触点分布在内存条的两面,所以又被称为_____式内存条。

21. 存储器分为内存储器和外存储器,它们中存取速度快而容量相对较小的是_____。

22. I/O 总线上有三类信号:数据信号、控制信号和_____信号。

23. 无线键盘通过_____将输入信息传送给主机上安装的专用接收器。

24. 目前 PC 配置的键盘大多触感好、操作省力,从按键的工作原理来说大多属于_____式键盘。

25. 鼠标器通常有两个按键,称为左键和右键,操作系统可以识别的按键动作有单击、_____、右击和拖动。

26. 当用户移动鼠标器时,所移动的_____和方向将分别变换成脉冲信号输入计算机,从而控制屏幕上鼠标器箭头的运动。

27. 打印精度是打印机的主要性能指标之一,它用每英寸多少点来表示,其英文缩写是_____。

28. 硬盘上的一块数据要用三个参数来定位:磁头号、柱面号和_____。

29. PC 上安装的外存储器主要有:硬盘、优盘、移动硬盘和_____,它们所存储的信息在断电后不会丢失。

30. 读出 CD-ROM 光盘中的信息,使用的是_____技术。

31. CD-ROM 盘片的存储容量大约为 600 _____。

32. 一种可以写入信息,也可以对写入的信息进行擦除和改写的 CD 光盘称为_____光盘。

33. CD-R 的特点是_____或读出信息,但不能擦除和修改。

34. 计算机软件由程序、数据和相关文档组成,其主体是_____。

35. _____是给其他程序提供服务的程序集合,它们不是专为某个具体的应用而设计的。

36. 操作系统通过各种管理程序提供了任务管理、存储管理、文件管理和_____等多种功能。

37. Windows 操作系统中文件目录也称为文件夹,它采用的是_____目录结构。

38. 高级语言种类繁多,但其基本成分可归纳为数据成分、控制成分等四种,其中算术表达式属于_____成分。

39. CPU 唯一能直接执行的"语言"是_____,任何程序的运行最终都是由 CPU 一条一条地执行它来完成的。

40. C++语言运行性能高,且兼容 C 语言,已成为当前主流的面向_____的程序设计语言之一。

第3章　计算机网络基础及应用

一、选择题

1. 通信的任务就是传递信息,一般认为通信系统至少由三个要素组成。这三个要素是_____。① 信源、② 信号、③ 信宿、④ 信道。
   A. ①②④　　　　　B. ①③④　　　　　C. ②③④　　　　　D. ①②③

2. 数据通信系统的数据传输速率指单位时间内传输的二进制位数据的数目,下面_____一般不用作它的计量单位。
   A. kB/s　　　　　B. kb/s　　　　　C. Mb/s　　　　　D. Gb/s

3. 关于微波,下列说法正确的是_____。
   A. 短波比微波的波长短　　　　　B. 微波的绕射能力强
   C. 微波是一种具有极高频率的电磁波　　D. 微波只可以用来进行模拟通信

4. 下列传输介质中抗干扰能力最强的是_____。
   A. 微波　　　　　B. 同轴电缆　　　　　C. 光纤　　　　　D. 双绞线

5. 双绞线由两根相互绝缘的、绞合成匀称螺纹状的导线组成,下列关于双绞线的叙述错误的是_____。
   A. 它的传输速率可达 10～100Mb/s,传输距离可达几十千米甚至更远
   B. 它既可以用于传输模拟信号,也可以用于传输数字信号
   C. 与同轴电缆相比,双绞线易受外部电磁波的干扰,线路本身也产生噪声,误码率较高
   D. 双绞线大多用作局域网通信介质

6. 下列通信方式中,_____不属于微波远距离通信。
   A. 卫星通信　　　B. 光纤通信　　　C. 对流层散射通信　D. 地面接力通信

7. 下列关于无线通信的叙述错误的是_____。
   A. 无线电波、微波、红外线、激光等都是无线通信信道
   B. 卫星通信是一种特殊的无线电波中继系统
   C. 激光传输距离可以很远,而且有很强的穿透力
   D. 红外线通信通常局限于很小一个范围

8. 下列有关光纤通信的说法错误的是_____。
   A. 光纤通信是利用光导纤维传导光信号来进行通信的
   B. 光纤通信具有通信容量大、保密性强和传输距离长等优点
   C. 光纤线路的损耗大,所以每隔 1～2km 距离就需要中继器

D. 光纤通信常用波分多路复用技术提高通信容量

9. 下列关于卫星通信的叙述错误的是_____。

    A. 有两类通信卫星运行轨道:一类是中轨道或低轨道,另一类是同步定点轨道

    B. 卫星通信技术比较复杂,但建设费用比较低,可以推广使用

    C. 卫星通信具有通信距离远、频带宽、容量大、信号受到的干扰小、通信稳定等优点

    D. 仅使用一颗通信卫星不能满足 24 小时全天候全球通信的要求

10. 调制解调器具有将传输信号转换成适合远距离传输的调制信号及对接收到的调制信号转换为传输的原始信号的功能。下面_____是它的英文缩写。

    A. MUX   B. CODEC   C. MODEM   D. ATM

11. 较其他传输介质而言,下列不属于光纤通信优点的是_____。

    A. 不受电磁干扰   B. 价格便宜   C. 数据传输速率高   D. 保密性好

12. 无线电波分中波、短波、超短波和微波等,下列关于微波的叙述正确的是_____。

    A. 微波沿地面传播,绕射能力强,适用于广播和海上通信

    B. 微波具有较强的电离层反射能力,适用于环球通信

    C. 微波是具有极高频率的电磁波,波长很短,主要沿直线传播,也可以从物体上得到反射

    D. 微波通信可用于电话,但不宜传输电视图像

13. 计算机网络的主干线路是一种高速大容量的数字通信线路,目前主要采用的是_____。

    A. 光纤高速传输干线   B. 数字电话线路

    C. 卫星通信线路   D. 微波接力通信

14. 下列通信方式中,_____组都属于微波远距离通信。① 卫星通信、② 光纤通信、③ 地面微波接力通信。

    A. ①②③   B. ①③   C. ①②   D. ②③

15. 传输电视信号的有线电视系统,所采用的信道复用技术一般是_____多路复用。

    A. 时分   B. 频分   C. 码分   D. 波分

16. 在光纤作为传输介质的通信系统中,采用的信道多路复用技术主要是_____多路复用技术。

    A. 频分   B. 时分   C. 码分   D. 波分

17. 在无线广播系统中,一部收音机可以收听多个不同的电台节目,其采用的信道复用技术是_____多路复用。

    A. 频分   B. 时分   C. 码分   D. 波分

18. 光纤通信是利用光纤传导光信号来进行通信的一种技术。下列叙述错误的是_____。

    A. 光纤通信的特点之一是容量大、损耗小

    B. 光纤通信应在信源与信宿之间进行电/光、光/电的转换

    C. 光纤通信只适合于超远距离通信,不适合近距离通信

    D. 全光网指的是光信号在传输过程中不需要进行电/光、光/电的转换

19. 在计算机网络的三个主要组成部分中,网络协议_____。

A. 负责注明本地计算机的网络配置

B. 负责协调本地计算机的网络硬件与软件

C. 规定网络中所有主机的网络硬件基本配置要求

D. 规定网络中计算机相互通信时所要遵守的格式及通信规程

20. 通常把分布在一座办公大楼或某一大院中的计算机网络称为_____。

　　A. 广域网　　　　　B. 专用网　　　　　C. 公用网　　　　　D. 局域网

21. 为了能在网络上正确地传送信息，制定了一整套关于信息传输顺序、格式和控制方式的约定，称之为_____。

　　A. 网络操作系统　　B. 网络通信软件　　C. 网络通信协议　　D. 网络参考模型

22. 在网络中为其他计算机提供共享硬盘、共享打印机及电子邮件服务等功能的计算机称为_____。

　　A. 网络协议　　　　B. 网络服务器　　　C. 网络拓扑结构　　D. 网络终端

23. 从地域范围来分，计算机网络可分为局域网、广域网、城域网。南京和上海两城市的计算机网互连起来构成的是_____。

　　A. 局域网　　　　　B. 广域网　　　　　C. 城域网　　　　　D. 政府网

24. 下列有关网络两种工作模式（客户/服务器模式和对等模式）的叙述错误的是_____。

　　A. "BT"下载服务采用的是对等工作模式

　　B. 基于客户/服务器模式的网络会因客户机的请求过多、服务器负担过重而导致整体性能下降

　　C. Windows 操作系统中的"网上邻居"是按客户/服务器模式工作的

　　D. 对等网络中的每台计算机既可以作为工作站也可以作为服务器

25. 下列关于局域网和广域网的叙述正确的是_____。

　　A. 广域网只是比局域网覆盖的地域广，它们采用的技术是相同的

　　B. 家庭用户拨号入网，接入的大多是广域网

　　C. 现阶段家庭用户的 PC 只能通过电话线接入网络

　　D. 单位或个人组建的网络都是局域网，国家建设的网络才是广域网

26. 下列关于计算机网络中协议功能的叙述最为完整的是_____。

　　A. 决定谁先接收到信息

　　B. 决定计算机如何进行内部处理

　　C. 为网络中进行通信的计算机制定的一组需要共同遵守的规则和标准

　　D. 检查计算机通信时传送中的错误

27. QQ 是一种流行的网上聊天软件，该软件主要体现了计算机网络的_____功能。

　　A. 资源共享　　　　B. 数据通信　　　　C. 文件服务　　　　D. 提高系统可靠性

28. 下列网络服务中，_____属于为网络用户提供硬件资源共享的服务。

　　A. 文件服务　　　　B. 消息服务　　　　C. 应用服务　　　　D. 打印服务

29. 将网络划分为广域网（WAN）、城域网（MAN）和局域网（LAN）的主要依据是_____。

　　A. 接入计算机所使用的操作系统　　　　B. 接入的计算机的类型

　　C. 拓扑结构　　　　　　　　　　　　　D. 网络分布的地域范围

30. 局域网是指较小地域范围内的计算机网络。下列关于计算机局域网的描述错误的

　　是_____。
　　　A．局域网的传输速率高　　　　　　B．通信延迟小,可靠性好
　　　C．可连接任意多的计算机　　　　　D．可共享网络的软硬件资源

31．下列关于计算机局域网特性的叙述错误的是_____。
　　　A．数据传输速率高　　　　　　　　B．通信延迟时间短、可靠性好
　　　C．可连接任意多的计算机　　　　　D．可共享网络中的软硬件资源

32．在计算机局域网中,下列资源中_____不能被共享。
　　　A．处理器　　　　B．打印机　　　　C．硬盘　　　　D．键盘

33．网络接口卡的基本功能中通常不包括_____。
　　　A．数据压缩/解压缩　　　　　　　B．数据缓存
　　　C．数据转换　　　　　　　　　　　D．通信控制

34．构建以太网使用的交换式集线器与共享式集线器相比,其主要优点在于_____。
　　　A．扩大网络容量　　B．降低设备成本　　C．提高网络带宽　　D．增加传输距离

35．接入局域网的每台计算机都必须安装_____。
　　　A．调制解调器　　　B．网络接口卡　　　C．声卡　　　D．视频卡

36．局域网分类方法很多,下列_____是按拓扑结构分类的。
　　　A．有线网和无线网　　　　　　　　B．星形网和总线网
　　　C．以太网和FDDI网　　　　　　　　D．高速网和低速网

37．以太网的特点之一是使用专用线路进行数据通信,目前大多数以太网使用的传输介质
　　是_____。
　　　A．同轴电缆　　　B．无线电波　　　C．双绞线　　　D．光纤

38．_____拓扑结构的局域网中,任何一个结点发生故障都不会导致整个网络崩溃。
　　　A．总线形　　　　B．星形　　　　　C．树形　　　　D．环形

39．从用户的角度看,网络上可以共享的资源有_____。
　　　A．打印机、数据、软件等　　　　　B．鼠标器、内存、图像等
　　　C．传真机、数据、显示器、网卡　　D．调制解调器、打印机、缓存

40．下列关于计算机网络的叙述错误的是_____。
　　　A．建立计算机网络的主要目的是实现资源共享
　　　B．Internet也称国际互联网、因特网
　　　C．计算机网络是在通信协议控制下实现的计算机之间的连接
　　　D．只有相同类型的计算机互相连接起来,才能构成计算机网络

41．下列IP地址错误的是_____。
　　　A．62.26.1.2　　B．202.119.24.5　　C．78.1.0.0　　D．223.268.129.1

42．TCP/IP分层结构中,_____层协议规定了端—端的数据传输规程。
　　　A．网络互连　　　B．应用　　　　　C．传输　　　D．网络接口

43．在TCP/IP协议的分层结构中,_____层的协议规定了IP地址和IP数据报的格式。
　　　A．网络互连　　　B．应用　　　　　C．传输　　　D．网络接口

44．下列叙述正确的是_____。
　　　A．TCP/IP协议只包含传输控制协议和网络协议

B. TCP/IP 协议是最早的网络体系结构国际标准

    C. TCP/IP 协议广泛用于异构网络的互连

    D. TCP/IP 协议包含 7 个层次

45. TCP/IP 协议中 IP 位于网络分层结构中的_____层。

    A. 应用   B. 网络互连   C. 网络接口和硬件 D. 传输

46. 连接在 Internet 上的每一台主机都有一个 IP 地址，下列不能作为 IP 地址的是_____。

    A. 201.109.39.68 B. 120.34.0.18   C. 21.18.33.48   D. 127.0.257.1

47. 可作为一台主机 IP 地址的是_____。

    A. 202.115.1.0   B. 202.115.1.255   C. 202.115.255.1   D. 202.115.255.255

48. 因特网的 IP 地址由三个部分构成，从左到右分别代表_____。

    A. 网络号、主机号和类型号   B. 类型号、网络号和主机号

    C. 网络号、类型号和主机号   D. 主机号、网络号和类型号

49. TCP/IP 协议簇中最核心的协议是_____，所有其他协议都是以它为基础的。

    A. TCP   B. IP   C. UDP   D. HCCP

50. 下列不能作为 IP 地址的是_____。

    A. 62.26.1.2   B. 202.119.24.5   C. 78.1.0.0   D. 223.268.129.1

51. 将局域网接入广域网必须使用_____。

    A. 中继器   B. 集线器   C. 路由器   D. 网桥

52. 将异构的计算机网络进行互连通常使用的网络互连设备是_____。

    A. 网桥   B. 集线器   C. 路由器   D. 中继器

53. 下列说法正确的是_____。

    A. 网络中的路由器可不分配 IP 地址

    B. 网络中的路由器不能有 IP 地址

    C. 网络中的路由器应分配两个以上的 IP 地址

    D. 网络中的路由器只能分配一个 IP 地址

54. 路由器的主要功能是_____。

    A. 在传输层对数据帧进行存储转发   B. 将异构的网络进行互连

    C. 放大传输信号   D. 用于传输层及以上各层的协议转换

55. 为了避免主机名重复，因特网的名字空间划分为许多域，其中指向教育领域站点的域名常采用_____。

    A. GOV   B. COM   C. EDU   D. NET

56. 下列关于 IP 地址和域名之间关系的叙述正确的是_____。

    A. Internet 中的一台主机在线时只能有一个 IP 地址

    B. 一个合法的 IP 地址可以同时提供给多台主机使用

    C. Internet 中的一台主机只能有一个域名

    D. IP 地址与主机域名是一一对应的

57. 使用域名访问因特网上的信息资源时，由网络中的一台服务器将域名翻译成 IP 地址，该服务器简称为_____。

    A. DNS   B. TCP   C. IP   D. BBS

58. 在以符号名为代表的因特网主机域名中,代表商业组织的第2级域名是_____。
    A. COM   B. EDU   C. NET   D. GOV

59. ADSL 称为不对称用户数字线,ADSL 的传输特点是_____。
    A. 下行流速率高于上行流   B. 下行流速率低于上行流
    C. 下行流速率等于上行流   D. 下行流速率是上行流的一半

60. 目前我国家庭计算机用户接入互联网的下述几种方法中速度最快的是_____。
    A. 光纤入户   B. ADSL   C. 电话 MODEM   D. X.25

61. 利用有线电视系统接入互联网时使用的传输介质是_____。
    A. 双绞线   B. 同轴电缆
    C. 光纤   D. 光纤—同轴电缆混合线路(HFC)

62. 下列关于 ADSL 接入技术的说法错误的是_____。
    A. ADSL 的含义是非对称数字用户线
    B. ADSL 使用普通电话线作为传输介质,能够提供高达 8Mbps 的下载速率和 1Mbps 的
       上传速率
    C. ADSL 的传输距离可达 5km
    D. ADSL 在上网时不能使用电话

63. 下列有关电缆调制解调技术的叙述错误的是_____。
    A. 采用同轴电缆作为传输介质
    B. 是一种上、下行传输速率相同的技术
    C. 能提供语音、数据图像传输等多种业务
    D. 多个用户的信号都在同一根电缆上传输

64. 使用 ADSL 接入因特网时,下列叙述正确的是_____。
    A. 在上网的同时可以接听电话,两者互不影响
    B. 在上网的同时不能接听电话
    C. 在上网的同时可以接听电话,但数据传输暂时中止,挂机后恢复
    D. 线路会根据两者的流量动态调整两者所占比例

65. 利用有线电视网和电缆调制解调技术(Cable MODEM)接入互联网有许多优点,下列叙
    述错误的是_____。
    A. 无须拨号   B. 不占用电话线
    C. 可永久连接   D. 数据传输独享带宽且速率稳定

66. 下列网络协议中,与收、发、撰写电子邮件无关的协议是_____。
    A. POP3   B. SMTP   C. MIME   D. Telnet

67. 下列有关 FTP 服务器的叙述错误的是_____。
    A. 访问任何 FTP 服务器都需要预先知道该服务器的用户名和密码
    B. FTP 服务器可以与 Web 服务器、邮件服务器等使用同一台计算机实现
    C. 用户可以通过 FTP 搜索引擎找到拥有相关资源的 FTP 站点
    D. FTP 服务器必须运行 FTP 服务器软件

68. 因特网用户的电子邮件地址格式应是_____。
    A. 用户名@单位网络名   B. 单位网络名@用户名

C. 邮件服务器名@用户名   D. 用户名@邮件服务器名

69. 某用户在 WWW 浏览器"地址"栏内键入一个 URL：Http：//www.zdxy.cn/index.htm,其中"/index.htm"代表_____。

A. 协议类型   B. 主机域名   C. 路径及文件名   D. 用户名

70. 在 TCP/IP 协议中,远程登录使用的协议是_____。

A. Telnet   B. FTP   C. HTTP   D. UDP

71. E-Mail 用户名必须遵循一定的规则,以下规则正确的是_____。

A. 用户名中允许出现中文   B. 用户名只能由英文字母组成

C. 用户名首字符必须为英文字母   D. 用户名不能有空格

72. 关于电子邮件服务,下列叙述错误的是_____。

A. 网络上必须有邮件服务器用来运行邮件服务器软件

B. 用户发出的邮件会暂时存放在邮件服务器中

C. 用户上网时可以向邮件服务器发出收邮件的请求

D. 发邮件者和收邮件者如果同时在线,则可不使用邮件服务器直接通信

73. Internet 上有许多应用,其中特别适合用来进行文件操作(如复制、移动、更名、创建、删除等)的一种服务是_____。

A. E-mail   B. Telnet   C. WWW   D. FTP

74. 在 Internet 中,通常不需用户输入帐号和口令的服务是_____。

A. FTP   B. E-Mail   C. Telnet   D. HTTP(网页浏览)

75. WWW 浏览器和 Web 服务器都遵循_____协议,该协议定义了浏览器和服务器的网页请求格式及应答格式。

A. TCP   B. HTTP   C. UDP   D. FTP

76. 下列关于超链的说法错误的是_____。

A. 超链的链宿可以是文字,还可以是声音、图像或视频

B. 超文本中的超链是双向的

C. 超链的起点叫链源,它可以是文本中的标题

D. 超链的目的地称为链宿

77. 日常所说的"上网访问网站",就是访问存放在_____上的信息。

A. 网关   B. 网桥   C. Web 服务器   D. 路由器

78. 下列关于网络信息安全的认识正确的是_____。

A. 只要加密技术的强度足够高,就能保证数据不被非法窃取

B. 访问控制对信息资源的各种操作权限规定必须互不冲突

C. 硬件加密的效果一定比软件加密好

D. 根据人的生理特征进行身份鉴别的方式在单机环境下无效

79. 下列关于网络信息安全的叙述正确的是_____。

A. 不同的应用系统对信息安全有不同要求

B. 数字签名的目的是对信息加密

C. 因特网防火墙可以防止外界接触到单位内部的任何计算机,从而确保单位内部网络绝对安全

D. 所有黑客都是利用微软产品存在的漏洞对计算机网络进行攻击与破坏的

80. 确保网络信息安全的目的是为了保证_____。
    A. 计算机能够持续运行　　　　　　B. 网络能高速运行
    C. 信息不被泄露、篡改和破坏　　　D. 计算机使用人员的安全

81. 公共密钥加密技术使用一对密钥，其中一个密钥只有用户本人知道，另一个密钥可以让其他用户知道。前者称为_____。
    A. 公共密钥　　　B. 私有密钥　　　C. 对称密钥　　　D. 常规密钥

82. 在计算机网络中，_____用于验证消息发送方的真实性。
    A. 病毒防范　　　B. 数据加密　　　C. 数字签名　　　D. 访问控制

83. 信息系统中信息资源的访问控制是保证信息系统安全的措施之一。下列关于访问控制的叙述错误的是_____。
    A. 访问控制可以保证对信息的访问进行有序的控制
    B. 访问控制是在用户身份鉴别的基础上进行的
    C. 访问控制就是对系统内每个文件或资源规定各个用户对它的操作权限
    D. 访问控制为每一个用户分别设立权限控制，即所有用户的权限都各不相同

84. 下列安全措施中，_____用于辨别用户（或其他系统）的真实身份。
    A. 身份认证　　　B. 数据加密　　　C. 访问控制　　　D. 审计管理

85. 公司（或机构）为了保障计算机网络系统的安全，防止外部人员对内部网的侵犯，一般都在内网与外网之间设置_____。
    A. 身份认证　　　B. 访问控制　　　C. 防火墙　　　D. 数字签名

86. 下列关于防火墙的说法错误的是_____。
    A. 防火墙对计算机网络（包括单机）具有保护作用
    B. 防火墙能控制进出内网的信息流向和信息包
    C. 防火墙可以用软件实现（如 Windows XP）
    D. 防火墙也能阻止来自网络内部的威胁

87. 下列不属于计算机病毒特点的是_____。
    A. 破坏性　　　B. 潜伏性　　　C. 隐蔽性　　　D. 可预见性

88. 计算机感染病毒后会产生各种异常现象，但一般不会引起_____。
    A. 文件占用的空间变大了　　　　　B. 机器发出异常蜂鸣声
    C. 屏幕显示异常图形　　　　　　　D. 主机内的电扇不转了

89. 计算机防病毒技术目前还不能做到_____。
    A. 预防病毒侵入　　　　　　　　　B. 检测已感染的病毒
    C. 杀除已检测到的病毒　　　　　　D. 预测将会出现的新病毒

90. 下列关于网络信息安全的叙述正确的是_____。
    A. 带有数字签名的信息是未泄密的
    B. 防火墙可以防止外界接触到内部网络，从而保证内部网络的绝对安全
    C. 数字加密的目的是使网络通信被窃听的情况下仍然保证数据的安全
    D. 使用好的杀毒软件可以杀掉所有的病毒

二、填空题

1. 在计算机网络中,把可能的最大数据传输速率称为_____。

2. 电信号直接传输的距离很短,为了能进行长距离的通信,必须采用_____技术。

3. 常用的交换技术有电路交换和_____。

4. 局域网中的每台主机既可以作为工作站也可以作为服务器,这样的工作模式称为_____模式。

5. 网络操作系统运行在服务器上,可以提供网络资源共享并负责管理整个网络,其英文缩写(3个字母)为_____。

6. 计算机网络是以_____和信息传递为目的,把地理上分散而功能各自独立的多台计算机利用通信手段有机地连接起来的一个系统。

7. 在网络中通常把提供服务的计算机称为服务器,把请求服务的计算机称为_____。

8. 局域网有两种常用的工作模式,它们是对等模式和_____模式。

9. 以太网是最常用的一种局域网,它采用_____方式进行通信,使一台计算机发出的数据其他计算机都可以收到。

10. 以太网中的节点相互通信时,通常使用_____地址来指出收、发双方是哪两个接点。

11. 在交换式局域网中有100个节点,若交换器的带宽为100Mb/s,则每个节点的可用带宽为_____Mb/s。

12. 在计算机网络中WLAN表示_____。

13. TCP/IP协议标准将计算机网络通信问题划分为应用层、传输层、网络互连层、网络接口和硬件层4个层次,其中TCP/IP层是_____层的协议。

14. 为了解决计算机和网络互联的标准化,国际标准化组织提出了_____参考模型。

15. 通常把IP地址分为A、B、C、D、E五类,IP地址130.24.35.2属于_____类。

16. 网络中的所有计算机和交换机必须都采用统一的_____才能进行互连。

17. 以太网通过路由器与FDDI网相连,自以太网发送的IP数据报经路由器传往FDDI网时,必须由_____将数据报封装成FDDI帧格式才能在FDDI网上传输。

18. 网络域名服务器上存放着它所在网络中全部主机的_____和IP地址的对照表。

19. 使用域名访问因特网上的信息资源时,由网络中的特定服务器将域名翻译成IP地址,该服务器的英文简称为_____。

20. 中国的因特网域名体系中,商业组织的域名是_____。

21. DNS服务器实现入网主机的域名和_____之间的转换。

22. ADSL为下行流提供较上行流_____的传输速率。

23. 发送邮件常用的是_____协议。

24. 若用户的邮箱名为zhang,开户(注册)的邮件服务器的域名为126.com,则该用户的邮件地址一般为_____。

25. 要发送电子邮件就需要知道对方的邮件地址,邮件地址包括邮箱名和邮箱所在的主机域名,两者中间用_____隔开。

26. 接收邮件常用的是_____协议。

27. 在计算机网络应用中,英文缩写URL的中文含义是_____定位器。

28. 通过 WWW 服务器提供的起始网页就能访问该网站上的其他网页,该网页称为_____。

29. 在通信过程中随着消息一起传送一些代码,凭此代码让对方相信此消息的真实性,该代码称作_____。

30. 为了防止欺诈和假冒,对某人或实体的身份进行鉴别称作_____。

第4章　软件技术基础

一、选择题

1. 比较算法和程序,下列说法正确的是_____。
   A. 算法可采用"伪代码"或流程图等方式来描述
   B. 程序只能用高级语言表示
   C. 算法和程序是一一对应的
   D. 算法就是程序

2. 计算机的算法是_____。
   A. 问题求解规则的一种过程描述　　B. 计算方法
   C. 运算器中的处理方法　　　　　　D. 排序方法

3. 算法的有穷性是指_____。
   A. 算法程序的运行时间是有限的　　B. 算法程序所处理的数据量是有限的
   C. 算法程序的长度是有限的　　　　D. 算法只能被有限的用户使用

4. 算法和程序的区别在于:程序不一定能满足的特征是_____。
   A. 每一个运算有确切定义
   B. 具有 0 个或多个输入量
   C. 至少产生一个输出量(包括状态的改变)
   D. 在执行了有穷步的运算后自行终止(有穷性)

5. 下列关于算法的描述正确的是_____。
   A. 一个算法的执行步骤可以是无限的　B. 一个完整的算法至少有一个输入
   C. 算法只能用流程图表示　　　　　　D. 一个完整的算法必须有输出

6. 下列叙述错误的是_____。
   A. 程序就是算法,算法就是程序
   B. 程序是用某种计算机语言编写的语句的集合
   C. 软件的主体是程序
   D. 只要软件运行环境不变,它们功能和性能不会发生变化

7. 下列叙述正确的是_____。
   A. 算法的效率只与问题的规模有关,而与数据的存储结构无关
   B. 算法的时间复杂度是指执行算法所需要的计算工作量

C. 数据的逻辑结构与存储结构是一一对应的

D. 算法的时间复杂度与空间复杂度一定相关

8. 下列关于算法的叙述正确的是_____。

    A. 算法的执行效率与数据的存储结构无关

    B. 算法的有穷性是指算法必须能在执行有限个步骤之后终止

    C. 算法的空间复杂度是指算法程序中指令（或语句）的条数

    D. 以上三种说法都正确

9. 程序流程图中带有箭头的线段表示的是_____。

    A. 图元关系   B. 数据流   C. 控制流   D. 调用关系

10. 对 C 语言中语句"while(P) S;"的含义，下述解释正确的是_____。

    A. 先执行语句 S，然后根据 P 的值决定是否再执行语句 S

    B. 若条件 P 的值为真，则执行语句 S，如此反复，直到 P 的值为假

    C. 语句 S 至少会被执行一次

    D. 语句 S 不会被执行两次以上

11. 结构化程序设计的三种结构是_____。

    A. 顺序结构、分支结构、跳转结构   B. 顺序结构、选择结构、循环结构

    C. 分支结构、选择结构、循环结构   D. 分支结构、跳转结构、循环结构

12. 算法的空间复杂度是指_____。

    A. 算法在执行过程中所需要的计算机存储空间

    B. 算法所处理的数据量

    C. 算法程序中的语句或指令条数

    D. 算法在执行过程中所需要的临时工作单元数

13. 为了避免流程图在描述程序逻辑时的灵活性，提出了用方框图来代替传统的程序流程图，通常也把这种图称为_____。

    A. PAD 图   B. N-S 图   C. 结构图   D. 数据流图

14. 软件详细设计产生的过程如右图所示，该图是_____。

    A. N-S 图   B. PAD 图

    C. 程序流程图   D. E-R 图

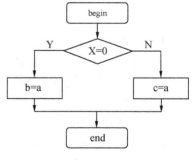

第 14 题图

15. 分析某个算法的优劣时，从需要占用的计算机资源角度，应考虑的两个方面是_____。

    A. 空间代价和时间代价

    B. 正确性和简明性

    C. 可读性和开放性

    D. 数据复杂性和程序复杂性

16. 算法的时间复杂度是指_____。

    A. 执行算法程序所需要的时间

    B. 算法程序的长度

    C. 算法执行过程中所需要的基本运算次数

D. 算法程序中的指令条数

17. 下列叙述正确的是_____。
    A. 一个算法的空间复杂度大,则其时间复杂度也必定大
    B. 一个算法的空间复杂度大,则其时间复杂度必定小
    C. 一个算法的时间复杂度大,则其空间复杂度必定小
    D. 上述三种说法都不对

18. 数据结构中,与所使用的计算机无关的是数据的_____。
    A. 存储结构　　　B. 物理结构　　　C. 逻辑结构　　　D. 线性结构

19. 数据结构主要研究的是数据的逻辑结构、数据的运算和_____。
    A. 数据的方法　　B. 数据的存储结构　C. 数据的对象　　D. 数据的逻辑存储

20. 下列关于数据的存储结构的定义正确的是_____。
    A. 存储在外存中的数据　　　　　　B. 数据所占的存储空间量
    C. 数据在计算机中的顺序存储方式　D. 数据的逻辑结构在计算机中的表示

21. 下列数据结构属于非线性结构的是_____。
    A. 循环队列　　　B. 带链队列　　　C. 二叉树　　　D. 带链栈

22. 下列叙述正确的是_____。
    A. 一个逻辑数据结构只能有一种存储结构
    B. 数据的逻辑结构属于线性结构,存储结构属于非线性结构
    C. 一个逻辑数据结构可以有多种存储结构,且各种存储结构不影响数据处理的效率
    D. 一个逻辑数据结构可以有多种存储结构,且各种存储结构影响数据处理的效率

23. 下列叙述正确的是_____。
    A. 程序执行的效率与数据的存储结构密切相关
    B. 程序执行的效率只取决于程序的控制结构
    C. 程序执行的效率只取决于所处理的数据量
    D. 以上三种说法都不对

24. 下列叙述正确的是_____。
    A. 数据的逻辑结构与存储结构必定是一一对应的
    B. 由于计算机存储空间是向量式的存储结构,因此,数据的存储结构一定是线性结构
    C. 程序设计语言中的数据一般是顺序存储结构,因此,利用数组只能处理线性结构
    D. 以上三种说法都不对

25. 下列不属于数据逻辑结构的是_____。
    A. 线性结构　　　B. 集合结构　　　C. 链表结构　　　D. 树形结构

26. 对于循环队列,下列叙述正确的是_____。
    A. 队头指针是固定不变的
    B. 队头指针一定大于队尾指针
    C. 队头指针一定小于队尾指针
    D. 队头指针可以大于队尾指针,也可以小于队尾指针

27. 如果进栈序列为 e1、e2、e3、e4,则可能的出栈序列是_____。
    A. e3、e1、e4、e2　　B. e2、e4、e3、e1　　C. e3、e4、e1、e2　　D. 任意顺序

28. 下列对队列的叙述正确的是_____。
    A. 队列属于非线性表
    B. 队列按"先进后出"原则组织数据
    C. 队列在队尾删除数据
    D. 队列按"先进先出"原则组织数据

29. 下列关于队列的叙述正确的是_____。
    A. 在队列中只能插入数据
    B. 在队列中只能删除数据
    C. 队列是先进先出的线性表
    D. 队列是先进后出的线性表

30. 下列关于线性表的叙述不正确的是_____。
    A. 线性表可以是空表
    B. 线性表是一种线性结构
    C. 线性表的所有结点有且仅有一个前件和后件
    D. 线性表是由 n 个元素组成的一个有限序列

31. 下列关于栈的描述正确的是_____。
    A. 在栈中只能插入元素而不能删除元素
    B. 在栈中只能删除元素而不能插入元素
    C. 栈是特殊的线性表，只能在一端插入或删除元素
    D. 栈是特殊的线性表，只能在一端插入元素，而在另一端删除元素

32. 下列关于栈和队列的描述正确的是_____。
    A. 栈是先进先出
    B. 队列是先进后出
    C. 队列允许在队头插入元素
    D. 栈在栈顶删除元素

33. 下列描述正确的是_____。
    A. 线性链表是线性表的链式存储结构
    B. 栈与队列是非线性结构
    C. 双向链表是非线性结构
    D. 只有根结点的二叉树是线性结构

34. 下列数据结构中，能够按照"先进后出"原则存取数据的是_____。
    A. 循环队列   B. 栈   C. 队列   D. 二叉树

35. 下列叙述正确的是_____。
    A. 有一个以上根结点的数据结构不一定是非线性结构
    B. 只有一个根结点的数据结构不一定是线性结构
    C. 循环链表是非线性结构
    D. 双向链表是非线性结构

36. 下列叙述正确的是_____。
    A. 循环队列有队头和队尾两个指针，因此，循环队列是非线性结构
    B. 在循环队列中，只需要队头指针就能反映队列中元素的动态变化情况
    C. 在循环队列中，只需要队尾指针就能反映队列中元素的动态变化情况
    D. 循环队列中元素的个数是由队头指针和队尾指针共同决定的

37. 下列叙述正确的是_____。
    A. 顺序存储结构的存储一定是连续的，链式存储结构的存储空间不一定是连续的
    B. 顺序存储结构只针对线性结构，链式存储结构只针对非线性结构
    C. 顺序存储结构能存储有序表，链式存储结构不能存储有序表
    D. 链式存储结构比顺序存储结构节省存储空间

38. 线性表常采用的两种存储结构是_____。
    A. 散列方法和索引方式　　　　　　　B. 链表存储结构和数组
    C. 顺序存储结构和链式存储结构　　　D. 线性存储结构和非线性存储结构

39. 线性表的顺序存储结构和线性表的链式存储结构分别是_____。
    A. 顺序存取的存储结构、顺序存取的存储结构
    B. 随机存取的存储结构、顺序存取的存储结构
    C. 随机存取的存储结构、随机存取的存储结构
    D. 任意存取的存储结构、任意存取的存储结构

40. 一个栈的初始状态为空。现将元素 1、2、3、4、5、A、B、C、D、E 依次入栈,然后再依次出栈,则元素出栈的顺序是_____。
    A. 12345ABCDE　　B. EDCBA54321　　C. ABCDE12345　　D. 54321EDCBA

41. 一棵二叉树的前序遍历结果是 ABCEDF,中序遍历结果是 CBAEDF,则其后序遍历结果是_____。
    A. DBACEF　　　　B. CBEFDA　　　　C. FDAEBC　　　　D. DFABEC

42. 下列描述不是线性表顺序存储结构特征的是_____。
    A. 可随机访问　　　　　　　　　　　B. 需要连续的存储空间
    C. 不便于插入和删除　　　　　　　　D. 逻辑相邻的数据物理位置上不相邻

43. 在链式存储结构中,下列对于线性链表的描述正确的是_____。
    A. 存储空间必须连续,且各元素的存储顺序是任意的
    B. 存储空间不一定是连续,且各元素的存储顺序是任意的
    C. 存储空间必须连续,且前件元素一定存储在后件元素的前面
    D. 存储空间不一定连续,且前件元素一定存储在后件元素的前面

44. 某二叉树共有 7 个结点,其中叶子结点只有 1 个,则该二叉树的深度为(假设根结点在第 1 层)_____。
    A. 3　　　　　　　B. 4　　　　　　　C. 6　　　　　　　D. 7

45. 某二叉树中度为 2 的结点有 10 个,则该二叉树中有_____个叶子结点。
    A. 9　　　　　　　B. 10　　　　　　C. 11　　　　　　D. 12

46. 设一棵满二叉树共有 15 个结点,则在该满二叉树中的叶子结点数为_____。
    A. 7　　　　　　　B. 8　　　　　　　C. 9　　　　　　　D. 10

47. 一棵二叉树中共有 70 个叶子结点与 80 个度为 1 的结点,则该二叉树中的总结点数为_____。
    A. 219　　　　　　B. 221　　　　　　C. 229　　　　　　D. 231

48. 已知二叉树后序遍历序列是 dabec,中序遍历序列是 debac,则它的前序遍历序列是_____。
    A. acbed　　　　　B. decab　　　　　C. deabc　　　　　D. cedba

49. 下列数据结构中属于非线性数据结构的是_____。
    A. 栈　　　　　　　B. 线性表　　　　C. 队列　　　　　　D. 二叉树

50. 在深度为 7 的满二叉树中,叶子结点的个数为_____。
    A. 32　　　　　　　B. 31　　　　　　C. 64　　　　　　　D. 63

51. 在一棵二叉树上,第5层的结点数最多是_____。
    A. 8   B. 9   C. 15   D. 16

52. 对右图二叉树进行中序遍历的结果是_____。
    A. ABCDEFGH   B. ABDGEHCF
    C. GDBEHACF   D. GDHEBFCA

53. 对右图二叉树进行前序遍历的结果为_____。
    A. ABCDEFGH   B. ABDGEHCF
    C. GDBEHACF   D. GDHEBFCA

54. 对右图二叉树进行后序遍历的结果为_____。
    A. ABCDEFGH   B. ABDGEHCF
    C. GDBEHACF   D. GDHEBFCA

第52、53、54题图

55. 对长度为 n 的线性表排序,在最坏情况下,比较次数不是 n(n－1)/2 的排序方法是_____。
    A. 快速排序   B. 冒泡排序   C. 直接插入排序   D. 堆排序

56. 对有序线性表(23,29,34,55,60,70,78)用二分法查找值为60的元素时,需要比较的次数为_____。
    A. 1   B. 2   C. 3   D. 4

57. 对于长度为 n 的线性表,在最坏情况下,下列各排序法所对应的比较次数中正确的是_____。
    A. 冒泡排序为 n(n－1)/2   B. 简单插入排序为 n
    C. 希尔排序为 n   D. 快速排序为 n/2

58. 对于长度为 n 的线性表进行顺序查找,在最坏情况下所需要的比较次数为_____。
    A. $\log_2 n$ B. n/2   C. n   D. n+1

59. 假设线性表的长度为 n,则在最坏情况下,冒泡排序需要的比较次数为_____。
    A. $\log_2 n$ B. n^2 C. O(n1.5)   D. n(n－1)/2

60. 下列数据结构能用二分法进行查找的是_____。
    A. 顺序存储的有序线性表   B. 线性链表
    C. 二叉链表   D. 有序线性链表

61. 已知数据表 A 中每个元素距其最终位置不远,为节省时间,应采用的算法是_____。
    A. 堆排序   B. 直接插入排序   C. 快速排序   D. B 和 C

62. 在长度为 n 的有序线性表中进行二分查找,最坏情况下需要比较的次数是_____。
    A. O(n)   B. $O(n^2)$ C. $O(\log_2 n)$ D. $O(n\log_2 n)$

63. 对建立良好的程序设计风格,下列描述正确的是_____。
    A. 程序应简单、清晰、可读性好   B. 符号名的命名只要符合语法
    C. 应充分考虑程序的执行效率   D. 程序的注释可有可无

64. 结构化程序设计主要强调的是_____。
    A. 程序的规模   B. 程序的效率
    C. 程序设计语言的先进性   D. 程序易读性

65. 两个或两个以上模块之间关联的紧密程度称为_____。

A. 耦合度　　　　　B. 内聚度　　　　　C. 复杂度　　　　　D. 数据传输特性

66. 内聚性是对模块功能强度的衡量,下列选项内聚性较弱的是_____。

A. 顺序内聚　　　　B. 偶然内聚　　　　C. 时间内聚　　　　D. 逻辑内聚

67. 下列关于类、对象、属性和方法的叙述错误的是_____。

A. 类是对一类具有相同的属性和方法对象的描述

B. 属性用于描述对象的状态

C. 方法用于表示对象的行为

D. 基于同一个类产生的两个对象不可以分别设置自己的属性值

68. 下列特征中不是面向对象方法的主要特征的是_____。

A. 多态性　　　　　B. 标识惟一性　　　C. 封装性　　　　　D. 耦合性

69. 下列叙述不符合良好程序设计风格要求的是_____。

A. 程序的效率第一,清晰第二　　　　B. 程序的可读性好

C. 程序中要有必要的注释　　　　　　D. 输入数据前要有提示信息

70. 下列选项不属于模块间耦合的是_____。

A. 数据耦合　　　B. 标记耦合　　　C. 异构耦合　　　D. 公共耦合

71. 下列描述错误的是_____。

A. 系统总体结构图支持软件系统的详细设计

B. 软件设计是将软件需求转换为软件表示的过程

C. 数据结构与数据库设计是软件设计的任务之一

D. PAD 图是软件详细设计的表示工具

72. 在结构化程序设计中,模块划分的原则是_____。

A. 各模块应包括尽量多的功能

B. 各模块的规模应尽量大

C. 各模块之间的联系应尽量紧密

D. 模块内具有高内聚度、模块间具有低耦合度

73. 在面向对象的方法中,实现信息隐蔽是依靠_____。

A. 对象的继承　　B. 对象的多态　　C. 对象的封装　　D. 对象的分类

74. _____语言内置面向对象的机制,支持数据抽象,已成为当前面向对象程序设计的主流语言之一。

A. FORTRAN　　　B. ALGOL　　　　C. C　　　　　　　D. C ++

75. 解释程序和编译程序是两种不同的语言处理程序,下列关于它们的叙述正确的是_____。

A. 只有解释程序产生并保存目标程序　　B. 只有编译程序产生并保存目标程序

C. 两者均产生并保存目标程序　　　　　D. 两者均不产生目标程序

76. 下列关于计算机机器语言的叙述错误的是_____。

A. 机器语言是指用二进制编码表示的指令集合

B. 用机器语言编写的程序,可以在各种不同类型的计算机上直接执行

C. 用机器语言编制的程序难以维护和修改

D. 用机器语言编制的程序难以理解和记忆

77. 语言处理程序用于把高级语言程序转换成可在计算机上直接执行的程序。下列不属于语言处理程序的是_____。

  A. 汇编程序 B. 解释程序 C. 编译程序 D. 监控程序

78. 开发大型软件时，产生困难的根本原因是_____。

  A. 大型系统的复杂性   B. 人员知识不足

  C. 客观世界千变万化   D. 时间紧、任务重

79. 开发软件所需高成本和产品的低质量之间有着尖锐的矛盾，这种现象称作_____。

  A. 软件矛盾 B. 软件危机 C. 软件耦合 D. 软件产生

80. 软件生命周期中花费最多的阶段是_____。

  A. 详细设计 B. 软件编码 C. 软件测试 D. 软件维护

81. 软件是指_____。

  A. 程序   B. 程序和文档

  C. 算法加数据结构   D. 程序、数据与相关文档的完整集合

82. 下列不属于软件工程的三个要素的是_____。

  A. 工具 B. 过程 C. 方法 D. 环境

83. 下列各项不是引起"软件危机"的主要原因的是_____。

  A. 对软件需求分析的重要性认识不够

  B. 软件开发过程难于进行质量管理和进度控制

  C. 随着问题的复杂度增加，人们开发软件的效率下降

  D. 随着社会和生产的发展，软件无法存储和处理海量数据

84. 下列关于计算机软件的说法正确的是_____。

  A. 用软件语言编写的程序都可直接在计算机上执行

  B. "软件危机"的出现是因为计算机硬件发展严重滞后

  C. 利用"软件工程"的理念与方法，可以编制高效高质的软件

  D. 操作系统是 20 世纪 80 年代产生的

85. 下列描述正确的是_____。

  A. 程序就是软件   B. 软件开发不受计算机系统的限制

  C. 软件既是逻辑实体，又是物理实体 D. 软件是程序、数据与相关文档的集合

86. 下列描述正确的是_____。

  A. 软件工程只是解决软件项目的管理问题

  B. 软件工程主要解决软件产品的生产率问题

  C. 软件工程的主要思想是强调在软件开发过程中需要应用工程化原则

  D. 软件工程只是解决软件开发中的技术问题

87. 下列叙述不属于软件需求规格说明书的作用的是_____。

  A. 便于用户、开发人员进行理解和交流

  B. 反映出用户问题的结构，可以作为软件开发工作的基础和依据

  C. 作为确认测试和验收的依据

  D. 便于开发人员进行需求分析

88. 下列叙述正确的是_____。

  A. 软件测试应该由程序开发者来完成　　B. 程序经调试后一般不需要再测试

  C. 软件维护只包括对程序代码的维护　　D. 以上三种说法都不对

89. 下列叙述正确的是_____。

  A. 软件交付使用后还需要再进行维护　　B. 软件工具交付使用就不需要再进行维护

  C. 软件交付使用后其生命周期就结束　　D. 软件维护是指修复程序中被破坏的指令

90. 下列选项不属于软件生命周期开发阶段任务的是_____。

  A. 软件测试　　　　B. 概要设计　　　　C. 软件维护　　　　D. 详细设计

91. 需求分析阶段的任务是确定_____。

  A. 软件开发方法　B. 软件开发工具　C. 软件开发费用　D. 软件系统功能

92. 在软件开发中,需求分析阶段可以使用的工具是_____。

  A. N-S 图　　　　B. DFD 图　　　　C. PAD 图　　　　D. 程序流程图

93. 在软件生产过程中,需求信息的来源是_____。

  A. 程序员　　　　B. 项目经理　　　　C. 设计人员　　　　D. 软件用户

94. 在软件生命周期中,能准确地确定软件系统必须做什么和必须具备哪些功能的阶段是_____。

  A. 需求分析　　　B. 详细设计　　　　C. 软件设计　　　　D. 概要设计

95. 在设计程序时,应采纳的原则之一是_____。

  A. 不限制 goto 语句的使用　　　　B. 减少或取消注解行

  C. 程序越短越好　　　　　　　　　D. 程序结构应有助于读者理解

96. 从工程管理角度,软件设计一般分为两步完成,它们是_____。

  A. 概要设计与详细设计　　　　　　B. 数据设计与接口设计

  C. 软件结构设计与数据设计　　　　D. 过程设计与数据设计

97. 结构化程序设计的基本原则不包括_____。

  A. 多元性　　　　B. 自顶向下　　　　C. 模块化　　　　D. 逐步求精

98. 软件设计包括软件的结构、数据接口和过程设计,其中软件的过程设计是指_____。

  A. 模块间的关系　　　　　　　　　B. 系统结构部件转换成软件的过程描述

  C. 软件层次结构　　　　　　　　　D. 软件开发过程

99. 软件设计中模块划分应遵循的准则是_____。

  A. 低内聚、低耦合　B. 高内聚、低耦合　C. 低内聚、高耦合　D. 高内聚、高耦合

100. 软件需求分析阶段的工作,可以分为四个方面:需求获取、编写需求规格说明书、需求评审和_____。

  A. 阶段性报告　B. 需求分析　　　C. 需求总结　　　D. 都不正确

101. 为了使模块尽可能独立,要求_____。

  A. 模块的内聚程度要尽量高,且各模块间的耦合程度要尽量强

  B. 模块的内聚程度要尽量高,且各模块间的耦合程度要尽量弱

  C. 模块的内聚程度要尽量低,且各模块间的耦合程度要尽量弱

  D. 模块的内聚程度要尽量低,且各模块间的耦合程度要尽量强

102. 下列关于对象概念的描述错误的是_____。

  A. 对象就是 C 语言中的结构体变量

B. 对象代表着正在创建的系统中的一个实体

C. 对象是一个状态和操作（或方法）的封装体

D. 对象之间的信息传递是通过消息进行的

103. 下列不属于结构化分析工具的是_____。

    A. PDL   B. 判定树   C. 判定表   D. DFD 图

104. 在软件开发中，下列任务不属于设计阶段的是_____。

    A. 数据结构设计   B. 给出系统模块结构

    C. 定义模块算法   D. 定义需求并建立系统模型

105. 在软件开发中，需求分析阶段产生的主要文档是_____。

    A. 可行性分析报告   B. 软件需求规格说明书

    C. 概要设计说明书   D. 集成测试计划

106. 详细设计主要确定每个模块的具体执行过程，也称为过程设计，下列不属于过程设计工具的是_____。

    A. DFD   B. PAD   C. N-S   D. PDL

107. 软件调试的目的是_____。

    A. 发现错误   B. 改正错误

    C. 改善软件的性能   D. 验证软件的正确性

108. 下列对于软件测试的描述正确的是_____。

    A. 软件测试的目的是证明程序是否正确

    B. 软件测试的目的是使程序运行结果正确

    C. 软件测试的目的是尽可能多地发现程序中的错误

    D. 软件测试的目的是使程序符合结构化原则

109. 下列叙述不属于测试的特征的是_____。

    A. 测试的挑剔性   B. 完全测试的不可能性

    C. 测试的可靠性   D. 测试的经济性

110. 下列叙述正确的是_____。

    A. 程序设计就是编制程序

    B. 程序的测试必须由程序员自己去完成

    C. 程序经调试改错后还应进行再测试

    D. 程序经调试改错后不必进行再测试

二、填空题

1. 问题处理方案正确而完整的描述称为_____。

2. 算法的基本特征主要包括四个方面，它们分别是可行性、确定性、_____和拥有足够的情报。

3. 程序流程图中的菱形框表示的是_____。

4. 符合结构化原则的三种基本控制结构是顺序结构、_____和循环结构。

5. 在算法正确的前提下，评价一个算法的两个标准是空间复杂度和_____。

6. _____是指用户的应用程序与数据库的逻辑结构是相互独立的，也就是说，数据的逻辑结构改变了,用户程序也可以不变。

7. 数据结构分为逻辑结构与存储结构,线性链表属于_____。

8. 队列是限定在表的一端进行插入和在另一端进行删除操作的线性表。允许删除的一端称作_____。

9. 栈中允许进行插入和删除的一端叫作_____。

10. 线性表的存储结构主要分为顺序存储结构和链式存储结构。队列是一种特殊的线性表,循环队列是队列的_____存储结构。

11. 数据结构分为线性结构和非线性结构,带链的队列属于_____。

12. 按"先进后出"原则组织数据的数据结构是_____。

13. 设某循环队列的容量为50,头指针 front =5(指向队头元素的前一位置),尾指针 rear = 29(指向队尾元素),则该循环队列中共有_____个元素。

14. 当循环队列非空且队尾指针等于队头指针时,说明循环队列已满,不能进行入队运算。这种情况称为_____。

15. 在深度为 7 的满二叉树中,度为 2 的结点个数为_____。

16. 一棵二叉树第六层(根结点为第一层)的结点数最多为_____个。

17. 设一棵完全二叉树共有 700 个结点,则在该二叉树中有_____个叶子结点。

18. 在树形结构中,树根结点没有_____。

19. 一颗二叉树的中序遍历结果为 DBEAFC,前序遍历结果为 ABDECF,则后序遍历结果为_____。

20. 某二叉树中度为 2 的结点有 n 个,则该二叉树中有_____个叶子结点。

21. 深度为 5 的满二叉树有_____个叶子结点。

22. 二叉树的遍历可以分为三种:前序遍历、_____遍历和后序遍历。

23. 某二叉树有 5 个度为 2 的结点以及 3 个度为 1 的结点,则该二叉树中共有_____个结点。

24. 对下列二叉树进行中序遍历的结果为_____。

25. 对下列二叉树进行中序遍历的结果_____。

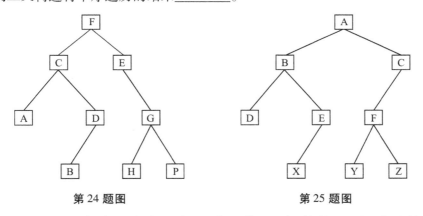

第 24 题图　　　　　　　　　　　　第 25 题图

26. 在长度为 n 的有序线性表中进行二分查找,最坏的情况下,需要的比较次数为_____。

27. 对长度为 8 的线性表进行冒泡排序,最坏情况下需要比较的次数为_____。

28. 在最坏情况下,冒泡排序的时间复杂度为_____。

29. 有序线性表能进行二分查找的前提是该线性表必须是_____存储的。

30. 在最坏情况下,堆排序需要比较的次数为_____。

31. 在面向对象方法中,类的实例称为_____。

32. 在面向对象方法中,_____描述的是具有相似属性与操作的一组对象。

33. 在面向对象方法中,对象之间进行通信的构造称为_____。

34. 在面向对象方法中,信息隐蔽是通过对象的_____性来实现的。

35. 一般将使用高级语言编写的程序称为源程序,这种程序不能直接在计算机中运行,需要有相应的_____翻译成机器语言程序才能执行。

36. 软件工程三要素包括方法、工具和过程,其中,_____支持软件开发的各个环节的控制和管理。

37. 软件维护活动包括以下几类:改正性维护、适应性维护、_____维护和预防性维护。

38. 软件工程研究的内容主要包括:软件开发技术和_____。

39. 数据的逻辑结构有线性结构和_____两大类。

40. 软件生命周期可分为多个阶段,一般分为定义阶段、开发阶段和维护阶段。编码和测试属于_____阶段。

41. 软件开发环境是全面支持软件开发全过程的_____集合。

42. 软件产品从提出、实现、使用维护到停止使用退役的过程称为_____。

43. 软件指的是计算机系统中与硬件相互依赖的另一部分,包括程序、数据和_____的集合。

44. 需求分析的最终结果是产生_____。

45. 软件定义时期主要包括_____和需求分析两个阶段。

46. 软件开发过程主要分为需求分析、设计、编码与测试四个阶段,其中_____阶段产生"软件需求规格说明书"。

47. 软件需求规格说明书应具有完整性、无歧义性、正确性、可验证性、可修改性等特性,其中最重要的是_____。

48. 按照软件测试的一般步骤,集成测试应在_____测试之后进行。

49. 若按功能划分,软件测试的方法通常分为白盒测试方法和_____测试方法。

50. 诊断和改正程序中错误的工作通常称为_____。

51. 程序测试分为静态测试和动态测试。其中_____是指不执行程序,而只是对程序文本进行检查,通过阅读和讨论,分析和发现程序中的错误。

52. 为了便于对照检查,测试用例应由输入数据和预期的_____两部分组成。

53. 对软件设计的最小单位(模块或程序单元)进行的测试通常称为_____测试。

54. 在两种基本测试方法中,_____测试的原则之一是保证所测模块中每一个独立路径至少执行一次。

55. 测试的目的是暴露错误,评价程序的可靠性;而_____的目的是发现错误的位置并改正错误。

第5章 数据库技术基础

一、选择题

1. 数据库设计的根本目标是要解决_____问题。
   A. 数据共享   B. 数据安全
   C. 大量数据存储   D. 简化数据维护

2. 数据库管理系统(DBMS)是_____。
   A. 一组硬件设备   B. 一组软件
   C. 既有硬件,也有软件   D. 一个数据库应用系统

3. 数据库系统的核心是_____。
   A. 数据模型   B. 数据库管理系统   C. 数据库   D. 数据库管理员

4. 下列叙述正确的是_____。
   A. 数据库系统是一个独立的系统,不需要操作系统的支持
   B. 数据库技术的根本目标是要解决数据的共享问题
   C. 数据库管理系统就是数据库系统
   D. 以上三种说法都不对

5. 数据库的故障恢复一般是由_____来执行的。
   A. 电脑用户   B. 数据库恢复机制   C. 数据库管理员   D. 系统普通用户

6. 下列叙述错误的是_____。
   A. 在数据库系统中,数据的物理结构必须与逻辑结构一致
   B. 数据库技术的根本目标是要解决数据的共享问题
   C. 数据库设计是指在已有数据库管理系统的基础上建立数据库
   D. 数据库系统需要操作系统的支持

7. 下列有关数据库的描述正确的是_____。
   A. 数据库设计是指设计数据库管理系统
   B. 数据库技术的根本目标是要解决数据共享的问题
   C. 数据库是一个独立的系统,不需要操作系统的支持
   D. 数据库系统中,数据的物理结构必须与逻辑结构一致

8. 下列有关数据库的描述正确的是_____。
   A. 数据库是一个DBF文件   B. 数据库是一个关系
   C. 数据库是一个结构化的数据集合   D. 数据库是一组文件

9. 下列关于数据库系统的叙述错误的是_____。
   A. 物理数据库指长期存放在外存上的可共享的相关数据的集合
   B. 数据库中存放有"元数据"
   C. 数据库系统支持环境不包括操作系统

D．用户使用 SQL 实现对数据库的基本操作

10．数据库管理系统是_____。

A．操作系统的一部分 　　　　　　B．在操作系统支持下的系统软件

C．一种编译系统 　　　　　　　　D．一种操作系统

11．数据管理技术发展的三个阶段中，_____没有专门的软件对数据进行管理。Ⅰ．人工管理阶段；Ⅱ．文件系统阶段；Ⅲ．数据库阶段。

A．仅Ⅰ 　　　　B．仅Ⅲ 　　　　C．Ⅰ和Ⅱ 　　　　D．Ⅱ和Ⅲ

12．数据库管理系统常采用转储和日志技术来恢复系统，日志文件主要用于记录_____。

A．程序运行过程 　　　　　　　　B．对数据的所有操作

C．对数据的所有更新操作 　　　　D．程序执行的结果

13．下列选项不属于数据库管理员（DBA）职责的是_____。

A．数据库维护 　　　　　　　　　B．数据库设计

C．改善系统性能，提高系统效率 　D．数据类型转换

14．在数据管理技术发展的三个阶段中，数据共享最好的是_____。

A．人工管理阶段 　　　　　　　　B．文件系统阶段

C．数据库系统阶段 　　　　　　　D．三个阶段相同

15．数据库 DB、数据库系统 DBS、数据库管理系统 DBMS 之间的关系是_____。

A．DB 包含 DBS 和 DBMS 　　　B．DBMS 包含 DB 和 DBS

C．DBS 包含 DB 和 DBMS 　　　D．没有任何关系

16．数据独立性是数据库技术的重要特点之一。所谓数据独立性是指_____。

A．数据与程序独立存放

B．不同的数据被存放在不同的文件中

C．不同的数据只能被对应的应用程序所使用

D．以上三种说法都不对

17．下列模式中，能够给出数据库物理存储结构与物理存取方法的是_____。

A．内模式 　　　B．外模式 　　　C．概念模式 　　　D．逻辑模式

18．下列有关数据库的描述正确的是_____。

A．数据处理是将信息转化为数据的过程

B．数据的物理独立性是指当数据的逻辑结构改变时，数据的存储结构不变

C．关系中的每一列称为元组，一个元组就是一个字段

D．如果一个关系中的属性或属性组并非该关系的关键字，但它是另一个关系的关键字，则称其为本关系的外关键字

19．数据库系统在其内部具有三级模式，用来描述数据库中全体数据的全局逻辑结构和特性的是_____。

A．外模式 　　　B．概念模式 　　　C．内模式 　　　D．存储模式

20．在数据库系统中，用户所见的数据模式为_____。

A．概念模式 　　　B．外模式 　　　C．内模式 　　　D．物理模式

21．在数据库管理技术的发展中，数据独立性最高的是_____。

A．人工管理 　　　B．文件系统 　　　C．数据库系统 　　　D．数据模型

22. 用树形结构表示实体之间联系的模型是_____。
    A. 关系模型　　　B. 网状模型　　　C. 层次模型　　　D. 以上三个都是

23. Visual FoxPro 和 SQL Server 等数据库管理系统所采用的数据模型是_____。
    A. 层次模型　　　B. 网状模型　　　C. 关系模型　　　D. 面向对象模型

24. 下列关于关系数据模型的叙述错误的是_____。
    A. 关系中每个属性是不可再分的数据项
    B. 关系中不同的属性可有相同的值域和属性名
    C. 关系中不允许出现相同的元组
    D. 关系中元组的次序可以交换

25. 用二维表来表示实体及实体之间联系的数据模型称为_____模型。
    A. 层次　　　　　B. 网状　　　　　C. 面向对象　　　D. 关系

26. 下列选项不属于数据模型所描述的内容的是_____。
    A. 数据类型　　　B. 数据操作　　　C. 数据结构　　　D. 数据约束

27. 一个教师可讲授多门课程,一门课程可由多个教师讲授,则实体教师和课程间的联系是_____。
    A. 1∶1 联系　　　B. 1∶m 联系　　　C. m∶1 联系　　　D. m∶n 联系

28. "商品"与"顾客"两个实体集之间的联系一般是_____。
    A. 一对一　　　　B. 一对多　　　　C. 多对一　　　　D. 多对多

29. 一间宿舍可住多个学生,则实体宿舍和学生之间的联系是_____。
    A. 一对一　　　　B. 一对多　　　　C. 多对一　　　　D. 多对多

30. 在学校中,"班级"与"学生"两个实体集之间的联系属于_____关系。
    A. 一对一　　　　B. 一对多　　　　C. 多对一　　　　D. 多对多

31. E-R 图是表示概念结构的有效工具之一,在 E-R 图中的菱形框表示_____。
    A. 联系　　　　　B. 实体集　　　　C. 实体集的属性　D. 联系的属性

32. 从 E-R 模型向关系模型转换,一个 m∶n 的联系转换成一个关系模式时,该关系模式的主键为_____。
    A. m 端实体集的主键
    B. n 端实体集的主键
    C. m 端实体集的主键和 n 端实体集的主键的组合
    D. 重新选取其他属性

33. 下列关于关系数据模型的描述错误的是_____。
    A. 关系的操作结果也是关系　　　　B. 关系模式的主键是该模式的某个属性组
    C. 关系模型的结构是二维表　　　　D. 关系模型与关系模式是两个相同的概念

34. 将 E-R 图转换到关系模式时,实体与联系都可以表示成_____。
    A. 属性　　　　　B. 关系　　　　　C. 记录　　　　　D. 码

35. 在 E-R 图中,用来表示实体的图形是_____。
    A. 矩形　　　　　B. 椭圆形　　　　C. 菱形　　　　　D. 三角形

36. 在 E-R 图中,用来表示实体之间联系的图形是_____。
    A. 矩形　　　　　B. 椭圆形　　　　C. 菱形　　　　　D. 平行四边形

37. 一个应用单位的概念结构可以用直观的 E-R 图表示，在 E-R 图中，可表示的内容有_____。
    A. 实体、元组、联系
    B. 实体、属性、联系
    C. 实体、子实体、处理流程
    D. 实体、元组、属性

38. 下列叙述正确的是_____。
    A. 为了建立一个关系，首先要构造数据的逻辑关系
    B. 表示关系的二维表中各元组的每一个分量还可以分成若干数据项
    C. 一个关系的属性名表称为关系模式
    D. 一个关系可以包括多个二维表

39. 下列叙述正确的是_____。
    A. 用 E-R 图能够表示实体集间一对一的联系、一对多的联系和多对多的联系
    B. 用 E-R 图只能表示实体集之间一对一的联系
    C. 用 E-R 图只能表示实体集之间一对多的联系
    D. 用 E-R 图表示的概念数据模型只能转换为关系数据模型

40. 关系模型允许定义三类数据约束，下列不属于数据约束的是_____。
    A. 实体完整性约束
    B. 参照完整性约束
    C. 属性完整性约束
    D. 用户自定义的完整性约束

41. 下列关于一个关系中任意两个元组值的叙述正确的是_____。
    A. 可以全同
    B. 必须全同
    C. 不允许主键相同
    D. 可以主键相同其他属性不同

42. 关系数据模式中的关键字是指_____。
    A. 能唯一决定关系的字段
    B. 不可改动的专用保留字
    C. 关键的很重要的字段
    D. 能唯一标识元组的属性或属性组

43. 数据库管理系统能对数据库中的数据进行查询、插入、修改和删除等操作，这种功能称为_____。
    A. 数据库控制功能
    B. 数据库管理功能
    C. 数据定义功能
    D. 数据操纵功能

44. 在关系中凡能唯一标识元组的最小属性集称为该表的键或码。二维表中可能有若干个键，它们称为该表的_____。
    A. 连接码
    B. 关系码
    C. 外码
    D. 候选码

45. 设有表示学生选课的三张表，学生 S（学号，姓名，性别，年龄，身份证号）、课程 C（课号，课名）、选课 SC（学号，课号，成绩），则表 SC 的关键字（键或码）为_____。
    A. 课号、成绩
    B. 学号、成绩
    C. 学号、课号
    D. 学号、姓名、成绩

46. 关系 R 的属性个数为 5，关系 S 的属性个数为 10，则 R 与 S 进行连接操作，其结果关系的属性个数为_____。
    A. 15
    B. >15
    C. <=15
    D. 10

47. 关系 R 和关系 S 有相同的模式，且各有 20 个元组，若这两个关系进行"并"运算，运算后所产生的元组个数为_____个。
    A. 20
    B. 任意

C. 40   D. 大于等于 20,小于等于 40

48. 设 R 是一个 2 元关系,有 3 个元组;S 是一个 3 元关系,有 3 个元组。若 T = R × S,则 T 的元组的个数为_____。
   A. 6   B. 8   C. 9   D. 12

49. 关系数据库标准语言 SQL 的 SELECT 语句具有很强的查询功能,关系代数中最常用的 "投影"、"选择"操作在 SELECT 语句中可通过以下两个子句体现_____。
   A. FROM 子句和 WHERE 子句   B. SELECT 子句和 WHERE 子句
   C. ORDER BY 子句和 WHERE 子句   D. WHERE 子句和 GROUP BY 子句

50. 差操作是构成新关系的常用方法之一。对关系 R 和 S 进行差操作时,要求 R 和 S 具有_____。
   A. 相同的元组个数   B. 非空关系
   C. R 的元组个数大于 S 的元组个数   D. 相同的模式结构

51. 在关系代数运算中,有五种基本运算,它们是_____。
   A. 并(∪)、差(−)、交(∩)、除(÷)和笛卡儿积(×)
   B. 并(∪)、差(−)、交(∩)、投影(π)和选择(σ)
   C. 并(∪)、交(∩)、投影(π)、选择(σ)和笛卡儿积(×)
   D. 并(∪)、差(−)、投影(π)、选择(σ)和笛卡儿积(×)

52. 对关系 S 和 R 进行集合运算,结果中既包含 S 中的所有元组也包含 R 中的所有元组,这样的集合运算称为_____。
   A. 并运算   B. 交运算   C. 差运算   D. 积运算

53. 关系数据库管理系统能实现的专门关系运算包括_____。
   A. 排序、索引、统计   B. 选择、投影、连接
   C. 关联、更新、排序   D. 显示、打印、制表

54. 若关系 A 和关系 B 的模式不同,其查询的数据需要从这两个关系中获得,则必须使用_____关系运算。
   A. 投影   B. 选择   C. 连接   D. 除法

55. 设有学生关系表 S(学号,姓名,性别,出生年月),共有 100 条记录,执行 SQL 语句:DELETE FROM S 后,结果为_____。
   A. 删除了 S 表的结构和内容   B. S 表为空表,但其结构被保留
   C. 没有删除条件,语句不执行   D. 仍然为 100 条记录

56. 选取关系中满足某个条件的元组组成一个新的关系,这种关系运算称为_____。
   A. 连接   B. 选择   C. 投影   D. 搜索

57. 在下列关系运算中,不改变关系表中的属性个数但能减少元组个数的是_____。
   A. 并   B. 交   C. 投影   D. 笛卡儿乘积

58. 从关系的属性序列中取出所需属性列,由这些属性列组成新关系的操作称为_____。
   A. 交   B. 连接   C. 选择   D. 投影

59. 若关系 R 和关系 S 有相同的模式和不同的元组内容,且用"−"表示关系"差"运算,则 R − S 和 S − R 的结果_____。
   A. 相同   B. 不相同

C. 有时相同,有时不相同　　　　　D. 不可比较

60. 关系表中的每一行记录称为一个_____。

A. 字段　　　　　B. 元组　　　　　C. 属性　　　　　D. 关键码

61. 设有如下三个关系表:

R
A
m
n

S	
B	C
1	3

T		
A	B	C
m	1	3
n	1	3

第 61 题图

下列操作正确的是_____。

A. T = R∩S　　　B. T = R∪S　　　C. T = R×S　　　D. T = R/S

62. 有三个关系 R、S 和 T 如下:

R		
A	B	C
a	1	2
b	2	1
c	3	1

S	
A	B
c	3

T
C
1

第 62 题图

则由关系 R 和 S 得到关系 T 的操作是_____。

A. 自然连接　　　B. 交　　　　　C. 除　　　　　D. 并

63. 有三个关系 R、S 和 T 如下:

R		
A	B	C
a	1	2
b	2	1
c	3	1

S		
A	B	C
d	3	2

T		
A	B	C
a	1	2
b	2	1
c	3	1
d	3	2

第 63 题图

其中关系 T 由关系 R 和 S 通过某种操作得到,该操作为_____。

A. 选择　　　　　B. 投影　　　　　C. 交　　　　　D. 并

64. 设有如下关系表:

R		
A	B	C
4	5	6
5	6	4
7	8	9

S		
A	B	C
4	5	6
10	9	4

T		
A	B	C
4	5	6

第 64 题图

则下列操作正确的是_____。

A. T = R/S　　　B. T = R×S　　　C. T = R∩S　　　D. T = R∪S

65. 设有如下关系表：

R		
A	B	C
3	3	5
5	5	6

S		
A	B	C
6	3	6

T		
A	B	C
3	3	5
5	5	6
6	3	6

第 65 题图

若由关系 R 和 S 通过运算得到关系 T,则所使用的运算为_____。
  A. T = R∩S B. T = R∪S   C. T = R×S   D. T = R/S

66. 设有如下关系表：

R		
A	B	C
1	1	2
2	2	3

S		
A	B	C
3	1	3

T		
A	B	C
1	1	2
2	2	3
3	1	3

第 66 题图

则下列操作正确的是_____。
  A. T = R∩S   B. T = R∪S   C. T = R×S   D. T = R/S

67. 有三个关系 R、S 和 T 如下：

R		
B	C	D
a	0	k1
b	1	n1

S		
B	C	D
f	3	h2
a	0	k1
n	2	x1

T		
B	C	D
a	0	k1

第 67 题图

若由关系 R 和 S 通过运算得到关系 T,则所使用的运算为_____。
A. 并   B. 自然连接   C. 笛卡尔积   D. 交

68. 有三个关系 R、S 和 T 如下：

R	
A	B
m	1
n	2

S	
B	C
1	3
3	5

T		
A	B	C
m	1	3

第 68 题图

若由关系 R 和 S 通过运算得到关系 T,则所使用的运算为_____。
A. 笛卡尔积   B. 交   C. 并   D. 自然连接

69. 在数据库设计中,将 E-R 图转换成关系数据模型的过程属于_____。
  A. 需求分析阶段   B. 概念设计阶段
  C. 逻辑设计阶段   D. 物理设计阶段

70. 数据库设计包括两个方面的设计内容，它们是_____。
    A. 概念设计和逻辑设计
    B. 模式设计和内模式设计
    C. 内模式设计和物理设计
    D. 结构特性设计和行为特性设计

71. 数据库设计的四个阶段是：需求分析、概念设计、逻辑设计和_____。
    A. 编码设计
    B. 测试阶段
    C. 运行阶段
    D. 物理设计

72. 下列软件产品中，_____不是数据库管理系统软件。
    A. Access
    B. Visual FoxPro
    C. Excel
    D. Oracle

73. 下列软件产品都属于数据库管理系统软件的是_____。
    A. Sybase、FoxPro、SQL Server、FORTRAN
    B. FoxBase、SQL Server、Access、Excel
    C. FoxBase、Oracle、SQL Server、FoxPro
    D. DB2、Unix、Access、SQL Server

74. Oracle 数据库管理系统采用_____数据模型。
    A. 层次
    B. 关系
    C. 网状
    D. 面向对象

75. 在通常情况下，执行 SQL 查询语句的结果是一个_____。
    A. 记录
    B. 表
    C. 元组
    D. 数据项

二、填空题

1. 在计算机软件系统的体系结构中，数据库管理系统位于用户和_____之间。

2. 在数据库系统中，实现各种数据管理功能的核心软件称为_____。

3. 数据管理技术发展过程经过人工管理、文件系统和数据库系统三个阶段，其中数据独立性最高的阶段是_____。

4. 数据库系统的三级模式分别为_____模式、内模式与外模式。

5. 当数据的物理结构（存储结构、存取方式等）改变时，不影响数据库的逻辑结构，从而不致引起应用程序的变化，这是指数据的_____。

6. 实体完整性约束要求关系数据库中元组的_____属性值不能为空。

7. 用树形结构表示实体类型及实体间联系的数据模型称为_____。

8. 在数据库中用数据模型这个工具来抽象、表示和处理现实世界中的数据和信息。常见的数据模型有三种，它们分别是层次模型、网状模型和_____。

9. 在 E-R 图中，矩形表示_____。

10. 在数据库技术中，实体集之间的联系可以是"一对一"或"一对多"或"多对多"的，那么"学生"和"可选课程"的联系为_____。

11. 一名学生只能住一间宿舍，一间宿舍可住多名学生，则实体"宿舍"与实体"学生"的联系属于_____的联系。

12. 在关系数据库中，用来表示实体之间联系的是_____。

13. 一个项目具有一个项目经理，一个项目经理可管理多个项目，则实体"项目经理"与实体"项目"的联系属于_____的联系。

14. 一个关系表的行称为_____。

15. 用二维表结构表示实体之间联系的模型是_____。

16. 关系代数是关系操作语言的一种传统表示方式,它以集合代数为基础,它的运算对象和运算结果均为_____。

17. 在二维表中,元组的_____不能再分成更小的数据项。

18. 在关系模型中,把数据看成是二维表,每一个二维表称为一个_____。

19. 人员基本信息一般包括:身份证号、姓名、性别、年龄等。其中可以作为主关键字的是_____。

20. 与二维表中的"行"的概念最接近的概念是_____。

21. 在关系模型中,若属性 A 是关系 R 的主码,属性 A 的取值不能为空,称为_____约束。

22. 在关系 A(S,SN,D)和关系 B(D,CN,NM)中,A 的主关键字是 S,B 的主关键字是 D,则称_____是关系 A 的外码。

23. 不改变关系表中的属性个数但能减少元组个数的是_____。

24. 在关系代数中,R∩S 表示 R 和 S 进行_____运算。

25. _____的目的是分析数据间内在语义关联,在此基础上建立一个数据的抽象模型。

26. 数据库保护分为安全性控制、_____、并发性控制和数据的恢复。

27. 数据库设计包括概念设计、_____和物理设计。

28. 在系统实施阶段,设计人员要做两方面工作:一是用 DBMS 定义数据库的_____和物理结构,二是进行功能程序设计。

29. 数据库物理结构设计的目标:一是_____;二是有效地利用存储空间。

30. 著名的 SQL Server 数据库管理系统采用的是_____数据模型。

参 考 答 案

第 1 章　数字技术基础

一、选择题

1	2	3	4	5	6	7	8	9	10
C	C	C	B	B	C	C	B	A	D
11	12	13	14	15	16	17	18	19	20
A	C	D	C	B	A	B	A	B	B
21	22	23	24	25	26	27	28	29	30
C	C	B	C	D	C	A	A	C	B
31	32	33	34	35	36	37	38	39	40
D	D	B	C	B	C	B	C	C	A
41	42	43	44	45	46	47	48	49	50
B	C	C	D	C	A	B	B	C	D
51	52	53	54	55	56	57	58	59	60
B	A	A	D	D	D	C	C	D	D
61	62	63	64	65	66	67	68	69	70
B	B	A	A	A	D	C	A	D	A

二、填空题

1. 8
2. 27.5
3. 01100101
4. 211
5. 10110100
6. 01000010
7. 阶码（或指数）
8. 美国标准信息交换码
9. −1
10. 逻辑"乘"
11. 0
12. 1
13. B4F3
14. Unicode
15. 2
16. 链接
17. 65536
18. 768
19. D/A 转换
20. 波表
21. 8～12
22. 1
23. 文语转换
24. 亮度
25. 编码
26. 视频采集卡
27. 数据压缩
28. 2
29. 4：3、16：9
30. MPEG-1

第 2 章　计算机系统

一、选择题

1	2	3	4	5	6	7	8	9	10
C	D	A	C	B	A	B	C	B	D
11	12	13	14	15	16	17	18	19	20
D	B	A	B	D	D	D	A	D	A
21	22	23	24	25	26	27	28	29	30
B	C	A	B	A	D	B	D	D	B
31	32	33	34	35	36	37	38	39	40
C	D	B	B	B	A	D	B	C	A
41	42	43	44	45	46	47	48	49	50
D	A	C	A	A	D	A	D	C	D
51	52	53	54	55	56	57	58	59	60
C	C	D	C	A	D	A	C	C	A
61	62	63	64	65	66	67	68	69	70
D	B	B	C	A	D	B	D	C	B
71	72	73	74	75	76	77	78	79	80
D	B	A	A	D	D	A	A	D	A
81	82	83	84	85	86	87	88	89	90
C	A	A	D	A	A	B	A	A	C
91	92	93	94	95	96	97	98	99	100
B	D	A	C	B	C	A	D	B	D

二、填空题

1. ENIAC
2. 电子器件
3. RAM
4. RAM
5. Cache 存储器
6. 台式机
7. CPU
8. 兼容
9. 操作码
10. 2
11. 基本输入/输出系统
12. BIOS
13. CMOS
14. 芯片组
15. CMOS
16. CPU
17. 1024
18. 两
19. ns
20. 双列直插
21. 内存储器
22. 地址
23. 无线电波
24. 电容
25. 双击
26. 距离
27. DPI

28. 扇区号   29. 光盘存储器   30. 激光

31. MB   32. CD-RW   33. 可写一次

34. 程序   35. 系统软件   36. 设备管理

37. 层次型（树形）   38. 运算   39. 机器语言

40. 对象

第3章　计算机网络基础及应用

一、选择题

1	2	3	4	5	6	7	8	9	10
B	A	C	C	C	B	C	C	B	C
11	12	13	14	15	16	17	18	19	20
B	C	A	B	B	D	A	C	D	D
21	22	23	24	25	26	27	28	29	30
C	B	B	C	B	C	B	D	D	C
31	32	33	34	35	36	37	38	39	40
C	D	C	C	B	B	C	A	A	D
41	42	43	44	45	46	47	48	49	50
D	C	A	C	B	D	C	B	B	D
51	52	53	54	55	56	57	58	59	60
C	C	C	B	C	A	A	A	A	A
61	62	63	64	65	66	67	68	69	70
D	D	B	A	D	D	A	D	C	A
71	72	73	74	75	76	77	78	79	80
D	D	D	D	B	B	C	B	A	C
81	82	83	84	85	86	87	88	89	90
B	C	C	A	C	D	D	D	D	C

二、填空题

1. 带宽   2. 调制解调   3. 分组交换

4. P2P   5. NOS   6. 资源共享

7. 客户机   8. 客户/服务器   9. 广播

10. MAC   11. 100   12. 无线局域网

13. 传输   14. 开放系统互连   15. B

16. 网络协议   17. 路由器   18. 域名

19. DNS   20. . com. cn   21. IP 地址

22. 更高	23. SMTP	24. zhang@126.com
25. @	26. POP3	27. 统一资源
28. 主页	29. 数字签名	30. 身份认证

第4章 软件技术基础

一、选择题

1	2	3	4	5	6	7	8	9	10
A	A	A	D	D	A	B	B	C	B
11	12	13	14	15	16	17	18	19	20
B	A	B	C	A	C	D	C	B	D
21	22	23	24	25	26	27	28	29	30
C	D	A	D	B	D	B	D	C	D
31	32	33	34	35	36	37	38	39	40
C	D	A	B	B	D	A	C	B	B
41	42	43	44	45	46	47	48	49	50
B	D	B	D	C	B	A	D	D	C
51	52	53	54	55	56	57	58	59	60
D	C	B	D	D	B	A	C	D	A
61	62	63	64	65	66	67	68	69	70
B	C	A	D	A	B	D	D	A	C
71	72	73	74	75	76	77	78	79	80
A	D	C	D	B	B	D	A	B	D
81	82	83	84	85	86	87	88	89	90
D	D	D	C	D	C	D	C	A	C
91	92	93	94	95	96	97	98	99	100
D	B	D	A	D	A	A	B	B	B
101	102	103	104	105	106	107	108	109	110
B	A	A	D	B	D	B	C	C	C

二、填空题

1. 算法	2. 有穷性	3. 逻辑判断
4. 选择结构	5. 时间复杂度	6. 逻辑独立性

7. 存储结构　　　　　8. 队头　　　　　　9. 栈顶

10. 顺序　　　　　　11. 线性结构　　　　12. 栈

13. 24　　　　　　　14. 上溢　　　　　　15. 63

16. 32　　　　　　　17. 350　　　　　　18. 前件

19. DEBFCA　　　　20. n + 1　　　　　21. 16

22. 中序　　　　　　23. 14　　　　　　24. ACBDFEHGP

25. DBXEAYFZC　　26. $\log_2 n$　　　　27. 28

28. O(n^2)　　　　29. 顺序　　　　　30. O$(\log_2 n)$

31. 对象　　　　　　32. 类　　　　　　33. 消息

34. 封装　　　　　　35. 语言处理程序　　36. 过程

37. 完善性　　　　　38. 软件工程管理　　39. 非线性结构

40. 开发　　　　　　41. 软件工具　　　　42. 软件生命同期

43. 相关文档　　　　44. 需求规格说明书　45. 可行性研究

46. 需求分析　　　　47. 无歧义性　　　　48. 单元

49. 黑盒　　　　　　50. 程序调试　　　　51. 静态测试

52. 输出结果　　　　53. 单元　　　　　54. 白盒

55. 调试

第 5 章　数据库技术基础

一、选择题

1	2	3	4	5	6	7	8	9	10
A	B	B	B	C	A	B	C	C	B
11	12	13	14	15	16	17	18	19	20
A	C	D	C	C	D	A	D	B	B
21	22	23	24	25	26	27	28	29	30
C	C	C	B	D	A	D	D	B	B
31	32	33	34	35	36	37	38	39	40
A	C	D	B	A	C	B	A	A	C
41	42	43	44	45	46	47	48	49	50
C	D	D	D	C	C	D	C	B	D
51	52	53	54	55	56	57	58	59	60
B	A	B	C	D	B	B	D	B	B
61	62	63	64	65	66	67	68	69	70
C	C	D	C	B	B	D	D	C	A
71	72	73	74	75					
D	C	C	B	B					

二、填空题

1. 操作系统或 OS	2. 数据库管理系统	3. 数据库系统
4. 概念	5. 物理独立性	6. 主键
7. 层次模型	8. 关系模型	9. 实体集
10. 多对多	11. 一对多	12. 关系
13. 一对多	14. 元组	15. 关系模型
16. 关系	17. 分量	18. 关系
19. 身份证号	20. 元组	21. 实体完整性
22. D	23. 选择	24. 交
25. 数据库概念设计	26. 完整性控制	27. 逻辑设计
28. 逻辑结构	29. 提高数据库的性能	30. 关系